Bellof | Leberl

Schaf- und Ziegenfütterung

Gerhard Bellof | Patricia Leberl

Schaf- und Ziegenfütterung

Strategien für Fleischproduktion, Milcherzeugung und Landschaftspflege

77 Farbfotos und Zeichnungen
76 Tabellen

Inhaltsverzeichnis

Vorwort

Die Schaf- und Ziegenhaltung nimmt in Deutschland einen besonderen Stellenwert ein durch ihren Beitrag in der Landschaftspflege zum Erhalt der Kulturlandschaft. Weitere Ziele der Schaf- und Ziegenhaltung liegen in der Erzeugung qualitativ hochwertigen Lamm- oder Kitzfleisches. Für den Verbraucher ist eine Verbindung von Landschaftspflege und Fleischerzeugung besonders attraktiv, da sie zum „naturnahen Image" insbesondere von Lammfleisch beiträgt. Um diese beiden Zielvorstellungen erfolgreich miteinander zu verknüpfen, ist jedoch ein ausgeklügeltes Herdenmanagement bezüglich Zucht (Auswahl der Rassen/Kreuzungen), Produktionszyklus und Betriebsorganisation erforderlich. Eine besondere Herausforderung liegt in der Notwendigkeit einer fortwährenden Anpassung der Fütterung an wechselnde betriebliche Futterqualitäten, wie beispielsweise in der Nutzung von extensivem gegenüber intensivem Grünland.

Schaf- und Ziegenmilch sowie die daraus hergestellten Produkte erfreuen sich in Deutschland einer zunehmenden Beliebtheit. Die speziellen Betriebszweige Milchschaf- bzw. Milchziegenhaltung eröffnen zunehmend interessante Einkommensperspektiven. Die Professionalisierung dieser Produktionsrichtungen führt zu größeren Herden und einer stärkeren Nutzung des Leistungspotenzials der Tiere auf der einen Seite. Andererseits muss sich die Produktionstechnik diesen veränderten Ansprüchen anpassen. Der Fütterung kommt hier eine besondere Bedeutung zu. Eine schnelle Verbesserung der Einzeltierleistungen, insbesondere die Erhöhung von Milchmenge und Milcheiweißgehalt, ist vorrangig durch eine ausgewogene Fütterung mithilfe einer präzisen und auf den Bedarf der Tiere abgestimmten Rationsgestaltung erreichbar.

Immer mehr Menschen entdecken Schaf und Ziege als Hobbytiere für den eigenen Garten oder für die Bewirtschaftung kleinerer Grünlandflächen im Nebenerwerb. Dementsprechend hoch ist das Interesse, möglichst viele Informationen über die Bedürfnisse und Ansprüche des „tierischen Familienanschlusses" hinsichtlich Unterbringung, Pflege und Betreuung sowie Eignung und Einsatzmöglichkeiten verschiedener Futtermittel für die Fütterung zu bekommen.

Schwerpunkt des vorliegenden Werkes ist die Fütterung der genannten Tiergruppen. Die Ernährung von Schaf und Ziege zeigt einerseits viele Parallelen zum Rind, andererseits aber auch charakteristische Unterschiede.

Im ersten Kapitel des Buches sollen die Besonderheiten der „kleinen" Wiederkäuer herausgehoben werden. Das breite Spektrum der mit Schafen und Ziegen erzeugten Produkte sowie die unterschiedliche Intensität in der Haltung führen zu einer Vielzahl von Fütterungsstrategien. Diese beginnen bereits bei der Auswahl und Bereitstellung geeigneter Futtermittel.

In einem eigenen Kapitel stellen wir in der Schaf- und Ziegenhaltung häufig verwendete Futtermittel vor und bewerten diese anhand verschiedener Kenngrößen und Qualitätskriterien. Hierbei greifen wir auf aktuelle Studien und Erhebungen mit integrierten Futtermitteluntersuchungen zurück, die den neuesten Stand des Wissens wiedergeben.

Die Charakterisierung der Zielprodukte – Fleisch, Milch und Wolle – wird in den jeweiligen Kapiteln zur praktischen Fütterung vorangestellt. Daraus leiten sich die Ansprüche der verschiedenen Tiergruppen – bezogen auf die Protein-, Energie- sowie Mineral- und Wirkstoffversorgung – in den relevanten Leistungssituationen ab. Im Zentrum der Betrachtungen steht die Erfüllung dieser Ansprüche in Form von praktischen Rationsvorschlägen.

Separate Kapitel stellen wichtige Betriebsformen der Schaf- und Ziegenhaltung beispielhaft vor und bringen hierbei jeweils die speziellen Fütterungsstrategien in Zusammenhang mit Betriebszielen, Haltungsformen sowie der Produktvermarktung.

Die Gesunderhaltung von Schaf und Ziege stellt ein wichtiges Ziel dar. Eine sachgerechte Fütterung entsprechend der tierischen Leistung ist dafür von zentraler Bedeutung. In einem eigenen Kapitel werden die im ersten Kapitel dargelegten, grundlegenden ernährungsphysiologischen Zusammenhänge aufgenommen und in Beziehung zu wichtigen ernährungsbedingten Krankheiten gesetzt. Das Augenmerk liegt hierbei insbesondere auf dem Vermeiden von fütterungsbedingten Störungen und Erkrankungen sowie durch Futtermittel verursachten Vergiftungen.

Die Autoren bedanken sich bei Frau Lydia Pleger (wissenschaftliche Mitarbeiterin an der Hochschule Weihenstephan-Triesdorf) für die Erstellung der Mehrzahl der Abbildungen in den Kapiteln 1, 3 und 4. Frau Anna Häusler und Frau Pia Fehrenbach vom Ulmer Verlag sei gedankt für die intensive Betreuung und die Geduld bei der Fertigstellung des Manuskriptes sowie der Formulierung des Titels für das vorliegende Fachbuch.

Gerhard Bellof
Patricia Leberl

1 Grundlagen der Schaf- und Ziegenernährung

G. BELLOF

1.1 Anatomisch-physiologische Besonderheiten des Verdauungstrakts

Vormagensystem: Pansen, Haube, Blättermagen

Schaf und Ziege zählen zu den Wiederkäuern und können durch in ihrem Vormagensystem angesiedelte Mikroorganismen rohfaserreiche Futtermittel verdauen. In der Abbildung 1.1 sind die Vormagensysteme von Schaf und Ziege vergleichend dargestellt. Es zeigen sich keine grundlegenden anatomisch-physiologischen Unterschiede zwischen diesen Tierarten.

Der Inhalt des Pansens weist eine Schichtung auf. Die flüssige Phase stellt die untere Schicht dar. Diese Phase – der Pansensaft – beinhaltet feste Schwebeteilchen (Futterpartikel) sowie Mikroorganismen. Darüber geschichtet sind gröbere Futterbestandteile. Ganz oben sammeln sich Bläschen mit Gärgasen an, die regelmäßig durch den Rülpsvorgang der Wiederkäuer an die Umgebung abgegeben werden. Die Pansenmotorik – Kontraktionen der Pansenmuskulatur – und das Wiederkäuen sorgen für eine ständige Durchmischung des Inhalts. Der Pansen ist im Inneren mit einer Schleimhaut ausgekleidet. Diese bildet zur Oberflächenvergrößerung Pansenzotten aus.

Im Pansen-Hauben-Bereich findet der Nährstoffabbau durch die Mikroorganismen statt (s. Kapitel 1.3). Die dort abgebauten Nährstoffe werden über die Pansenzotten in die Blutbahn aufgenommen.

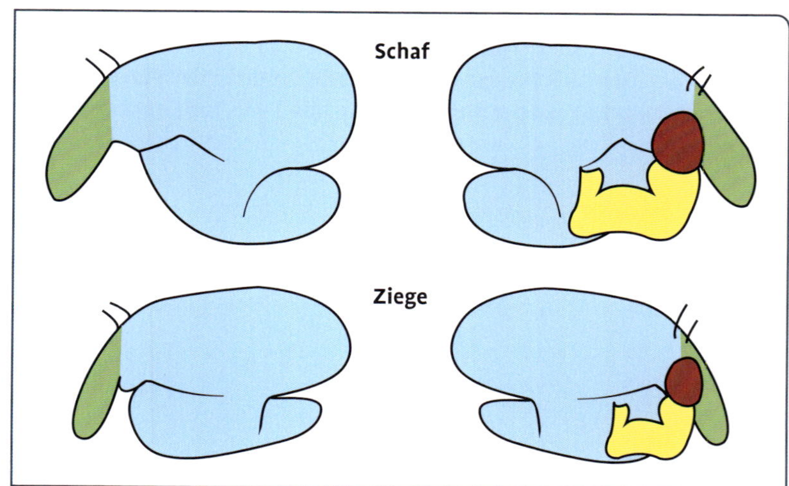

Abb. 1.1 Vormagensysteme von Schaf und Ziege.
links: jeweils Pansen (blau) und Haube (grün);
rechts: jeweils Blättermagen (rot) und Labmagen (gelb).

Labmagen

Futterbestandteile, die nicht im Vormagen abgebaut wurden, gelangen über den Blättermagen in den Labmagen. Im Labmagen wird die sogenannte enzymatische Verdauung eingeleitet. Das bedeutet, der Nährstoffabbau erfolgt mithilfe körpereigener Enzyme. Diese Art der Verdauung wird im Dünndarm fortgesetzt. Im Dickdarm finden wieder mikrobiologische Umsetzungen statt. Im hinteren Dickdarmabschnitt wird dem Verdauungsbrei Wasser entzogen.

Unterschiedliche Verdauung bei Wiederkäuern

Bei näherer Betrachtung bestehen zwischen Schaf, Ziege und Rind Unterschiede im Verdauungsgeschehen. Bereits bei der Futterauswahl unterscheiden sich die kleinen Wiederkäuer vom Rind. So nehmen Ziegen – im Vergleich zu Rindern – bevorzugt Pflanzenteile mit höherer Nährstoffkonzentration auf. Diese nähstoffkonzentriertere Nahrung muss weniger intensiv gekaut und wiedergekaut werden. Gleichzeitig produzieren Ziegen mehr Speichel als Schafe oder Rinder. Diese beiden Besonderheiten führen zu einer kürzeren Verweildauer der Nahrung im Pansen-Hauben-Bereich von Ziegen.

Die oben beschriebene Schichtung der Futterbestandteile im Pansen hängt entscheidend von deren Zusammensetzung ab. Je weniger Faserbestandteile aufgenommen werden, desto geringer die Schichtung. Da die selektiv fressende Ziege weniger faserreiche Futterbestandteile aufnimmt als Schafe oder Rinder, weist sie die geringste Nahrungsschichtung auf.

Unterschiede in Kopfform und Gebissaufbau

Rinder, Schafe und Ziegen unterscheiden sich in der Kopfform und im Gebissaufbau. Während Rinder mit ihrem starren Flotzmaul beim Weidegang die überwiegend grashaltige Nahrung büschelweise mithilfe der Zunge aufnehmen, sind die Lippen von Schafen und Ziegen sehr feinbeweglich, was zu einer eher pflückenden Nahrungsaufnahme führt. Die bei Schaf und Ziege eher schmal und meißelförmig ausgebildeten Schneidezähne unterstützen diesen Pflückvorgang.

Nahrungsverarbeitung

Das gegenüber Rindern unterschiedlich gebaute Gebiss führt weiter dazu, dass die aufgenommene Nahrung von Ziegen und Schafen weniger intensiv wiedergekaut, sondern eher gequetscht bzw. entsaftet wird. Insbesondere die Ziege ist in der Lage, den so freigesetzten Pflanzensaft, der die löslichen Nährstoffe enthält, in Verbindung mit der größeren Speichelmenge direkt in den Labmagen abzuleiten. Der Labmagen der Ziege ist folglich – gegenüber dem des Rindes – vergleichsweise groß. Dies gilt auch für den hinteren Darmabschnitt. Dort findet eine ausgeprägte Nachvergärung statt. Auch die Wasserrückführung ist dort deutlich ausgeprägter als beim Rind. Dies lässt sich auch an der unterschiedlichen Form und Beschaffenheit des abgesetzten Kotes erkennen. Das Schaf nimmt bezüglich der beschriebenen anatomisch-physiologischen Zusammenhänge eine Mittelstellung zwischen Ziege und Rind ein (s. Kapitel 1.2).

Fazit für die Praxis

Im Pansen-Hauben-Bereich findet der Nährstoffabbau durch die Mikroorganismen statt. Im Labmagen wird die sogenannte enzymatische Verdauung eingeleitet, die sich im Dünndarm fortsetzt. Im Dickdarm erfolgen wieder mikrobiologische Umsetzungen. Im hinteren Dickdarmabschnitt wird dem Verdauungsbrei Wasser entzogen.

1.2 Futteraufnahmeverhalten und Einflüsse auf die Futteraufnahme

Raufutter-Fresser versus Konzentrat-Selektierer

Schafe, Ziegen und Rinder unterscheiden sich in ihrem Futteraufnahmeverhalten. Während das Rind und das Schaf innerhalb der Wiederkäuer der Gruppe der Raufutter-Fresser zugeordnet werden, steht die Ziege zwischen dieser Gruppe und den sogenannten Konzentrat-Selektierern. Zur letztgenannten Gruppe zählt unter anderem auch das Reh (Abb. 1.2).

Die Ziege als Konzentrat-Selektierer wählt sich das Futter mit der höchsten Nährstoffkonzentration aus und lässt rohfaserreiche Bestandteile übrig.

Insbesondere die Ziege neigt zur Aufnahme von Pflanzenteilen mit höherer Nährstoffkonzentration (s. Kapitel 1.1). Bei Vorlage von Futtermitteln bzw. einer Futterration ist von einer ausgeprägten Selektion auszugehen. In eigenen Untersuchungen konnte festgestellt werden, dass auch bei der Gabe einer Mischration aus Grob- und Kraftfuttermitteln nach der Fütterung rohfaserreiche Bestandteile zurückblieben. Diese Selektionsneigung, die weniger ausgeprägt auch bei Schafen zu beobachten ist, erschwert eine planmäßige Rationsgestaltung. Zwischen den Schafrassen bestehen Unterschiede in der Futterselektion. So gelten Merinolandschafe im Vergleich zu Landschafrassen als deutlich wählerischer in der Futterauswahl.

Abb. 1.2 Nahrungsansprüche der Wiederkäuer: Unterschiede Ziege – Schaf – Rind.

Konzentrat-Selektierer	Intermediärtyp	Raufutter-Fresser
Reh	**Ziege**	**Schaf** Rind

Einflussfaktoren auf die Nahrungsaufnahme

Die Höhe der täglichen Futteraufnahme von Schafen und Ziegen unterliegt einer Vielzahl von Einflüssen, die in Abbildung 1.3 dargestellt sind.

Zunächst beeinflussen **haltungsbedingte Faktoren** die Futteraufnahme. Hier ist insbesondere die Umgebungstemperatur zu nennen. So wird bei sehr niedriger Temperatur, also unterhalb des sogenannten thermoneutralen Bereichs, zusätzlich Energie verbraucht, um die Körpertemperatur konstant zu halten. Dieser Vorgang veranlasst das Tier, mehr Futter aufzunehmen, um die benötigte Energie aus der Nahrung bereitzustellen. Dieser Aspekt ist insbesondere bei der Haltung von Mutterschafen auf der Winterweide sowie bei frisch geschorenen Schafen zu beachten.

Auch die **Futterzusammensetzung** spielt für die Nahrungsaufnahme eine bedeutende Rolle. Insbesondere der Gehalt an wichtigen Nährstoffen ist hier zu nennen. So kann ein Futtermittel mit hohen Stärkegehalten im Pansen rascher abgebaut werden als ein rohfaserreiches Futtermittel. Dies führt zu einer kürzeren Verweildauer sowohl im Pansen als auch im gesamten Verdauungstrakt. Somit kann das Tier bei Vorlage nährstoffkonzentrierter Rationen eine höhere Futteraufnahme erzielen.

Sehr bedeutsam sind die **tierbedingten Einflussgrößen** auf die Futteraufnahme (Abb. 1.3). Neben der Körpergröße, die innerhalb einer Rasse vom Alter abhängig ist, hat der körperliche Zustand einen Ein-

Abb. 1.3 Einflussfaktoren auf die Futteraufnahme von kleinen Wiederkäuern (Quelle: Gall 2001; modifiziert).

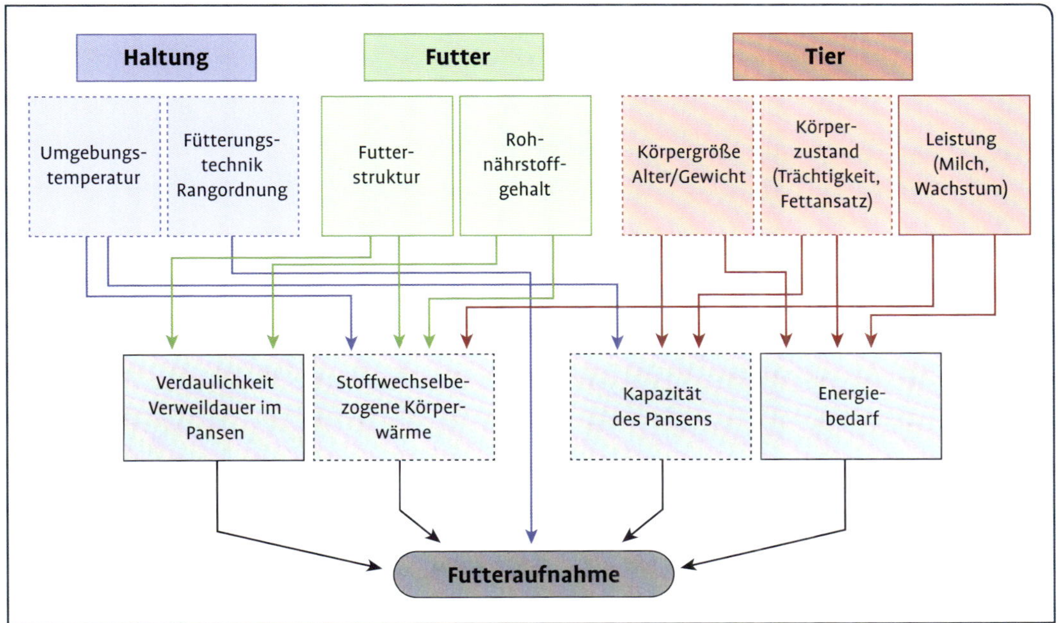

fluss. Hier ist bei weiblichen Tieren insbesondere die Trächtigkeit von Bedeutung. Mit zunehmender Trächtigkeitsdauer sinkt das Fassungsvermögen des Pansens und somit die Futteraufnahme.

Tiere mit hohen Leistungen (Tageszunahmen, tägliche Milchleistung, Mehrlingsträchtigkeit) haben einen hohen Nährstoff- und Energiebedarf. Die gebildeten Leistungsprodukte, wie Fleisch, Milch oder Föten, bedeuten Nährstoffansatz. So übt z. B. das Euter, in dem die Milchinhaltsstoffe aus den Nährstoffen gebildet werden, einen regelrechten „Nährstoffsog" aus. Damit sinkt der Blutzuckerspiegel und führt beim Tier zu einem Hungergefühl, was somit zu zusätzlicher Futteraufnahme anregt. Schnellwachsende oder hochlaktierende Tiere versuchen, ihren hohen Nährstoffbedarf zu decken, indem sie gezielt nährstoffkonzentrierte und damit hochverdauliche Futtermittel aufnehmen, z. B. blattreiche Pflanzenteile (Abb. 1.4). So wird die bereits angesprochene Passagerate erhöht. Die geschilderten Effekte führen somit bei Tieren mit hoher Leistung zu einer erhöhten täglichen Futteraufnahme. Weitergehende Informationen zur Beeinflussung der Futteraufnahme unter den Bedingungen des Weidegangs sind der Abbildung 4.1 im Kapitel 4.1.3 zu entnehmen.

Fazit für die Praxis

Verschiedene Faktoren beeinflussen die Futteraufnahme der Wiederkäuer wie Haltungsbedingungen (z. B. Umgebungstemperatur), Futterzusammensetzung (z. B. Nährstoffgehalt) und tierbedingte Einflussgrößen (z. B. Körpergröße, Gesundheitszustand).

Abb. 1.4 Ziegen orientieren sich bei der Futterwahl öfters nach „oben", Schafe eher nach „unten".

1.3 Verdauung und Stoffwechsel der Nährstoffe

Futtermittel enthalten Nährstoffe, die im Verdauungstrakt abgebaut und verdaut oder wieder ausgeschieden werden. Beim Verdauungsvorgang spalten Enzyme die chemisch komplexen Verbindungen auf. Es entstehen einfache Verbindungen, die in den Stoffwechsel überführt werden können. Diese Nährstoffe lassen sich nach ihrem chemischen Aufbau in 3 Gruppen einteilen:

- Kohlenhydrate: Hier unterscheidet man Strukturkohlenhydrate – wozu Bestandteile der pflanzlichen Zellwand gehören (Zellulose, Hemizellulose und der Holzstoff Lignin) – und Kohlenhydrate aus dem Inneren der pflanzlichen Zelle (Stärke und Zucker/Glukose).
- Fette: Hierzu zählen insbesondere die sogenannten Neutralfette.
- Proteine (Eiweiße).

Kohlenhydrate

Für den Wiederkäuer stellen die Kohlenhydrate eine besondere Nährstoffgruppe dar. Ihre herausragende Bedeutung liegt in ihrer Eigenschaft als Hauptenergielieferant für Umwandlungsprozesse im tierischen Stoffwechsel. Etwa 70–80 % einer Wiederkäuerration bestehen aus Kohlenhydraten, von denen ein Großteil im Vormagen abgebaut und umgesetzt wird.

Die Strukturkohlenhydrate Zellulose und Hemizellulose werden im Vormagensystem des Wiederkäuers von zellulosespaltenden Bakterien in mehreren Schritten vornehmlich zu **Essigsäure** abgebaut. Hierbei handelt es sich um eine kurzkettige Fettsäure mit 2 Kohlenstoffatomen. Die Essigsäure wird vom Pansen direkt in die Blutbahn überführt und im Stoffwechsel hauptsächlich als Baumaterial für die Herstellung von längerkettigen Fettsäuren verwendet, z. B. in der Milchdrüse. Solche Fettsäuren werden in die sogenannten Neutralfette eingebaut. Bei laktierenden Wiederkäuern spiegelt sich daher die Versorgung mit Strukturkohlenhydraten (rohfaserreiche Futtermittel) im Milchfettgehalt wider. Dieser Zusammenhang wird in Abbildung 1.5 dargestellt. Die rohfaserreichen Futtermittel sichern zudem die wiederkäuergerechte Ernährung – bei ausreichender Partikelgröße und -beschaffenheit.

Kohlenhydrate sind Hauptenergielieferanten und machen 70–80 % der Nährstoffe bei Wiederkäuern aus.

Die im Futter enthaltenen Kohlenhydrate Stärke und Zucker können im Pansen von speziellen Mikroorganismen schrittweise abgebaut werden. Die Endprodukte sind hauptsächlich Propionsäure sowie in geringerem Umfang Buttersäure, die ebenfalls zur Gruppe der kurzkettigen Fettsäuren zählen.

Die **Propionsäure** – eine Verbindung mit 3 Kohlenstoffatomen –, gelangt ebenfalls direkt aus dem Pansen in den Stoffwechsel. Dort wird sie hauptsächlich zur Neubildung von Glukose herangezogen. Die Glukose stellt einen wichtigen, energieliefernden Stoff dar. Zudem wird

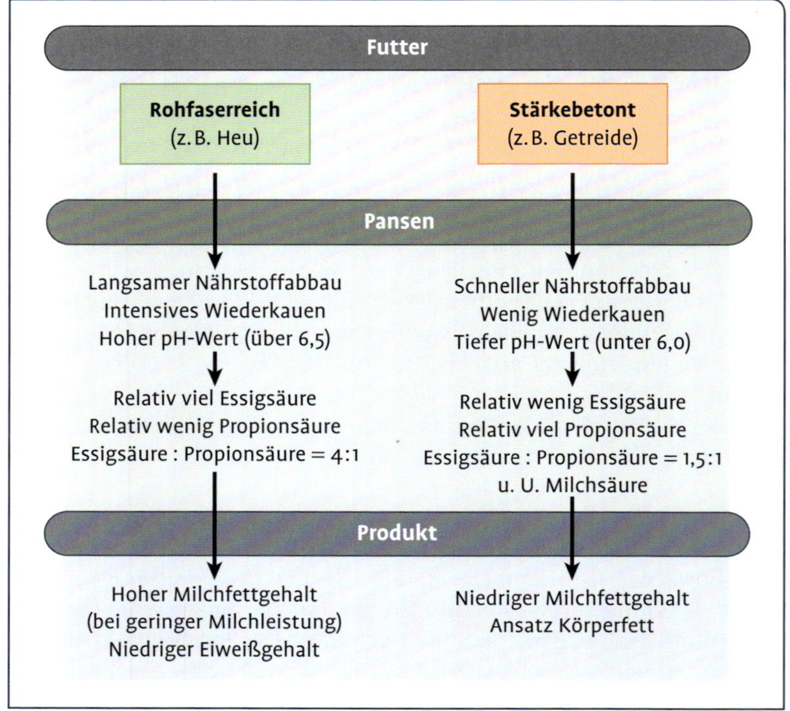

Abb. 1.5 Abbau unterschiedlicher Kohlenhydrate im Pansen und deren Verwertung im Stoffwechsel, dargestellt am Beispiel laktierender Wiederkäuer.

Glukose vom laktierenden Tier zur Milchzuckerbildung benötigt. Eine hohe Anflutung von Propionsäure im Stoffwechsel gewährleistet also eine gute Energieversorgung der Tiere.

Buttersäure – eine Verbindung mit 4 Kohlenstoffatomen –, gelangt ebenfalls direkt aus dem Pansen in den Stoffwechsel. Sie wird dort ähnlich wie die Essigsäure als Baustein im Fettstoffwechsel verwendet.

Da Futtermittel mit hohen Gehalten an Stärke und Zucker, beispielsweise Getreide, nur wenig wiedergekaut werden müssen und somit der Abbau sehr rasch ablaufen kann, kommt es zu einer schnellen Produktion von Propionsäure und Milchsäure im Pansen. Der Säuregehalt kann so eine kritische Grenze erreichen. Diese wird bei einem pH-Wert (Maß für den Säuregrad) im Pansen bei pH 6 erreicht. Diese Pansenübersäuerung – auch Azidose genannt –, führt in ihrer leichten Form zu einer verringerten Futteraufnahme und in ihrer schweren Form zur Futterverweigerung sowie zu gravierenden Verdauungsstörungen (s. auch Kapitel 5).

Eine zu stärke- und zuckerreiche Nahrung führt zu einer Pansenübersäuerung bzw. Azidose, die lebensgefährlich sein kann.

Überhöhte Gehalte an leicht abbaubarer Stärke und Zucker in den Futterrationen sind also zu vermeiden. Vielmehr muss die Versorgung mit langsam abbaubaren, rohfaserreichen Futtermitteln einerseits und leicht abbaubarer Stärke und Zucker andererseits ausgewogen erfolgen, um die Gesundheit und Leistungsfähigkeit der Wiederkäuer nicht zu beinträchtigen. Der dargelegte Sachverhalt ist in Abbildung 1.5 veranschaulicht.

Praxis-Tipp

Eine andere Fütterungsstrategie bei hochleistenden Schafen kann darin bestehen, vermehrt eine bestimmte Stärke einzusetzen, die nicht im Pansen abgebaut werden kann. Die Stärke solcher Futtermittel, z. B. Körnermais, wird zu höheren Anteilen erst im Dünndarm durch körpereigene Enzyme verdaut. Dies hat den Vorteil, dass einerseits der Pansen vor Übersäuerung geschützt ist und andererseits die Stärke zu Glukose abgebaut wird. Diese kann in den Stoffwechsel überführt werden und steht dort zur direkten Energieversorgung bereit. Diese Fütterungsstrategie stellt gegenüber der oben dargestellten Glukoseneubildung aus Propionsäure einen für das Tier energetisch günstigeren Weg dar.

Fette

Nahrungsfette enthalten im Vergleich zu den Kohlenhydraten noch mehr Energie (s. Kapitel 1.4, Abb. 1.8). Die hier angesprochenen Neutralfette bestehen aus 3 Fettsäuren, die an einen Glyzerinrest gebunden sind. Die Fettsäuren sind bestimmend für die Eigenschaften des Fettes. Insbesondere die Kettenlänge sowie die Zahl der sogenannten Doppelbindungen zwischen 2 Kohlenstoffatomen bestimmen die physikalische Eigenschaft eines Fettes. So ist der Schmelzpunkt bei einer hohen Zahl von Doppelbindungen in einem Fett herabgesetzt. Dies ist für viele pflanzliche Fette der Fall – sie werden dann auch als Öle bezeichnet.

Mit dem Futter aufgenommene Fette werden teilweise bereits im Pansen abgebaut und es kommt zur Freisetzung der Fettsäuren. Solche freien, langkettigen Fettsäuren können sich negativ auf die Verdauungsvorgänge im Pansen auswirken. So üben sie einen hemmenden Einfluss auf die Pansenmikroben aus. Weiterhin können freie Fettsäuren den wichtigen Mineralstoff Kalzium binden.

Wiederkäuer vertragen nur begrenzte Fettmengen.

Somit ist festzuhalten, dass der Wiederkäuer nur begrenzte Fettmengen verträgt. Milchschafe und Milchziegen scheinen aber auf hohe tägliche Fettaufnahmen weniger empfindlich zu reagieren als Milchkühe. Dieser Sachverhalt kann mit der kürzeren Verweildauer der flüssigen und festen Bestandteile im Vormagensystem begründet werden. Damit findet die bei Milchkühen oft zu beobachtende Beeinträchtigung der Pansenfermentation durch Fettzusätze bei Milchschafen und -ziegen nicht oder nur in geringem Ausmaß statt.

Proteine

Das im Futter enthaltene Rohprotein wird zu etwa 70 % von den Pansenmikroben um- oder abgebaut. Nur etwa 30 % des Futterproteins gelangt unverändert in den Labmagen. Die Mikroben können aus

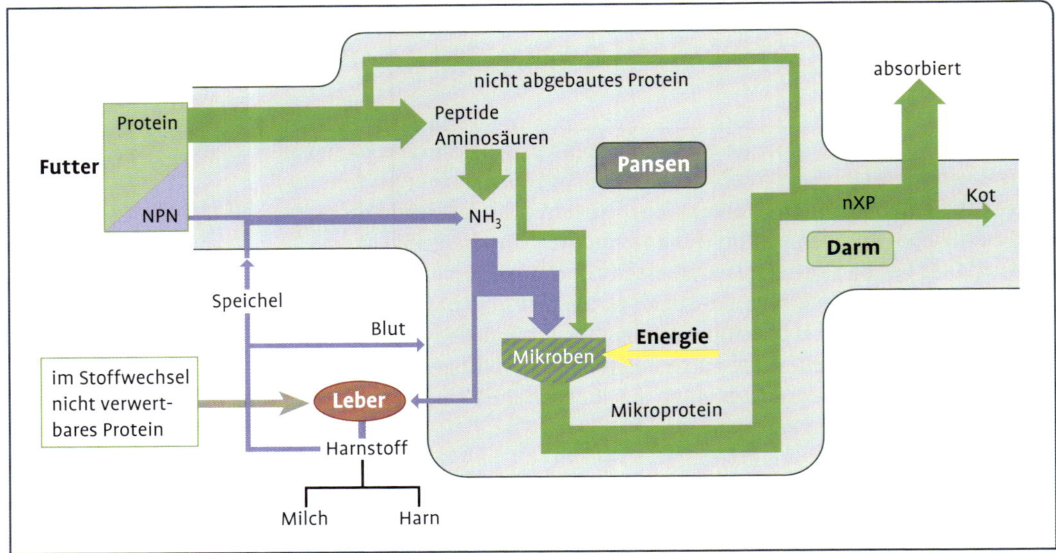

Abb. 1.6 Schematische Darstellung der Stickstoff-Umsetzungen in den Vormägen laktierender Wiederkäuer (Quelle: DLG 1998).

Ammoniak (NH_3) Mikrobenprotein bilden. Hierzu benötigen sie Energie (Abb. 1.6). Das neu gebildete Mikrobenprotein wird – wie das unabgebaute Futterprotein (UDP) – letztlich im Dünndarm enzymatisch verdaut.

Für eine optimale Proteinsynthese im Pansen müssen den Mikroben ausreichend Eiweiß – letztlich Stickstoff –, aber auch energieliefernde Nährstoffe zur Verfügung stehen. Für Tiere mit hoher Leistung (Wachstum, Fleischansatz, Milchleistung) stellt die Energieaufnahme bzw. -versorgung den leistungsbegrenzenden Faktor dar. So steht im Pansen dieser Tiere oft nicht genügend Energie zur mikrobiellen Proteinbildung bereit. Folglich muss das bis zur Stufe von Ammoniak abgebaute Futterprotein aus dem Pansen geschafft, in der Leber zu Harnstoff umgebaut und mit den Körperflüssigkeiten ausgeschieden werden (Abb. 1.6), wozu zusätzlich Energie verbraucht wird.

Für hochleistende Tiere sind vermehrt Futtermittel mit einem hohen UDP-Anteil einzusetzen, um diese energetisch zu entlasten.

Die Futtermittel unterscheiden sich hinsichtlich ihrer Gehalte an Energie und Rohprotein sowie der Protein-Abbaubarkeit im Pansen. Das unterschiedliche Ausmaß des Proteinabbaus wird durch den UDP-Gehalt ausgedrückt.

Im Labmagen und Dünndarm werden die dort anflutenden Proteine mithilfe der körpereignen Enzyme über einen mehrstufigen Prozess zu Aminosäuren abgebaut. Diese werden im Dünndarm absorbiert – das heißt in den Stoffwechsel überführt. Im Stoffwechsel dienen die Aminosäuren zum Aufbau körpereigener Proteine. Diese Proteine finden sich in der angesetzten Muskulatur oder in Form von Milcheiweiß wieder. Die Zusammensetzung des körpereigenen Eiweißes folgt dem genetischen Bauplan. Einige Aminosäuren – wie Lysin oder

Methionin – können im Stoffwechsel nicht gebildet werden. Diese sogenannten essenziellen Aminosäuren müssen mit der Nahrung aufgenommen werden.

Beim Wiederkäuer kommt allerdings eine Besonderheit zum Tragen: Die Mikroorganismen im Pansen können diese essenziellen Aminosäuren bilden. Somit sind Schaf und Ziege im Gegensatz zum Schwein gegenüber der Versorgung mit essenziellen Aminosäuren unabhängig. Vereinfacht gesagt: Der Wiederkäuer kann – dank seiner Pansenmikroben – aus einfachen Proteinen und Nicht-Protein-Stickstoff (NPN, z. B. Futterharnstoff) des Futters hochwertiges Protein in Form von Fleisch und Milch herstellen.

Die Pansenmikroben können essenzielle Aminosäuren bilden. Somit ist der Wiederkäuer nicht auf deren Zufuhr über das Futter angewiesen.

Zwischen dem Wiederkäuer und den Pansenmikroben besteht eine Symbiose (Lebensgemeinschaft). Dies lässt sich am Beispiel des sogenannten rumino-hepatischen Kreislaufs verdeutlichen. Nimmt der Wiederkäuer zu wenig Futterprotein auf, droht im Pansen ein Stickstoffmangel. Dieser führt zu einer verminderten Mikrobenentwicklung und damit zu einer geringeren Mikrobeneiweißbildung. Der Wiederkäuer kann unter diesen Bedingungen Stickstoff aus seinem Stoffwechsel, z. B. aus dem Abbau von Aminosäuren, in Form von Harnstoff in den Pansen einschleusen und damit die Versorgung der Mikroben mit Stickstoff sicherstellen. Somit trägt das Wirtstier aktiv zur Aufrechterhaltung dieser Lebensgemeinschaft bei. Unter praktischen Bedingungen, insbesondere bei hohen Leistungen, droht aber im Pansen ein Überangebot an Stickstoff. Dieser muss aus dem Pansen ausgeschleust und in Form von Harnstoff in der Leber „entgiftet“ werden.

Fazit für die Praxis

- Neutralfette bestehen aus 3 Fettsäuren.
- Fettsäuren sind bestimmend für die Eigenschaften eines Fettes.
- Freie, langkettige Fettsäuren können einen hemmenden Einfluss auf die Pansenmikroben haben.
- Freie Fettsäuren können den wichtigen Mineralstoff Kalzium binden.
- Um hochleistende Tiere energetisch zu entlasten, sollte man vermehrt Futtermittel mit einem hohen Anteil von unabgebautem Protein (UDP) einsetzen.

Wiederkäuer können wichtige Aminosäuren, die z. B. für das Schwein essenziell sind, selber bilden. Dabei helfen Pansenmikroben, mit denen eine Symbiose besteht: Der Wiederkäuer liefert den Mikroben Nährstoffe und Stickstoff. Die Pansenmikroben helfen bei der Verdauung der Nährstoffe und liefern Aminosäuren und Vitamine.

1.4 Grundlagen Energiehaushalt und Energieumsetzung

Maßeinheiten für Futtermittel

Die im Kapitel 1.3 behandelten Nährstoffe können im Stoffwechsel des Tieres zur Energiegewinnung herangezogen werden. Jeder Nährstoff speichert bzw. liefert einen bestimmten Energiebetrag. Der Energiegehalt eines Nährstoffes und somit auch eines Futtermittels wird in der physikalischen Einheit Joule angegeben. Für Futtermittel ist die Angabe in **Megajoule (MJ) pro Kilogramm (kg)** üblich – 1 MJ sind 1000 Kilojoule (kJ) oder 1 Million Joule. In Abbildung 1.7 sind die Energiegehalte in kJ/g für einige typische Futterinhaltsstoffe angegeben.

Bruttoenergiegehalt versus Energielieferungsvermögen

Die Darstellung verdeutlicht, dass der Nährstoff Fett gegenüber der Nährstoffgruppe Kohlenhydrate (Zellulose, Stärke) etwa den 2,2-fachen Energiegehalt aufweist. Das in Raufuttermitteln wie Heu oder Stroh enthaltene Lignin (Holzstoff) weist einen vergleichbaren Energiegehalt auf wie die Glukose. Es handelt sich bei den in Abbildung 1.7 genannten Angaben um sogenannte Bruttoenergie (auch Gesamtenergie genannt, abgekürzt: GE).

Am Beispiel des Lignins lässt sich verdeutlichen, dass ein hoher Bruttoenergiegehalt wenig aussagt über das tatsächliche Energielieferungsvermögen für den tierischen Stoffwechsel: Lignin kann weder von den Mikroben im Vormagen noch mithilfe der körpereigenen Enzyme im Dünndarm abgebaut werden und wird vom Tier unverdaut wieder ausgeschieden. Somit kann das Tier die im Lignin enthaltene Energie nicht nutzen. Die in der Glukose enthaltene Energie kann dagegen vom tierischen Stoffwechsel zu etwa knapp der Hälfte genutzt werden; die andere Hälfte der freigesetzten Energie wird in Form von Wärme abgegeben.

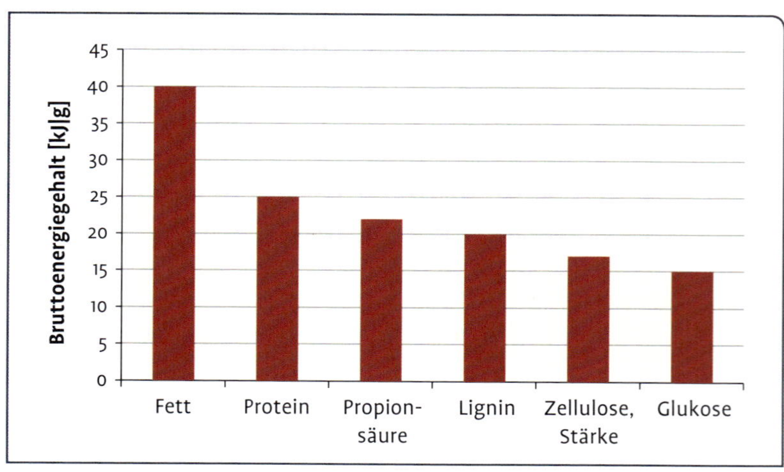

Abb. 1.7 Mittlerer Bruttoenergiegehalt von ausgewählten Futterinhaltsstoffen.

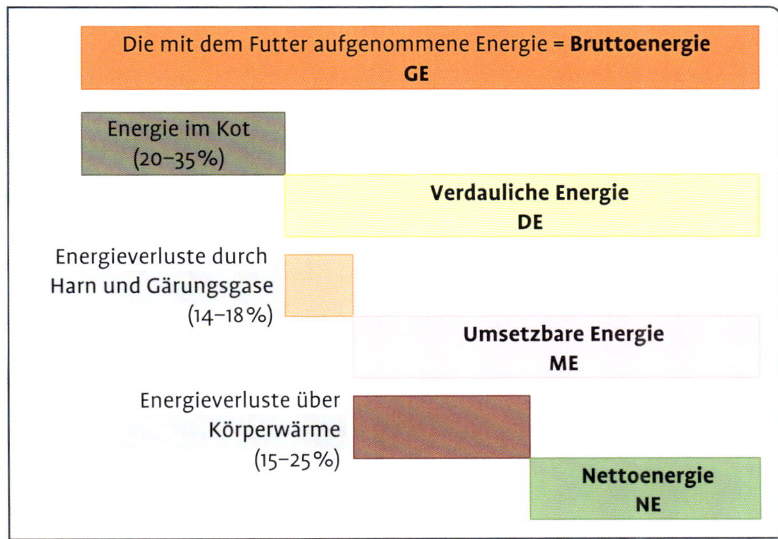

Abb. 1.8 Energieumsetzungen im Tierkörper.

Aus diesem Beispiel wird deutlich, dass die im Tier ablaufenden Vorgänge der Verdauung, des Nährstoffumsatzes im Stoffwechsel und schließlich der Stoffansatz in Form von z. B. Fleisch mit **stufenförmigen Energieumsetzungen** verbunden sind. In Abbildung 1.8 sind diese Energiestufen schematisch dargestellt.

Ein hoher Bruttoenergiegehalt eines Nährstoffes sagt wenig über das tatsächliche Energielieferungsvermögen für den tierischen Stoffwechsel aus.

Energiestufen

Ausgehend von der in einem Futtermittel enthaltenen Bruttoenergie wird zunächst die **verdauliche Energie** unterschieden. Das ist die in den verdauten Nährstoffen enthaltene Energie. Die in den **unverdaulichen Nährstoffen** befindliche Energie verlässt mit dem ausgeschiedenen Kot den Tierkörper. Durch die Umsetzungen der Nährstoffe im Stoffwechsel wird weitere Energie freigesetzt und z. B. über den Harn ausgeschieden. Solche Umsetzungen finden bereits im Vormagensystem durch den Stoffwechsel der Mikroorganismen statt. Es entstehen Gärgase (Methan), die vom Wirtstier über das Rülpsen mit der Atemluft freigesetzt werden.

Im Tier verbleibt zunächst die sogenannte **umsetzbare Energie** (auch metabolisierbare Energie genannt, abgekürzt: ME). Tiere in Bewegung müssen Muskelarbeit vollziehen; hierfür wird insbesondere die Glukose benötigt. Diese liefert zwar, wie oben beschrieben, nennenswerte „Arbeitsenergie“, es fällt aber auch „Abwärme“ (thermische Energie) an. Diese gibt das Tier – je nach Umgebungstemperatur in der es sich befindet –, mehr oder weniger ungenutzt nach außen ab. Für den Halter eines Nutztieres ist letztlich interessant, welcher Anteil der mit dem Futter zugeführten Energie in den zu erzeugenden tierischen Produkten – wie Fleisch, Milch oder Wolle – wiederzufinden ist. Diese

Nettoenergie (umsetzbare Energie minus Abwärme) macht ca. ein Drittel der Bruttoenergie aus. Sie findet sich in den Produkten Fleisch, Milch oder Wolle wieder.

sogenannte Nettoenergie (NE) enthält im Durchschnitt für die genannten Produkte etwa ein Drittel der Bruttoenergie.

Fazit für die Praxis

- Die Bruttoenergie (Gesamtenergie, GE) von Fett ist 2,2-mal höher als die von Kohlenhydraten.
- Lignin weist einen vergleichbaren Bruttoenergiegehalt auf wie Glukose.
- Ein hoher Bruttoenergiegehalt eines Nährstoffes sagt wenig über das tatsächliche Energielieferungsvermögen aus, denn es kommt darauf an, ob der Organismus die Art von Energie auch nutzen kann (Lignin vs. Glukose).
- Umsetzbare Energie (metabolisierbare Energie, ME) ist die Energie, die der Körper für z. B. Muskelarbeit nutzen kann, wobei thermische Energie (Abwärme) frei wird.
- Die Nettoenergie (umsetzbare Energie minus Abwärme) macht ca. ein Drittel der Bruttoenergie aus.

1.5 Energie- und Proteinbewertung

Eine fachgerechte Nutztierfütterung verfolgt das Ziel, die Tiere bedarfsgerecht zu ernähren und das Potenzial der einzusetzenden Futtermittel möglichst exakt einzuschätzen. Hierbei sind insbesondere die beiden wesentlichen Säulen der Tierernährung zu beachten: die Versorgung mit Energie und Proteinen. Wie in den vorhergehenden Kapiteln dargelegt, kann das Tier die mit dem Futter aufgenommenen Nährstoffe energetisch nutzen. Dabei gibt es aber zwischen den Tierarten große Unterschiede, wie hoch der Anteil ist, der energetisch nutzbar ist.

Proteine nehmen zusätzlich eine Sonderrolle ein, denn sie sind maßgeblich am Bau des Körpers beteiligt. Auch hierbei unterscheiden sich die Tiere hinsichtlich der Proteinverdauung und -umsetzung – vor allem die Gruppe der monogastrischen Tiere von den Wiederkäuern. Nachfolgend sollen daher die für Schaf und Ziege relevanten Systeme für die Energie- und Proteinbewertung vorgestellt werden.

1.5.1 Energiebewertung

Erhaltungsbedarf

Der Erhaltungsbedarf deckt den Energiebedarf der Lebensfunktionen wie Atmung, Futteraufnahme, Verdauung usw. ab.

Wie in Kapitel 1.4 gezeigt, lassen sich verschiedene Stufen der Energieumsetzung unterscheiden. Die beste Voraussage erreicht man, wenn alle Verluste quantifiziert und die sogenannte Nettoenergie ausgewiesen werden kann. Die Nettoenergie lässt sich definieren als die Energie, die in einem Zielprodukt enthalten ist. Besonders deutlich wird das am Beispiel des Produktes Milch: Der Energiegehalt von 1 kg Schaf- oder Ziegenmilch kann durch Messung der Inhaltsstoffe Fett, Eiweiß und Milchzucker und deren Multiplikation mit den jeweiligen Energiegehalten genau ermittelt werden. Somit lässt sich für eine Milchziege der tägliche Energiebedarf für die zu erzielende Milchleistung sehr exakt ableiten. Jedes Tier – also auch die Ziege – benötigt aber zunächst für die Deckung seiner Lebensvorgänge (Atmung, Futteraufnahme, Verdauungsarbeit u. a.) einen bestimmten Energiebedarf. Dieser Bedarf wird als Erhaltungsbedarf bezeichnet.

Täglicher Energiebedarf

Eine Ziege kann zeitgleich zur Laktation tragend sein. Die Trächtigkeit erfordert zusätzliche Energie. Außerdem benötigt eine junge Milchziege für ihr Wachstum zusätzliche Energie aus dem aufgenommenen Futter. Somit ergibt sich der tägliche Energiebedarf aus dem Erhaltungsbedarf sowie dem Bedarf für die Leistungsprodukte (Milch, Trächtigkeit, Wachstum, Wolle).

Der tägliche Energiebedarf setzt sich aus dem Erhaltungsbedarf und zusätzlicher Energie zusammen, die z. B. für Wachstum und Milchproduktion benötigt wird.

Energiebewertungssysteme: NEL versus ME

In Deutschland kommt für die Fütterung der milchgebenden Rinder, Schafe und Ziegen das Energiebewertungssystem **Nettoenergie-Laktation (NEL)** zur Anwendung. Dieses wurde für die Milchkuhfütterung entwickelt, kann aber auch für die kleinen, zur Milchnutzung herangezogenen Wiederkäuer wie Milchschaf und Milchziege zum Einsatz kommen.

Für die Nutzungsrichtung Fleisch bzw. Mast von Rindern, Schafen und Ziegen wird in Deutschland das System **umsetzbare Energie (ME)** verwendet. Bei dieser Nutzungsrichtung kann zwar ebenfalls zwischen dem Erhaltungsbedarf und dem Bedarf für das Leistungsprodukt (Wachstum, Fleisch) unterschieden werden. In der Praxis wird für die jeweilige Tiergruppe aber ein täglicher Gesamtbedarf an Energie ausgewiesen.

Für die Milchwirtschaft kommt das NEL-System zum Einsatz, in der Fleischproduktion das ME-System.

Energiebewertung von Futtermitteln

Die für die erwähnten Wiederkäuer einzusetzenden Futtermittel müssen ebenfalls mit den genannten Systemen bewertet werden. Nur auf der Basis einheitlicher Verrechnungseinheiten – ME oder NEL – können Rationsberechnungen erfolgen. Mit diesen Berechnungen lassen sich die oben genannten Ziele eines effizienten Futtermitteleinsatzes und letztlich eine bedarfsgerechte Energie- und Proteinversorgung realisieren.

Die mögliche Vorgehensweise zur Energiebewertung von Einzelfuttermitteln für die Rinder-, Schaf- und Ziegenfütterung zeigt Abbildung 1.9.

Ausgangspunkt ist die Untersuchung des zu bewertenden Futtermittels (z. B. Gerste; Tab. 2.13 in Kapitel 2.6.1). Die sogenannten Rohnährstoffe lassen sich nach dem Verfahren der **Weender Analyse** ermitteln (s. auch Kapitel 2.1). Hierbei werden nicht die in Kapitel 1.3 dargestellten „Reinnährstoffe" (Kohlenhydrate, Fette, Eiweiße) ausgewiesen,

Rationsberechnungen lassen sich nur anhand einheitlicher Verrechnungseinheiten (ME oder NEL) anstellen.

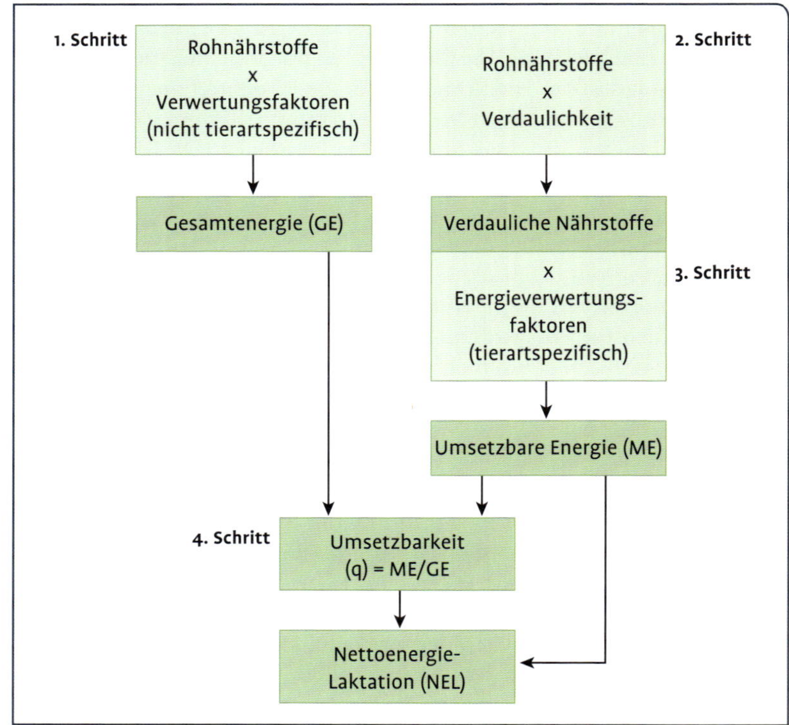

Abb. 1.9 Vorgehensweise bei der Berechnung des ME- und NEL-Gehaltes für Einzelfuttermittel.

sondern eine Differenzierung in verschiedene **Rohnährstoffgruppen (Rohprotein, Rohfett, Rohfaser)** vorgenommen.

Für die geläufigen Futtermittel finden sich die **Verdaulichkeitswerte** zu den Rohnährstoffen in Futtermitteltabellen (z. B. DLG-Tabelle für Wiederkäuer 1997). Diese mittleren Angaben zur Verdaulichkeit werden mit den ermittelten Gehaltswerten des konkreten Futtermittels multipliziert (Abb. 1.9). Diese verdaulichen Rohnährstoffe werden außerdem mit den sogenannten Energieverwertungsfaktoren multipliziert, welche die Umsetzungen im Stoffwechsel der Wiederkäuer widerspiegeln. Für jeden Rohnährstoff wird somit der ME-Betrag ausgewiesen. Diese Beträge werden per Addition zusammengefasst, wodurch sich der ME-Gehalt des untersuchten Futtermittels ermitteln lässt. Für das gewählte Beispielfuttermittel Gerste ergibt sich somit ein Wert von 13,3 MJ ME/kg Trockenmasse (TM).

Ausgehend vom ME-Gehalt kann der NEL-Gehalt des Futtermittels kalkuliert werden. Hierfür ist über eine Zwischenrechnung der Bruttoenergiegehalt zu ermitteln. Dieser wird mit dem ME-Gehalt in Beziehung gesetzt und damit die sogenannte Umsetzbarkeit der Bruttoenergie errechnet. Dieser Wert sowie der ME-Gehalt fließen in die eigentliche Schätzformel zur Berechnung des NEL-Gehaltes ein. Für das Beispielfuttermittel Gerste ergibt sich somit ein Wert von 8,4 MJ NEL/kg TM.

Für viele Grobfuttermittel werden mittlerweile spezielle **Schätzgleichungen** zur Berechnung der ME-Gehalte angewendet (z. B. GfE 2008). Eine Zusammenstellung solcher Gleichungen findet sich im Anhang. Die Gesellschaft für Ernährungsphysiologie empfiehlt für die Milchziegenfütterung die Anwendung der umsetzbaren Energie (GfE 2003). In eigenen vergleichenden Kalkulationen ließen sich keine nennenswerten Unterschiede zwischen den Maßstäben ME und NEL finden. Die in den nachfolgenden Kapiteln für Milchschafe und Milchziegen dargestellten Richtwerte bzw. Rationsbeispiele weisen beide Bewertungsmaßstäbe nebeneinander aus.

Fazit für die Praxis

- Der Erhaltungsbedarf deckt den Energiebedarf der Lebensfunktionen wie Atmung, Futteraufnahme, Verdauung usw. ab.
- Der tägliche Energiebedarf setzt sich aus dem Erhaltungsbedarf und zusätzlicher Energie zusammen, die z. B. für Wachstum und Milchproduktion benötigt wird. In Deutschland kommt für die Fütterung der milchgebenden Rinder, Schafe und Ziegen das Energiebewertungssystem Nettoenergie-Laktation (NEL) zur Anwendung.
- Für die Nutzungsrichtung Fleisch bzw. Mast von Rindern, Schafen und Ziegen wird in Deutschland das System umsetzbare Energie (ME) verwendet.

1.5.2 Proteinbewertung

Erhöhter Proteinbedarf

Für Wiederkäuer, die eine hohe Leistung vollbringen (Milch oder Mast), muss man die Proteinversorgung besonders berücksichtigen. Mit zunehmender Leistung steigt der tägliche Proteinbedarf an, da für die Bildung der Leistungsprodukte vermehrt Proteine benötigt werden. Unter diesen Bedingungen muss in der täglichen Futterration der Anteil an **unabgebautem Futterprotein (UDP)** zunehmen (s. auch Kapitel 1.3). Dieser Aspekt wurde in dem für die Milchkuhfütterung entwickelten System der Proteinbewertung berücksichtigt.

Nutzbares Rohprotein

In der Kenngröße **nutzbares Rohprotein am Dünndarm (nXP)** wird das gebildete Mikrobenprotein sowie das unabgebaute Futterprotein (UDP) zusammengefasst als die Proteinmenge, die im Dünndarm (Duodenum) enzymatisch verdaut werden kann. Diese ist nicht gleichzusetzen mit dem verdauten Rohprotein. So können proteinreiche Futtermittel, die aufgrund einer Hitzeschädigung einen hohen UDP-Anteil und somit einen hohen nXP-Gehalt besitzen, eine schlechte Dünndarmverdaulichkeit aufweisen.

Nutzbares Rohprotein am Dünndarm (nXP) = Mikrobenprotein + unabgebautes Futterprotein (UDP).

Der nXP-Gehalt kann für Einzelfuttermittel mithilfe von Gleichungen kalkuliert werden (s. Anhang). Das nXP setzt sich aus mikrobiellem Protein und unabgebautem Futterprotein (UDP) zusammen. Der UDP-Anteil kann für typische Futtermittel aus Futterwerttabellen entnommen werden (z. B. DLG 1997).

Ruminale Stickstoffbilanz (RNB)

Die Höhe der mikrobiellen Proteinbildung im Pansen wird mittels des XP- und ME-Gehaltes abgeleitet. Da diese meist von der Energieversorgung begrenzt wird, ist der Stickstoffbilanz im Pansen besondere Aufmerksamkeit zu schenken. Überhöhte Protein- bzw. Stickstoffgehalte im Pansen sollten vermieden werden. Dies kann in Rationsberechnungen mit der Kalkulation der sogenannten ruminalen Stickstoffbilanz (RNB) kontrolliert werden. Die Berechnung der RNB erfolgt mittels einer einfachen Formel, wobei von dem Rohproteingehalt des Futtermittels dessen nXP-Gehalt abgezogen wird. Diese Differenz wird durch 6,25 geteilt (Umrechnungsfaktor von XP auf Stickstoff (N)). Für das in Kapitel 1.5.1 vorgestellte Futtermittel Gerste ergeben sich aus diesen Berechnungen folgende Ergebnisse: 165 g nXP und −7 g RNB pro kg TM (s. auch Gerste, Tab. 2.13 in Kapitel 2.6.1).

Das vorgestellte System wird auch für die Rationsgestaltung der Milchschafe und der Milchziegen empfohlen (GfE 2003), da sie hochleistende Wiederkäuer sind. Für andere Schafe wird in der Rationsberechnung mit dem Rohproteingehalt gearbeitet. Bei der Rationsgestaltung für hochleistende Mutterschafe (z. B. Trächtigkeit und Laktation mit Zwillingen) und schnell wachsende Schaflämmer sollten nach US-amerikanischen Empfehlungen (NRC 2007) Mindest-UDP-Anteile in den Futterproteinen berücksichtigt werden. Diesen Ansatz greifen die jeweiligen Rationsbeispiele auf (s. Kapitel 3).

Fazit für die Praxis

Proteine sind maßgeblich am Bau des Körpers beteiligt, weshalb eine adäquate Proteinzufuhr unabdingbar ist. Hochleistende Wiederkäuer (für Milch oder Mast) haben einen höheren Proteinbedarf. Der Anteil an unabgebautem Futterprotein (UDP) muss in der täglichen Futterration erhöht sein.
Das nutzbare Rohprotein am Dünndarm (nXP) besteht aus Mikrobenprotein und dem unabgebauten Futterprotein (UDP) und gilt als die Proteinmenge, die im Dünndarm enzymatisch verdaut werden kann. Für Hochleistungswiederkäuer wird die Rationsberechnung mittels xNP empfohlen (Milchziegen und -schafe). Für andere Schafe kann die Rationsberechnung mit dem Rohproteingehalt vorgenommen werden.

1.6 Bedeutung der Mineralstoffe und Vitamine

1.6.1 Mineralstoffe

Mineralstoffe sind lebensnotwendige, anorganische Substanzen, die der tierische Organismus nicht selbst herstellen kann. Sie müssen dem Tier mit der Nahrung zugeführt werden. Mineralstoffe erfüllen als Baustoffe für z. B. Knochen, Zähne und Gewebe wichtige Aufgaben. Zudem sind sie Bestandteile der tierischen Leistungsprodukte wie Milch, Fleisch und Wolle. Viele Mineralstoffe stehen in Wechselbeziehungen mit den Vitaminen und sind außerdem Bestandteil von vielen Enzymen und Hormonen, also von Stoffen, die im Körper wichtige Steuerungsfunktionen wahrnehmen.

Die Mineralstoffe werden nach ihrem Vorkommen im Tierkörper in 2 Gruppen unterteilt:

- Mengenelemente > 50 mg/kg Lebendmasse (LM) und
- Spurenelemente < 50 mg/kg LM.

Die wichtigsten Mengen- und Spurenelemente sind in der Abbildung 1.10 aufgeführt.

Regulationsvorgänge im Körper

Der Organismus ist bestrebt, seinen Mineralstoffhaushalt durch aktive Regulationsvorgänge in einem Gleichgewichtszustand zu halten. Diese Vorgänge betreffen die Aufnahme aus der Nahrung (Absorption), den Ansatz in die Gewebe bzw. Leistungsprodukte (Retention), aber auch die Auslagerung aus den Geweben (Mobilisierung) sowie die

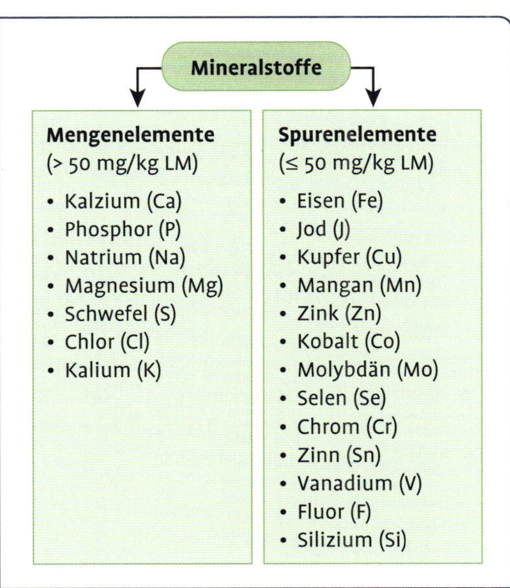

Abb. 1.10 Wichtige Mengen- und Spurenelemente für Schaf und Ziege.

Abb. 1.11 Regelmechanismen bei unterschiedlichen Kalziumgehalten im Futter bzw. unterschiedlichen Bedarfssituationen des Tieres.

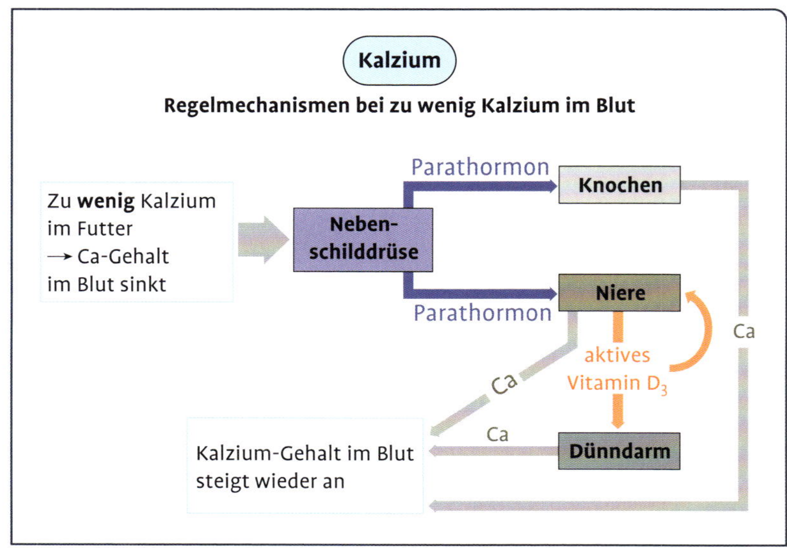

Ausscheidung über Harn oder Kot (Exkretion). Insbesondere die Regulationsvorgänge der Retention und Mobilisierung erfolgen durch Hormone. Abbildung 1.11 zeigt diese Regulationsprozesse am Beispiel von Kalzium, das vor allem im Knochengewebe zu finden ist.

Kalzium

Insbesondere bei hochleistenden Schafen und Ziegen kann es zu einem Kalziummangel kommen. Der Kalziumgehalt im Blut dient als Signalgeber: Ist zu wenig Kalzium vorhanden, produziert die Nebenschilddrüse mehr Parathormon. Dieses aktiviert in der Niere das Vitamin D_3, das wiederum die Rückresorption von Kalzium aus der Niere stimuliert und so die Kalziumaufnahme aus dem Dünndarm fördert. Reichen diese Vorgänge nicht aus, wird zusätzlich durch das Parathormon Kalzium aus den Knochen abgebaut. Als Ergebnis dieser Regulationsvorgänge steigt der Kalziumgehalt im Blut an.

Knochengewebe dient als Speicher für Kalzium, das bei erhöhtem Bedarf, z. B. während der Laktation, aus den Knochen mobilisiert werden kann.

Die beschriebenen Vorgänge sind besonders bei Milchschafen und -ziegen in der Frühlaktation bedeutsam, wenn für die Milchbildung besonders viel Kalzium benötigt wird. Das Knochengewebe dient in dieser Zeit somit als Lieferant von Kalzium. Hierbei kann das Tier erstaunliche Mengen an Kalzium mobilisieren, ohne dass es zu Schäden kommt. In der späteren Laktation, wenn die Milchleistung sinkt und das Futter viel Kalzium enthält, kann der Speicher im Knochengewebe wieder aufgefüllt werden (Abb. 1.11).

Phosphor

An der Ausbildung des Knochengewebes ist neben dem Kalzium (Ca) der Phosphor (P) beteiligt. Das **Kalzium-Phosphor-Verhältnis** (Ca : P) in der Knochensubstanz beträgt 2 : 1. Die beiden Elemente stehen daher in enger Wechselwirkung zueinander. Besonders für wachsende Tiere muss man auf eine ausreichende Versorgung mit diesen Mineralstoffen achten, um ein optimales Knochenwachstum zu erzielen. Insbesondere bei Bocklämmern muss darauf geachtet werden, dass man durch ein weites Ca-P-Verhältnis (> 3 : 1) und gleichzeitig ausreichendes Natriumangebot die sogenannte Harnsteinbildung vermeidet (s. Kapitel 5). Auch für Phosphor existieren ausgefeilte Regulationsmechanismen im Stoffwechsel. Diese Mechanismen sind in der Abbildung 1.12 vereinfacht dargestellt.

Das aktivierte Vitamin D_3 spielt eine zentrale Steuerungsfunktion: es verbessert die Phosphoraufnahme (Absorption) aus dem Dünndarm und setzt (mobilisiert) Phosphor aus den Knochen frei.

Um vor allem bei Bocklämmern die Bildung von Harnstein zu verhindern, sind ein Kalzium-Phosphor-Verhältnis von > 3 : 1 und genug Natrium nötig.

Magnesium

Das Element Magnesium kommt in für das Tier ausreichenden Mengen in den meisten Grobfuttermitteln vor. Im Frühjahr kann es aber zu einer Verknappung kommen, wenn der Weideaufwuchs noch sehr jung ist und somit viel Rohprotein und wenig Rohfaser enthält, wodurch die Magnesiumaufnahme aus dem Dünndarm erschwert sein kann. Widrige Witterungsverhältnisse auf der Weide – gleichbedeutend mit Stress für die Tiere –, können den Bedarf an Magnesium erhöhen. Das kann unter diesen Umständen zu einem akuten **Magnesiummangel** im Stoffwechsel führen und das Krankheitsbild der sogenannten **Weidetetanie** verursachen (s. Kapitel 5).

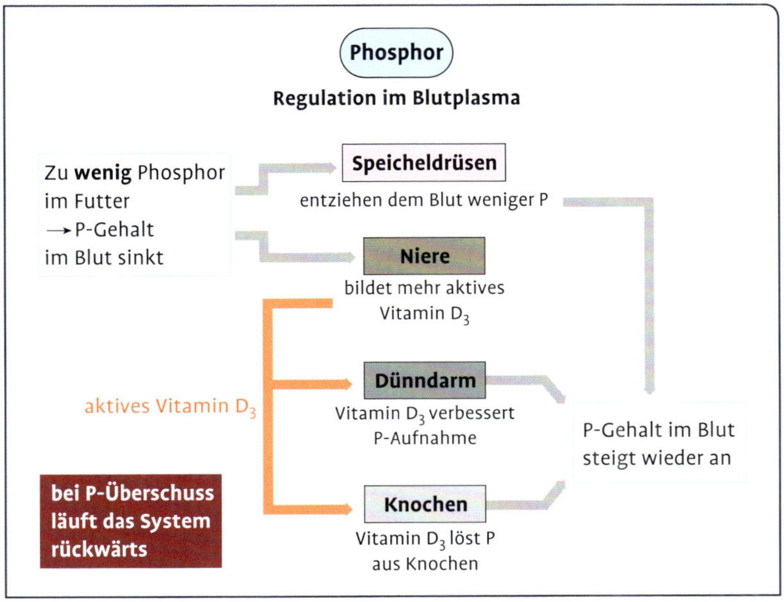

Abb. 1.12 Regelmechanismen bei unterschiedlichen Phosphorgehalten im Futter bzw. unterschiedlichen Bedarfssituationen des Tieres.

Schwefel

Das Element Schwefel hat für die Wollbildung der Schafe eine besondere Bedeutung. Bei ausreichender Schwefelversorgung können durch die Mikroben im Pansen genügend schwefelhaltige Aminosäuren (insbesondere Zystein) gebildet werden, die für die Wollbildung nötig sind. Ein **Schwefelmangel** ist somit an einer **fehlerhaften Wollausbildung** zu erkennen.

Natrium

Dem Element Natrium kommen im Tierkörper folgende Aufgaben zu:

- Regulierung des Wasserhaushaltes
- Speichelsekretion
- Puffersubstanz (Pansen)
- Wechselwirkung mit Kalium

Die Regulation des Natrium-Haushaltes erfolgt an 3 Stellen im Körper: im Dickdarm, in der Niere sowie über den Speichel. Verantwortlich für diese Steuerungsvorgänge ist das Aldosteron – ein Hormon der Nebenniere. Natrium kann man dem Tier über Viehsalz (Natriumchlorid, NaCl) bereitstellen. Dieses kann zur freien Aufnahme angeboten werden, sofern genügend Wasser zur Verfügung steht, um Überschüsse wieder auszuscheiden.

Selen

Bei schnell wachsenden Schaflämmern liegt häufig ein Mangel am Spurenelement Selen vor. Ein akuter **Selenmangel** führt bei Lämmern zur sogenannten **Weißmuskelkrankheit** (Muskeldystrophie, s. Kapitel 5). Diese Mangelerscheinung kann bei gleichzeitigem Vitamin-E-Mangel verstärkt auftreten.

Kupfer

Ein **Kupfermangel** kann zu folgenden Mangelerscheinungen führen:

- gestörtes Knochenwachstum
- Entfärbung und mangelnde Verhornung (Keratinisierung) von Haaren und Wolle
- Fruchtbarkeitsstörungen
- Störungen im Zentralnervensystem
- verringerte Fresslust
- Gewichtsabnahme

Überversorgung von Spurenelementen

Bei Spurenelementen sind aber nicht nur die Folgen einer Unterversorgung zu beachten, sondern auch Störungen, die aus einer Überversorgung resultieren können. Das soll nachfolgend am **Beispiel von Kupferüberschuss** beim Schaf gezeigt werden. Überversorgungsfolgen beim Schaf sind (s. auch Kapitel 5):

- Futterverweigerung oder Erbrechen
- Lichtempfindlichkeit mit gelb-roter Färbung der Augenbindehaut
- wässriger Durchfall

Als besonders empfindlich gelten die Rassen Texel und Suffolk. Der Kupferbedarf für Schafe beträgt lediglich 5 mg/kg Futter-Trockenmasse. Die mögliche Schwelle zur **Vergiftung** ist bereits bei 10 mg/kg Futter-Trockenmasse erreicht. Dies bedeutet, dass für Schafe kein Mineralfutter für Rinder und kein Milchaustauscher für Kälber verwendet werden dürfen, da diese in der Regel Kupfergehalte über der Toleranzschwelle für Schafe aufweisen.

Kein Rinder-Mineralfutter und kein Kälber-Milchaustauscher für Schafe! Das kann zu einer Kupfervergiftung führen!

Ziegen haben einen gegenüber Schafen höheren Kupferbedarf. Somit muss man bei kombinierter Haltung von Ziegen und Schafen eine differenzierte Kupferversorgung sicherstellen.

Bedarfsangaben wichtiger Mengen- und Spurenelemente für Schafe und Ziegen sind in den Kapiteln 3 und 4 zusammengestellt (Tab. 3.5a, 3.5b, 3.12a, 3.12b bzw. 4.7a, 4.7b). Angaben zum Mineralstoffgehalt relevanter Futtermittel für die Schaf- und Ziegenfütterung sind der Tabelle 2.23 zu entnehmen.

Fazit für die Praxis

Mineralstoffe sind lebenswichtige Elemente, die der Körper zur Aufrechterhaltung seiner Funktionen benötigt. Störungen im Mineralstoffhaushalt können schwerwiegende Folgen haben. Ein ausgewogenes Kalzium-Phosphor-Verhältnis ist für einen gesunden Knochenaufbau nötig. Ein Mangel an Magnesium kann zur Weidetetanie, zu wenig Schwefel zu einer gestörten Wollbildung und Selenmangel zur Weißmuskelkrankheit führen. Ein Kupfermangel kann eine ganze Reihe von Folgen haben wie unter anderem ein gestörtes Knochenwachstum, Entfärbung und mangelnde Verhornung von Haaren und Wolle oder Störungen im Zentralnervensystem.
Zu hohe Aufnahme eines Spurenelementes kann wiederum zu schweren Vergiftungen führen: So ist es möglich, dass ein Kupferüberschuss Futterverweigerung oder Erbrechen, Lichtempfindlichkeit mit gelb-roter Färbung der Augenbindehaut und wässrigen Durchfall auslöst.

1.6.2 Vitamine

Vitamine sind organische Substanzen, die zur Aufrechterhaltung von Gesundheit und Leistungsfähigkeit notwendig sind und mit der Nahrung zugeführt bzw. aus dem Verdauungstrakt aufgenommen (absorbiert) werden müssen. Die Aufnahme von geringen Mengen täglich ist erforderlich, um die Verwertung von Nähr- und Mineralstoffen zu regulieren. Hierbei kommt jedem Vitamin eine spezifische Aufgabe zu. Somit kann ein Vitamin nicht durch ein anderes ersetzt werden.

Fettlösliche und wasserlösliche Vitamine

Die Vitamine lassen sich nach ihrer Löslichkeit in 2 Gruppen unterteilen (Abb. 1.13).

Während die **fettlöslichen Vitamine** in der Leber gespeichert werden können, bestehen für die **wasserlöslichen Vitamine** kaum Speichermöglichkeiten. Dies bedeutet, dass die Zufuhr fettlöslicher Vitamine nicht kontinuierlich erfolgen muss. Die wasserlöslichen Vitamine wiederum können von den Pansenmikroben gebildet und dem Wirtstier zur Verfügung gestellt werden. Hierbei müssen über die Nahrung aber Bausteine bzw. Vorstufen bereitstehen. Bei hohen Leistungen reichen die aus dem Pansen stammenden B-Vitamine nicht aus, um den Bedarf zu decken. Somit muss unter diesen Bedingungen eine Ergänzung über das Futter erfolgen.

Vitamin A und β-Carotin

Die vielschichtigen Zusammenhänge zwischen dem Bedarf, dem Angebot aus der Nahrung, der Bildung aus Vorstufen sowie die tierartbezogenen Unterschiede sollen am Beispiel von Vitamin A verdeutlicht werden. Vitamin A erfüllt im Stoffwechsel der Tiere vielfältige Aufgaben:

- Aufbau, Schutz und Regeneration der Haut und Schleimhaut
- Förderung der Fruchtbarkeit durch Verbesserung des Eisprunges (Ovulation) und Einnistung des Eies
- Regulation von Wachstums- und Differenzierungsvorgängen im Zellstoffwechsel

Vitamin A kann in der Leber aus der Vorstufe β-Carotin gebildet werden, das in vielen pflanzlichen Futtermitteln (z. B. Weidegras) in ausreichender Menge vorkommt. Das β-Carotin hat darüber hinaus auch eigene Aufgaben – wie z. B. die Verbesserung der Brunstmerkmale. Vitamin A und β-Carotin spielen vor allem im **Fruchtbarkeitsgeschehen** des weiblichen Tieres eine große Rolle.

Abb. 1.13 Einteilung der Vitamine.

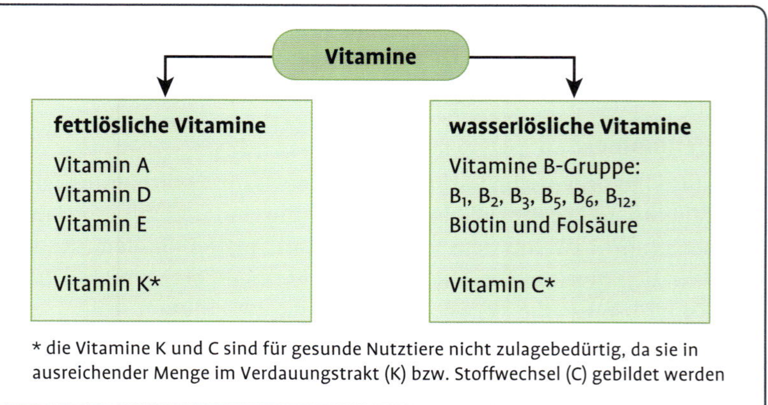

Der β-Carotin-Gehalt in Futtermitteln unterliegt Konservierungs- und Lagerungsverlusten. So nimmt der Gehalt bei der Heuwerbung und während der Heulagerung deutlich ab. Heu weist am Ende des Winterhalbjahres praktisch kein β-Carotin mehr auf.

Der β-Carotin-Gehalt in Futtermitteln nimmt bei der Lagerung stetig ab. Insbesondere durch Sauerstoffeinfluss kommt es zu raschem Abbau.

Fazit für die Praxis

Darum ist Ziegenkäse weiß!
Eine Besonderheit gilt für die Ziege: Diese kann β-Carotin nicht aus dem Dünndarm in den Stoffwechsel überführen. Somit ist es nicht möglich, β-Carotin, das wie das Vitamin A fettlöslich ist, ins Fettgewebe oder in das Milchfett (Käse) einzulagern. Da β-Carotin für die charakteristische Gelbfärbung dieser Zielprodukte verantwortlich ist, bleiben diejenigen von der Ziege weiß und heben sich von entsprechenden Schaf- oder Kuhmilcherzeugnissen ab.

Vitamin D

Ein typisches Beispiel für die Steuerungsfunktion von Vitaminen im Mineralstoffhaushalt ist das Vitamin D, wie in den Abbildungen 1.11 und 1.12 zu entnehmen ist. Auch für Vitamin D gilt, dass dieses aus einer Vorstufe gebildet werden kann. Beim Aktivierungsprozess spielt das Sonnenlicht (UV-Strahlung) eine wichtige Rolle. Somit benötigen Schafe oder Ziegen mit ausgedehntem Weidegang keine Vitamin-D-Zufuhr über das Futter.

Im süddeutschen Raum und im Alpengebiet kann auf Dauergrünlandflächen die Gräserart Goldhafer bestandsbildend auftreten. Die Goldhaferpflanzen beinhalten eine Vorstufe des D-Vitamins. Nehmen die Schafe oder Ziegen diese Pflanzen in hohen Tagesmengen auf, kommt es zu einer sogenannten **Übervitaminisierung** (Hypervitaminose) mit Vitamin D. Diese führt zu einer übermäßigen Aufnahme von Kalzium aus dem Verdauungstrakt (Abb. 1.11). Da dieses überschüssige Kalzium nicht mehr in die Knochen eingelagert werden kann, wird es in die Weichgewebe eingelagert und kann somit zu einer „Verkalkung“ dieser Gewebe führen. Dieses Krankheitsbild wird als **Kalzinose** bezeichnet (s. auch Kapitel 5). Mit diesem Beispiel wird deutlich, dass – ähnlich wie bei den Spurenelementen – ein Zuviel an einem Vitamin für das Tier schädlich sein kann. Somit ist auch bei den Vitaminen auf eine ausgewogene Versorgung zu achten.

Vorsicht bei zu viel Vitamin D! Nimmt das Tier zu große Mengen davon auf, droht eine Kalzinose.

2 Futtermittel für Schafe und Ziegen

P. LEBERL

Oftmals werden Schafe und Ziegen als genügsam und anspruchslos bezeichnet. Dies trifft jedoch nur auf leere und niedertragende Tiere zu, da hochtragende und laktierende Mutterschafe und Ziegen sowie wachsende Lämmer und Kitze hohe Ansprüche an die Versorgung stellen, die durchaus mit denen einer hochleistenden Milchkuh verglichen werden können. Folglich stellen diese Tiergruppen höhere Anforderungen an die Futtermittel hinsichtlich ihrer Ausstattung mit Nährstoffen, Energie, Mineralstoffen und Vitaminen. Es ist jedoch kaum möglich, mit einem einzelnen Futtermittel die jeweiligen Bedarfsansprüche hoher Leistungsbereiche komplett abzudecken. Deshalb gilt es, die Futtermittel möglichst geschickt auszuwählen und in einer Futterration zusammenzustellen. Dafür ist es wichtig, die Beschaffenheit der Futtermittel, ihre Nährstoffzusammensetzung, ihre Schmackhaftigkeit und Verträglichkeit beurteilen zu können. Die Eigenschaften verschiedener, häufig in der Schaf- und Ziegenhaltung eingesetzter Futtermittel werden in den Kapiteln 2.3 bis 2.7 beschrieben.

2.1 Analytische Bestandteile der Futtermittel

Futtermittel setzen sich aus den Stoffgruppen Wasser, Asche, Protein, Fett und Kohlenhydraten zusammen, welche mittels verschiedener chemischer Analysen bestimmt werden. Ausgangspunkt ist die sogenannte **Weender Analyse** über welche nach dem Entfernen der Feuchtigkeit aus dem Futter die Rohnährstoffe Rohasche (XA), Rohprotein (XP), Rohfett (XL), Rohfaser (XF) und stickstofffreie Extraktstoffe (XX) ermittelt werden (s. Abb. 2.1). Die Vorsilbe „Roh" der Nährstoffe sagt aus, dass es sich um keine klar definierten chemischen Stoffe wie beispielsweise Carotinoide handelt, sondern um eine Gruppierung verschiedener Stoffe, die im Verdauungssystem vom Tier ähnlich umgesetzt werden und deshalb jeweils unter einem Oberbegriff zusammengefasst werden, z. B. im Fall der Carotinoide dem Rohfett.

Sämtliche Futtermittel enthalten in mehr oder weniger großem Umfang Feuchtigkeit in Form von Wasser. Auch muss der Feuchtegehalt bzw. umgekehrt die **Trockenmasse** bei der Rationsberechnung berücksichtigt werden. Vor allem aber lassen sich die Ergebnisse der übrigen Nährstoffanalysen zwischen verschiedenen Futtermitteln nur auf Basis der Trockenmasse nach Entzug des Wassers miteinander vergleichen. Deshalb werden die einzelnen Futtermittel in den Kapiteln 2.3 bis 2.7 bezogen auf die Trockenmasse dargestellt.

Innerhalb der Trockenmasse erhält man nach Veraschung im Muffelofen bei 550 °C als anorganischen Rückstand die **Rohasche**. Diese umfasst neben den Mineralstoffen weitere Bestandteile, welche den Verbrennungsprozess überstehen, wie z. B. erdige Verunreinigungen, darunter Tonminerale und Sand. Für die Trennung der Mineralstoffe von den Verunreinigungen wird die Rohasche mit Salzsäure versetzt, um die Mineralstoffe in Lösung zu bringen. Anschließend filtriert man den unlöslichen Rückstand (HCl-Asche) ab und erhält so die Reinasche. Diese Vorgehensweise ist besonders bei Grobfuttermitteln zusätzlich zur Rohaschebestimmung zu empfehlen, wenn durch schlechte Witterung bei der Ernte, Probleme bei der Futterwerbung, Maulwurfshügel etc. der Anteil an erdigen Verunreinigungen im Futter deutlich erhöht sein kann. Die organische Masse wird aus der Trockenmasse und der Rohasche berechnet.

Berechnung von Reinasche, organischer Masse und Stickstofffreien Extraktstoffen

Reinasche = Rohasche – HCL-Asche

Organische Masse = Trockenmasse – Rohasche

Stickstofffreie Extraktstoffe
= Trockenmasse – Rohasche – Rohprotein – Rohfett – Rohfaser

Die Stoffgruppe des **Rohproteins** umfasst neben dem eigentlichen Protein auch sogenannte Nicht-Protein-Stickstoffverbindungen. Dazu zählen beispielsweise freie Aminosäuren, Säureamide, Amine und Ammoniumsalze. Das Rohprotein aus dem Futter benötigen wachsende Lämmer und Kitze insbesondere zum Aufbau der Muskeln. Für ausgewachsene Schafe und Ziegen ist Rohprotein bzw. das daraus gebildete nutzbare Rohprotein eine wichtige Größe für die Milch- und Wollbildung.

Die Stoffgruppe des **Rohfetts**, auch Etherextrakt genannt, ist sehr heterogen zusammengesetzt und beinhaltet unter anderem Neutralfette, Phosphatide, Carotinoide, fettlösliche Vitamine, Steroide, Wachse und ätherische Öle. Fette sind energiereicher als Kohlenhydrate.

In der **Rohfaser** sind die in schwachen Säuren und Laugen unlöslichen Anteile der Strukturkohlenhydrate, insbesondere Zellulose, Pentosane und Lignin enthalten. Der lösliche Anteil dieser Strukturkohlenhydrate ist neben Stärke und löslichen Zuckern in der Stoffgruppe der **stickstofffreien Extraktstoffe** lokalisiert. Diese Stoffgruppe wird nicht durch chemische Analyse ermittelt, sondern lediglich rechnerisch erfasst (s. Kasten).

Auf diese Weise gelingt es über die Rohnährstoffgruppen Rohfaser und stickstofffreie Extraktstoffe jedoch nicht, die im Futter enthaltenen Kohlenhydrate der pflanzlichen Zellwand und des Zellinneren zufrie-

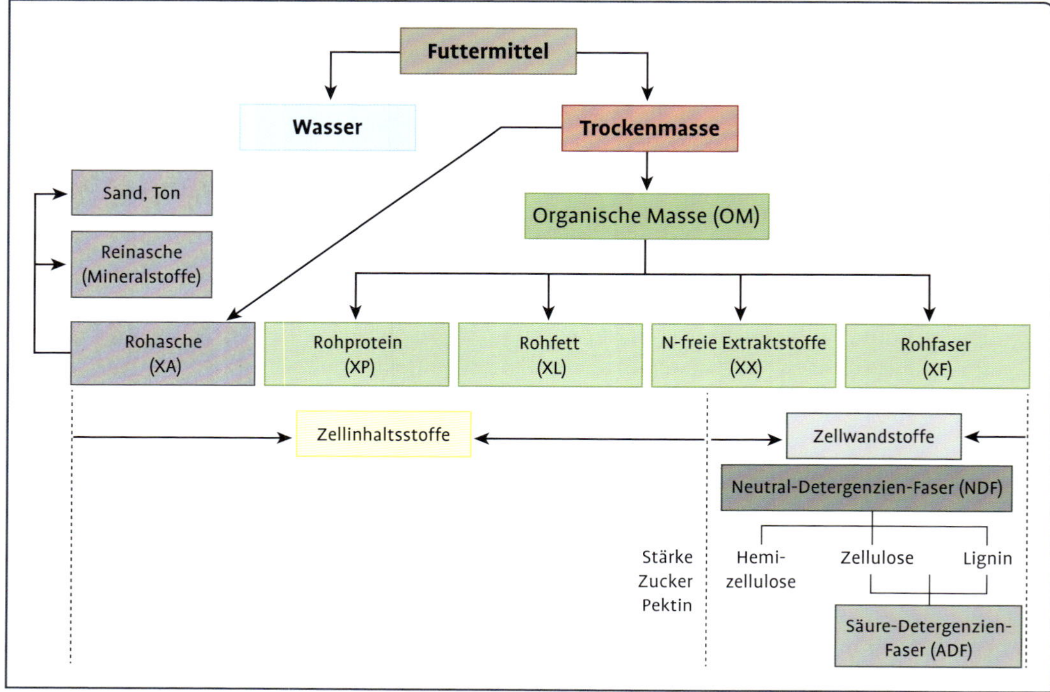

Abb. 2.1 Weender und Van Soest-Analyse von Futtermitteln.

denstellend zu trennen und anhand von Verdaulichkeitsfaktoren zwischen für die Tiere besser und schlechter verdaulichen Kohlenhydraten abzugrenzen.

Deshalb wurde zusätzlich zur Weender Analyse das Verfahren der sogenannten **Detergenzienanalyse** nach van Soest für die Bestimmung der Gerüstsubstanzen etabliert. Nach Kochen in einer neutralen Detergenzienlösung erhält man die gesamten Zellwandkomponenten (Zelluose, Hemizellulose und Lignin), welche als Neutral-Detergenzienfaser (aNDF) nach Amylasebehandlung bezeichnet werden. Kocht man das Futtermittel mit einer sauren Detergenzienlösung, bleibt als Rückstand die sogenannte Säure-Detergenzien-Faser (ADF), welche hauptsächlich aus Zellulose und dem für Schafe und Ziegen unverdaulichen Lignin besteht. Höhere ADF-Gehalte im Futter sind ein Zeichen zunehmender Verholzung der Pflanzen im Zuge des Alterungsprozesses. Da für die Verdaulichkeit nur der organische Anteil der Faserfraktionen von Bedeutung ist, werden die Faserfraktionen ADF und aNDF nach dem Kochen und Trocknen zusätzlich verascht und um den darin enthaltenen Ascheanteil korrigiert, woraus die Bezeichung **aNDFom (Neutral-Detergenzienfaser nach Amylasebehandlung und Veraschung) und ADFom (Säure-Detergenzien-Faser nach Veraschung)** resultieren. Die Faserfraktion ADFom steht in enger Beziehung mit der Verdaulichkeit und ermöglicht so eine bessere Differenzierung des

Energiegehaltes der Futtermittel für Schafe und Ziegen im Vergleich zur Rohfaser und den stickstofffreien Extraktstoffen. Aus diesem Grund ist die ADFom inzwischen Bestandteil verschiedener Formeln zur Energieberechnung für Wiederkäuer (s. Formelsammlung Anhang).

2.2 Bewertung der Futtermittel

Der **Energiegehalt** der Futtermittel ist eine der wichtigsten Kenngrößen für die Fütterung. Beim Schaf wird der Energiegehalt des Futters auf Basis der **umsetzbaren Energie (ME)** angegeben. Das bedeutet, dass hierbei bereits die Verluste über die Ausscheidung unverdauter Nährstoffe mit dem Kot und Harn sowie über die Methanbildung im Pansen berücksichtigt wurden. Bei milchgebenden Tieren wie Milchschafen und Milchziegen erfolgt die Energieangabe auf Basis der **Nettoenergie-Laktation (NEL)** (s. Kapitel 1.5).

Neben dem Rohprotein ist das **nutzbare Rohprotein am Duodenum (nXP)** die zentrale Größe der Proteinbewertung bei Futtermitteln für Wiederkäuer. Das nXP setzt sich aus dem im Pansen **unabgebauten Futterprotein (UDP)** und dem von den Mikroben im Pansen gebildeten Protein zusammen. Das Ausmaß des gebildeten Mikrobenproteins steht in engem Zusammenhang mit der Energiebereitstellung über das Futter, da Mikrobenprotein nur bei ausreichender Energieversorgung der Mikroben im Pansen gebildet werden kann. Je höher die tierische Leistung, desto wichtiger wird der Anteil des unabgebauten Futterproteins am nXP, da die Bildung von Mikrobenprotein begrenzt ist. Als Maß für die Stickstoffversorgung des Pansens dient die **ruminale N-Bilanz (RNB)** (s. Kapitel 1.5.2).

2.3 Einteilung der Futtermittel

Futtermittel lassen sich anhand verschiedener Merkmale unterteilen. So ist eine Abgrenzung nach den Hauptinhaltsstoffen Energie und (nutzbares) Protein möglich. Alternativ kann nach der Anzahl der enthaltenen Komponenten (Einzel- oder Mischfuttermittel) oder nach der Herkunft der Futtermittel (betriebseigen oder Zukauf) unterschieden werden.

Im Folgenden werden die Futtermittel entsprechend ihres Einsatzbereiches in Grobfutter, Saftfutter und Kraftfutter unterschieden.

Unter **Grobfutter** versteht man frische, silierte und natürlich getrocknete Produkte aus der gesamten Pflanze sowie Stroh. Grobfutter weisen eine hohe Strukturwirksamkeit auf. Zu den **Saftfuttern** zählen Pflanzen und Verarbeitungsprodukte mit einem Trockenmassegehalt unter 550 g/kg wie beispielsweise Rüben, Wurzeln und Knollen, Biertreber, Pressschnitzel, Apfeltrester und frische Schlempen. Saftfutter stehen in ihrer Strukturwirkung zwischen Grob- und Kraftfutter. Als **Kraftfutter** bezeichnet man Einzelfuttermittel (Energie- und Proteinträger) sowie industriell hergestellte Mischfutter mit einer Trockenmasse über 550 g/kg, die lediglich eine sehr geringe Strukturwirkung besitzen.

2.4 Grobfutter

In der praktischen Fütterung von Schafen und Ziegen kommen die Grobfutterkategorien Grünfutter sowie die konservierten Produkte Silage, Heu und Stroh zum Einsatz. Diese Grobfutterkategorien stellen die maßgebliche Futtergrundlage in der Fütterung von Schafen und Ziegen dar und werden in den weiteren Unterkapiteln näher beschrieben.

2.4.1 Grünfutter

Der Begriff Grünfutter umfasst die oberirdischen Teile (Stängel, Blätter, Blüten, Samen) von Futterpflanzen, deren Wachstumsphase noch nicht abgeschlossen ist. Man unterscheidet zwischen Grünfutter vom Dauergrünland (Wiesen oder Weiden) oder von Ackerflächen (Feld- oder Ackerfutter). In der Schaf- und Ziegenhaltung kommen sowohl intensive wie auch extensive Grünlandbewirtschaftungssysteme vor, die an die jeweiligen Standortgegebenheiten angepasst und für die Produktionsrichtung charakteristisch sind. So finden sich vor allem in den Betriebszweigen Milchschaf- und Milchziegenhaltung intensiv bewirtschaftete Wiesen mit früher erster Nutzung und bis zu vier Schnitten pro Jahr. Gleichermaßen werden die im Betrieb vorhandenen – vorrangig stallnahen – Futterflächen einer intensiven Beweidung unterzogen. In der Landschaftspflege dagegen dominiert die extensive Beweidung auf zumeist ertragsschwachen Standorten vorrangig mit der Zielsetzung des Arten- und Biotopschutzes nach der Gesetzgebung für den Naturschutz des Bundes und der Länder.

Daraus resultieren erhebliche Unterschiede in den Futterqualitäten (Tab. 2.1 bis 2.4).

Eine Vielzahl von Einflussfaktoren – wie beispielsweise Bestandszusammensetzung, Nutzungsintensität, Düngung, Schnittzeitpunkt, Klima und Exposition – ist für die hohe Schwankungsbreite der Nährstoffgehalte im Grünfutter verantwortlich (s. Abb. 2.2).

Botanische Zusammensetzung

Der Pflanzenbestand des Grünlands setzt sich aus Gräsern, Kräutern und Leguminosen zusammen, die durch eine vielfältige Vergesellschaftung verschiedener Arten miteinander eine charakteristische standorttypische Pflanzengemeinschaft bilden. Den Hauptanteil der Bestandsbildner nehmen Gräser mit ca. 60–80 % ein, Leguminosen und Kräuter sind zu je 10–15 %, bei leguminosen- bzw. kräuterreichen Beständen auch bis zu 25 % vertreten, Bei extensiver Weidenutzung ohne Düngung können Gräser und Kräuter auch in noch höheren Anteilen auftreten (Geiger 2010).

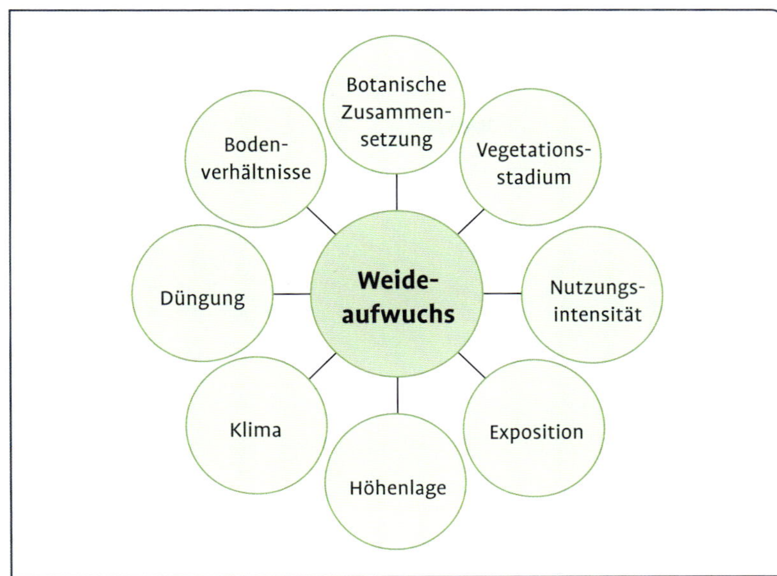

Abb. 2.2 Einflussfaktoren auf den Nährstoffgehalt von Grünfutter.

Gräser werden in Unter- und Obergräser unterschieden: Unter Obergräsern versteht man hochwüchsige Arten mit einem hohen Stängel- und geringen Blattanteil, welche bei Mähnutzung vorherrschen. Untergräser, die vermehrt auf Weiden zu finden sind, bilden bei niedriger Wuchshöhe eine dichte Grasnarbe. Sie verfügen über mehr Blattmasse als Halmtriebe und sind daher proteinreicher.

Gräser

Obergräser: Knaulgras *(Dactylis glomerata)*, Glatthafer *(Arrhenatherum elatius)*, Wiesenschwingel *(Festuca pratensis)*, Wiesenlieschgras *(Phleum pratense)*, Wiesenfuchsschwanz *(Alopecurus pratensis)*, Wehrlose Trespe *(Bromus inermis)* und Aufrechte Trespe *(Bromus erectus)*.

Untergräser: Deutsches Weidelgras *(Lolium perenne)*, Wiesenrispe *(Poa pratensis)*, Gewöhnlicher Rotschwingel *(Festuca rubra)*, Gemeine Rispe *(Poa trivialis)*, Ruchgras *(Anthoxanthum odoratum)*, Kammgras *(Cynosurus cristatus)*, Schafschwingel *(Festuca ovina)*

Neben Süßgräsern kommen auch Sauergräser (Binsen, Seggen) vor, die gut an ihrem dreikantigen Stängel erkennbar sind. Diese werden von Schafen und Ziegen verschmäht, da sie Kieselsäurekristalle enthalten, die bei der Futteraufnahme Lippen und Mundschleimhaut verletzen können.

Leguminosen enthalten im Vergleich zu Gräsern mehr Protein und weisen eine höhere Mineralstoffkonzentration auf. Bei intensiver Beweidung ist Weißklee die dominierende Leguminose im Bestand, da

Abb. 2.3 Leguminosen liefern viel Protein und Kalzium.

dieser durch Beweidung gefördert wird. Weitere Leguminosenarten (s. Kasten) treten in geringerem Maße im Bestand auf.

Leguminosen

Weißklee (*Trifolium repens L.*), Wiesenrotklee (*Trifolium pratense L.*), Gewöhnlicher Hornklee (*Lotus corniculatus L.*), Gelbklee (*Medicago lupulina L.*), Luzerne (*Medicago sativa L.*), Futter-Esparsette (*Onobrychis viciifolia*), Wiesenplatterbse (*Lathyrus pratensis L.*), Echter Wundklee (*Anthyllis vulneraria*), Zaunwicke (*Vicia sepium L.*), Vogelwicke (*Vicia cracca L.*)

Kräuter umfassen die Gesamtheit der zweikeimblättrigen Pflanzen mit Ausnahme der Schmetterlingsblütler (Leguminosen), weisen eine hohe Artenvielfalt auf, sind schmackhaft und tragen zur Vitamin- und Mineralstoffversorgung bei. Man unterscheidet zwischen erwünschten und unerwünschten Arten. Letztere enthalten Giftstoffe (s. Kapitel 5.4.1) und setzen so den Futterwert herab. Kräuter und Leguminosen sind im Vergleich zu Gräsern nutzungselastischer, das bedeutet grasreiche Grünlandbestände altern schneller, während artenreiche Wiesen und Weiden im gleichen Zeitraum weniger an Futterwert verlieren.

Kräuter

Gewöhnlicher Löwenzahn (*Taraxacum officinale*), Gewöhnliche Schafgarbe (*Achillea millefolium*), Gänsefingerkraut (*Argentina anserina*), Frauenmantel (*Alchemilla* sp.), Spitzwegerich (*Plantago lanceolata*), Wiesenkerbel (*Anthriscus sylvestris*), Wiesenbärenklau (*Heracleum sphondylium* L.), Wiesenschaumkraut (*Cardamine pratensis*), Stumpfblättriger Ampfer (*Rumex obtusifolius* L.), Echtes Mädesüß (*Filipendula ulmaria*)

Tab. 2.1 Nährstoffgehalte, Energie- und Proteinbewertung von Grünfutter bei intensiver Nutzung.

Merkmal	Grünfutter intensiv frühe Nutzung					
	Wiesengras		Rotklee		Luzerne	
	Schnittnummer		Schnittnummer		Schnittnummer	
	1	2	1	2	1	2
	2.1.1	2.1.2	2.1.3	2.1.4	2.1.5	2.1.6
Trockenmasse (g/kg)	150	160	150	140	180	180
Rohasche (g/kg TM)	80	80	90	90	90	90
Rohprotein (g/kg TM)	215	235	210	219	216	222
Rohfett (g/kg TM)	38	37	40	38	31	40
Rohfaser (g/kg TM)	170	165	192	201	228	231
ADFom (g/kg TM)	204	245	245	255	275	280
aNDFom (g/kg TM)	380	435	420	430	470	475
Zucker (g/kg TM)	100	100	70	80	15	40
Umsetzbare Energie (MJ/kg TM)	11,5	11,1	10,6	10,1	9,7	9,8
Nettoenergie-Laktation (MJ/kg TM)	7,1	6,7	6,4	6,0	5,7	5,8
Unabgebautes Rohprotein (g/kg TM)	22	24	42	44	32	33
Nutzbares Rohprotein (g/kg TM)	152	149	155	152	139	141
Ruminale Stickstoffbilanz (g/kg TM)	10	14	9	11	12	13

Quelle: LfL Bayern 2015

Nicht alle Gräser-, Leguminosen- und Kräuterarten eignen sich gleichermaßen für die Bewirtschaftungsform als Wiese oder Weide und sind unterschiedlich tolerant hinsichtlich der Häufigkeit der Schnitt- bzw. Weidenutzung. Somit kann durch die **Nutzung** gezielt Einfluss auf Vorkommen und Ertragsanteile der einzelnen Arten im Bestand genommen werden. Je intensiver die Nutzung, desto artenärmer präsentiert sich der Pflanzenbestand. Untergräser sowie Kräuter und Leguminosen mit tiefliegenden Bodenblättern sind weniger empfindlich gegenüber einer hohen Nutzungsintensität im Gegensatz zu Obergräsern und hochwüchsigen, halmreichen Kräutern und Leguminosen.

Wird die **Nutzungshäufigkeit** intensiviert und werden die Flächen im Verlauf der Vegetation früh einer ersten Nutzung unterzogen, ist zum Zeitpunkt des Schnittes bzw. der Beweidung der Aufwuchs jung, nährstoffreich und hochverdaulich (s. Tab. 2.1 und 2.2). Extensiv nur ein- bis zweimal pro Jahr bewirtschaftete Flächen oftmals mit später erster Nutzung im Juli weisen zum Nutzungszeitpunkt einen deutlich älteren Pflanzenbestand mit viel lignifizierter (verholzter) Rohfaser und dadurch geringerer Verdaulichkeit und Energiedichte auf.

Tab. 2.2 Nährstoffgehalte, Energie- und Proteinbewertung von Aufwüchsen intensiv genutzter Schafweiden.

Merkmal	Aufwuchs intensive Schafweide				
	Mai 2.2.1	Juni 2.2.2	Juli 2.2.3	August 2.2.4	September 2.2.5
Trockenmasse (g/kg)	250	260	215	175	150
Rohasche (g/kg TM)	83	70	93	105	115
Rohprotein (g/kg TM)	190	165	158	258	222
Rohfett (g/kg TM)	31	37	31	32	33
Rohfaser (g/kg TM)	173	235	216	182	218
ADFom (g/kg TM)	242	241	287	240	274
aNDFom (g/kg TM)	420	490	469	444	491
Zucker (g/kg TM)	130	150	105	90	74
Umsetzbare Energie (MJ/kg TM)	11,2	10,5	10,1	11,1	10,4
Nettoenergie-Laktation (MJ/kg TM)	6,7	6,3	6,0	6,8	6,3
Unabgebautes Rohprotein (g/kg TM)	29	25	24	39	33
Nutzbares Rohprotein (g/kg TM)	152	140	135	161	148
Ruminale Stickstoffbilanz (g/kg TM)	6	4	4	16	12

Quellen: Leberl et al. 2012; ergänzt

Abb. 2.4 Kurzes Gras ist nährstoff- und energiereich.

Abb. 2.5 Weidegras enthält wenig Natrium, deshalb immer Salzlecksteine anbieten.

Düngung und Düngungsintensität beeinflussen in hohem Maße die Zusammensetzung des Pflanzenbestandes im Grünland und somit Futterwert und Ertrag. Durch Mahd und Beweidung werden den Grünlandflächen Nährstoffe entzogen. Diese sind durch eine bedarfsgerechte dem Standort und der Nutzungsart angepasste Düngung wieder zuzuführen, um den Nährstoffkreislauf zu schließen. Stickstoff fördert die Bestockung und das Massenwachstum der Gräser und erhöht somit den Weideertrag, gleichzeitig steigt der Rohproteingehalt im Futter. Ist die Stickstoffgabe zu hoch, führt dies zu einer Artenverarmung mit einer Zunahme der Gräser zulasten von Leguminosen und Kräutern. Phosphor- und Kaliumdüngung fördern dagegen das Wachstum der Leguminosen (Voigtländer und Jacob 1987).

Der frühestmögliche Nutzungszeitpunkt des Grünlandes für Schnitt und Weidegang ist – bei alleiniger Futtergrundlage – die sogenannte **Weidereife**. Diese wird im Vegetationsstadium des Schossens bis zu Beginn des Ähren-/Rispenschiebens der Leitgräser mit Rohfasergehalten von 200–230 g XF/kg TM und zu Beginn der Knospe bei Klee und Luzerne mit 230–250 g XF/kg TM erreicht. Ein noch jüngerer Aufwuchs eignet sich nicht zur Fütterung, da dieser zwar sehr protein- und wasserreich, aber nicht rohfaserhaltig genug ist, um ausgewogene physiologische Bedingungen und damit einen störungsfreien Ablauf der Verdauungsvorgänge im Pansen zu bieten. Mit fortschreitendem Vegetationsverlauf und zunehmendem Pflanzenalter nimmt der Stängelanteil der Pflanze im Verhältnis zu den Blattanteilen zu. Dies führt zu einem niedrigeren Rohproteingehalt, während der Rohfasergehalt zunimmt und in Verbindung mit der fortschreitenden Lignifizierung Verdaulichkeit und Energiegehalt immer weiter abnehmen (s. Abb. 2.6). Bei klee-

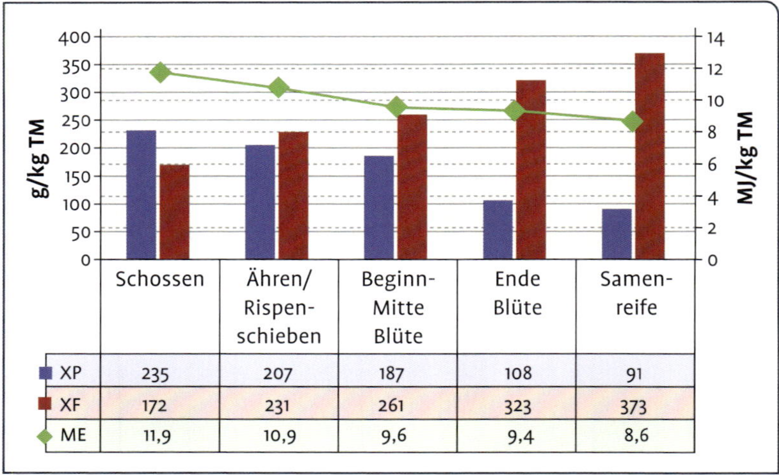

	Schossen	Ähren/ Rispen- schieben	Beginn- Mitte Blüte	Ende Blüte	Samen- reife
XP	235	207	187	108	91
XF	172	231	261	323	373
ME	11,9	10,9	9,6	9,4	8,6

Abb. 2.6 Nährstoffgehalt von Wiesengras im Vegetationsverlauf.

und kräuterreichen Aufwüchsen gehen Verdaulichkeit und Energiegehalt aufgrund der höheren Nutzungselastizität langsamer zurück.

Außerdem muss berücksichtigt werden, dass die Wachstumsraten des Pflanzenbestandes nicht gleichmäßig über die Vegetationsperiode hinweg verlaufen, sondern insbesondere von Mitte Mai bis Mitte Juni die höchsten täglichen Zuwachsraten – der Grasberg – zu beobachten sind. Es folgt die sogenannte Sommerdepression, die von einem zweiten geringeren Anstieg der täglichen Zuwachsraten im August und September abgelöst wird.

Diese Veränderungen im Nährstoffgehalt müssen in die Nutzung einfließen. Um Futterangebot und Futterbedarf in Einklang zu bringen, wird beispielsweise bei intensiv genutzter Weide ein früher Auftriebszeitpunkt, dann eine Phase höherer Beweidungsfrequenz, danach ein verlängertes Intervall und im Herbst zum Abschluss eine Beweidung mit hohem Weidedruck (angepasste Besatzdichte) empfohlen.

Um einem frühzeitigen Altern des Pflanzenbestandes vorzubeugen, kann vor Erreichen der Weidereife im Frühjahr durch eine Vorbeweidung der Futterzuwachs aufgehalten werden. Das **System der Vorweide** war in früherer Zeit weit verbreitet war und wird sehr detailliert von Leucht et al. (1990) beschrieben: Durch mehrmaliges Überhüten der Futterflächen wird eine Festigung der Grasnarbe erreicht. Die Schafbeweidung leistet hier Weidepflege und ersetzt gewissermaßen Wiesenegge und Wiesenwalze, indem durch den Tritt mit den Klauen Mäuselöcher und Wühlmausgänge verschlossen werden. Außerdem nehmen die Schafe das überständige Gras aus dem Vorjahr auf und verbeißen früh austreibende Obergräser. Dies bringt eine verzögerte Entwicklung des ersten Aufwuchses mit sich, außerdem können sich die Untergräser im Bestand stärker entfalten, sodass auch die Nährstoffqualität des ersten Aufwuchses verbessert wird.

Abb. 2.7 Intensive Schafweide.

Extensive Schafweiden für die Landschaftspflege befinden sich hauptsächlich auf ertragsschwachen Standorten. Verschiedene Auflagen zur Bewirtschaftung der Weideflächen bedingen beispielsweise einen späten Nutzungstermin, verminderte Nutzungsintensitäten oder restriktive Düngung. Als Bewirtschaftungsgrundlage stehen somit extensive Weideaufwüchsen mit niedrigen Futtererträgen (s. Abb. 2.12) und mäßigem bis geringem Nährstoff- und Energiegehalt zur Verfügung. In einer Studie in Süddeutschland (Leberl et al. 2012) wurde der Futterwert von extensiven Schafweiden mit und ohne gesetzliche Naturschutzvorgaben über den Verlauf einer Vegetationsperiode bestimmt. Die ermittelten Futterwertparameter, insbesondere die Rohprotein- und Energiegehalte, bewegten sich auf einem verhältnismäßig geringen Niveau (s. Tab. 2.3 und 2.4.). Schafweiden mit gesetzlichem Naturschutz zeigten im Mittel (8,7 MJ ME/kg TM) eine noch geringere Energiedichte als Flächen ohne Naturschutzrelevanz (9,4 MJ ME/kg TM) und können in etwa mit einem guten Heu des ersten bzw. zweiten Schnittes verglichen werden. Insbesondere bei den Schafweiden ohne Naturschutzrelevanz, in verminderter Intensität auch bei den Weideflächen mit Naturschutzrelevanz wurde in den Monaten Juli und August, teilweise auch noch im September ein Absinken der Gehalte an Rohfaser und ADFom festgestellt, was einerseits auf den zu diesen

Abb. 2.8 Extensive Schafweide.

Tab. 2.3 Nährstoffgehalte, Energie- und Proteinbewertung von Aufwüchsen extensiv genutzter Schafweiden.

Merkmal	Aufwuchs extensive Schafweide				
	Mai 2.3.1	**Juni 2.3.2**	**Juli 2.3.3**	**August 2.3.4**	**September 2.3.5**
Trockenmasse (g/kg)	285	277	244	215	217
Rohasche (g/kg TM)	77	79	82	105	97
Rohprotein (g/kg TM)	127	135	132	163	163
Rohfett (g/kg TM)	27	25	27	31	30
Rohfaser (g/kg TM)	249	292	278	236	255
ADFom (g/kg TM)	305	349	335	298	321
aNDFom (g/kg TM)	522	609	574	526	548
Zucker (g/kg TM)	121	88	77	85	72
Umsetzbare Energie (MJ/kg TM)	9,9	8,9	9,1	9,8	9,3
Nettoenergie-Laktation (MJ/kg TM)	5,8	5,1	5,3	5,8	5,5
Unabgebautes Rohprotein (g/kg TM)	19	20	20	24	24
Nutzbares Rohprotein (g/kg TM)	128	118	119	132	127
Ruminale Stickstoffbilanz (g/kg TM)	0	3	2	5	6

Quelle: Leberl et al. 2012; ergänzt

Abb. 2.9 Stark überständiger Aufwuchs.

Abb. 2.10 Sauber gepflegte Weide.

Tab. 2.4 Nährstoffgehalte, Energie- und Proteinbewertung von Aufwüchsen extensiv genutzter Schafweiden mit Naturschutzauflagen.

Merkmal	Aufwuchs extensiv mit Naturschutzauflagen				
	Mai 2.4.1	Juni 2.4.2	Juli 2.4.3	August 2.4.4	September 2.4.5
Trockenmasse (g/kg)	327	324	293	295	254
Rohasche (g/kg TM)	78	78	79	96	94
Rohprotein (g/kg TM)	125	122	119	129	139
Rohfett (g/kg TM)	25	26	26	27	27
Rohfaser (g/kg TM)	272	292	288	278	278
ADFom (g/kg TM)	333	360	357	349	347
aNDFom (g/kg TM)	566	607	590	572	578
Zucker (g/kg TM)	86	68	63	52	54
Umsetzbare Energie (MJ/kg TM)	9,2	8,6	8,5	8,6	8,6
Nettoenergie-Laktation (MJ/kg TM)	5,3	4,9	4,9	4,9	4,9
Unabgebautes Rohprotein (g/kg TM)	19	18	18	19	21
Nutzbares Rohprotein (g/kg TM)	120	113	111	114	116
Ruminale Stickstoffbilanz (g/kg TM)	1	1	1	2	4

Quelle: Leberl et al. 2012; ergänzt

Zeitpunkten höheren Anteilen von Kräutern und Leguminosen in den Pflanzenbeständen beruhte, aber auch durch einen Durchwuchs des jungen zweiten Aufwuchses durch einen Teil des noch vorhandenen alten Bestandes verursacht wurde (s. Abb. 2.13).

Einige der untersuchten Weiden wiesen eine starke Hanglage auf und verfügten infolge einer schlechten Wasserhaltekapazität des Bodens über nur wenig Wasser, sodass die auf diesen Flächen ausgebildete trockenheitstolerante Pflanzengesellschaft in Zeiten geringer Niederschläge schnell altert oder das Pflanzenwachstum sogar ganz eingestellt wird (Ausbrennen der Weide). Daraus resultieren dann beispielsweise stark herabgesetzte Aufwuchsqualitäten mit Nährstoff- und Energiegehalten von 81 g XP/kg TM, 370 g XF/kg TM und 7,2 MJ ME/kg TM.

Trotz der sehr unterschiedlichen Nährstoffzusammensetzung der Aufwüchse, ist es für Schafe und Ziegen möglich, in einem begrenzten Umfang ein Futter mit wesentlich höherem Rohproteingehalt, höherer Verdaulichkeit und geringerem Rohfasergehalt zu selektieren (s. Abb. 2.11). Ideale Voraussetzungen hierfür liegen in der anatomisch bedingten spitzen Maulform und der gespaltenen Oberlippe, die zu einer gezielten Selektion einzelner wertvoller Pflanzenbestandteile wie z. B. Blätter und Blüten befähigen. Resultat dieser Futterselektion ist ein Zurückbleiben der verholzten, schlecht verdaulichen Stängel, womit eine Erhöhung des Rohfasergehaltes im Weiderest verbunden ist. Ebenfalls nicht gefressen und somit im Weiderest vermehrt festzustellen, sind stark behaarte oder stachelige Pflanzenarten und Gehölze wie beispielsweise Wolliges Honiggras, Wacholder oder Schlehe sowie unerwünschte giftige Kräuter mit erhöhten Anteilen an Glykosiden, Alkaloiden und Gerbstoffen.

Eine vornehmlich in Süddeutschland im System der Wanderschafhaltung verbreitete Form der Weidenutzung ist die Auftrennung der Weidegebiete in Sommer-, Herbst-, und Winterweiden, die sich räumlich an unterschiedlichen Standorten befinden und damit ein Wandern der Schafherde verbunden ist. Während Sommer- und Herbstweiden

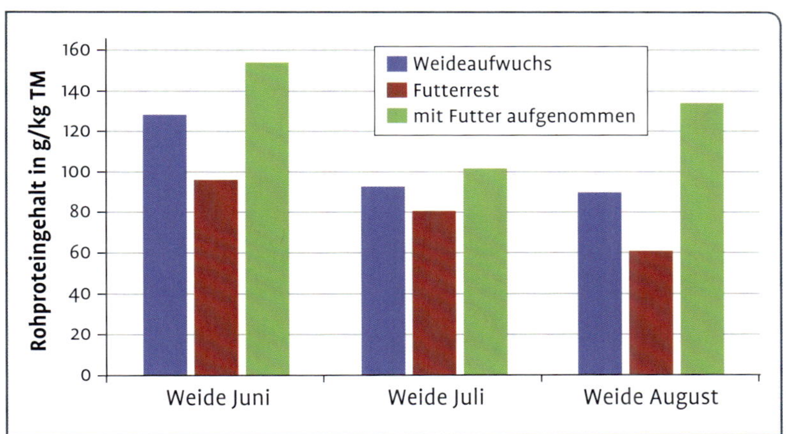

Abb. 2.11 Nährstoffselektion der Schafe am Beispiel Rohprotein (nach Geiger 2010).

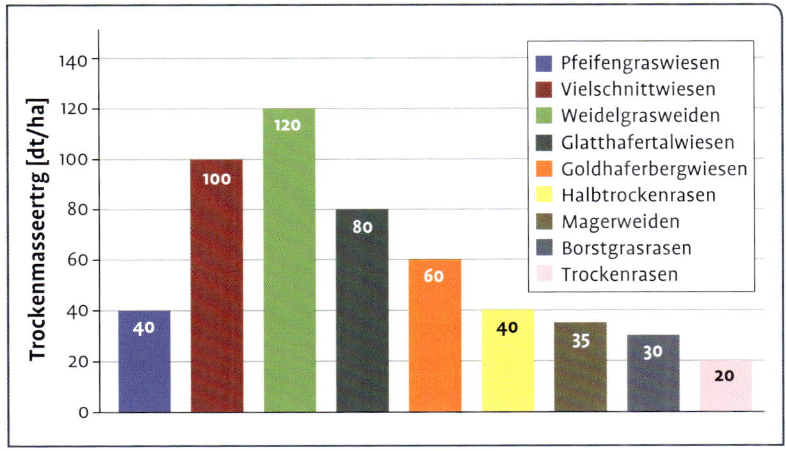

Abb. 2.12 Trockenmasseerträge verschiedener Graslandtypen (nach Dirschke und Briemle 2002).

Abb. 2.13 Junger zweiter Aufwuchs wächst durch den bei der vorherigen Beweidung übrig gebliebenen Weiderest des ersten Aufwuchses.

sich bei dieser Form der Schafhaltung in Bezug auf den Futterwert nicht von den bereits in den vorangegangenen Ausführungen vorgestellten Weidestandorten unterscheiden, liegen bei der Freilandhaltung im Winter zum Futterwert von Winterweideflächen nur wenige Daten vor.

Die Winterweiden werden traditionell vom 11. November bis zum 23. April (Martini bis Georgii) genutzt. Während der Monate November bis Februar wird von den Schafen ein Pflanzenaufwuchs beweidet, dessen Wuchshöhe und Nährstoffzusammensetzung an die zuvor erfolgte letzte Nutzung gekoppelt ist, nach der sich der Bestand nochmals bis zum Beginn der Vegetationsruhe entwickeln konnte. Dementsprechend weit differieren hier die Qualitäten von relativ jung und nährstoffreich bis alt und überständig.

Eine Besonderheit stellt der Beginn der Vegetationszeit auf der Winterweide im Frühjahr dar (s. Tab. 2.5). Das frische Gras ist sehr proteinreich (200–300 g XP/kg TM), verfügt über hohe Konzentrationen an wasserlöslichen Kohlenhydraten und kann mit Gehalten von 11–12 MJ ME/kg TM als wahre „Energiebombe" bezeichnet werden. Der neue Futteraufwuchs ist jedoch arm an Rohfaser, sodass auf einen ausreichenden Ausgleich durch Futterflächen mit älterem Gras aus dem Vorjahr oder einer Beifütterung mit Heu geachtet werden muss.

Laub und Gehölz

Neben Gräsern, Leguminosen und Kräutern werden auch Bestandteile von Büschen und Laubgehölzen in einem gewissen Umfang aufgenommen. So kann die Futtergrundlage für Schafe bis zu 20 %, für Ziegen bis zu 60 % aus Laub, jungen Trieben und Rinde bestehen.

Tab. 2.5 Nährstoffgehalte, Energie- und Proteinbewertung von Winterweideaufwuchs zu Vegetationsbeginn.

Merkmal	**Winterweide Hütehaltung**		
	Vegetationsbeginn: März		
	Mittelwert 2.5.1	**Minimum 2.5.2**	**Maximum 2.5.3**
Trockenmasse (g/kg)	275	192	331
Rohasche (g/kg TM)	135	69	235
Rohprotein (g/kg TM)	224	163	305
Rohfett (g/kg TM)	32	27	39
Rohfaser (g/kg TM)	151	125	174
ADFom (g/kg TM)	190	145	240
aNDFom (g/kg TM)	347	300	362
Zucker (g/kg TM)	160	114	234
Umsetzbare Energie (MJ/kg TM)	11,4	9,8	12,3
Nettoenergie-Laktation (MJ/kg TM)	7,0	6,0	7,6
Unabgebautes Rohprotein (g/kg TM)	34	24	46
Nutzbares Rohprotein (g/kg TM)	159	144	180
Ruminale Stickstoffbilanz (g/kg TM)	10	3	20

Quelle: Leberl 2011

Abb. 2.14 Schafe bevorzugen Gräser.

Abb. 2.15 Ziegen fressen auch gerne Blätter und Zweige.

Frische, junge Blätter enthalten viel Protein und die Mineralstoffgehalte der Blätter einiger Gehölzarten liegen deutlich höher im Vergleich zu Weidegräsern. So weisen beispielsweise die Blätter der Rotbuche, des Schwarzen Holunders und des Roten Hartriegels Kalziumgehalte von über 20 g/kg Futter auf (Rahmann, 2004). Besonders beliebte Baum- und Straucharten sind Ahorn, Kastanie, Hainbuche, Esche, Pappel, Weide, Haselnuss, Brombeere und Himbeere. Um den Ziegen auch im Winter schmackhaftes Laub anbieten zu können, werden Zweige mit grünem Laub in den Sommermonaten abgeschnitten und im Schatten an einem gut durchlüfteten Standort zum Trocknen aufgehängt.

2.4.2 Silage

Grassilage

Das Prinzip der Silagebereitung beruht auf der Umwandlung pflanzlicher Kohlenhydrate in organische Säuren durch Mikroorganismen unter Luftabschluss in Verbindung mit einer pH-Wertabsenkung. Mit diesem Verfahren lassen sich Dauergrünland- und Ackerfutteraufwüchse über einen längeren Zeitraum für die Winterfütterung konservieren. Oberstes Ziel dabei ist es, die Nährstoffqualität und -dichte des Ausgangsmaterials soweit wie möglich zu erhalten. Wertbestimmend für die **Qualität der Silage** sind die Art des Ausgangsmaterials, Schnittzeitpunkt, Schnittnummer, Düngung, Siliertechnik sowie die Witterungsbedingungen bei der Silierung.

Nicht alle Futterpflanzen eignen sich gleichermaßen für die Silierung. Für die Vergärbarkeit sind der **Zuckergehalt** im Aufwuchs zum Schnittzeitpunkt sowie die substratabhängige Fähigkeit zur Abpufferung der bei der Silierung gebildeten Milchsäure von Bedeutung. Je höher der Zuckergehalt und je geringer das Puffervermögen gegenüber der Milchsäure, desto höher ist das Ansäuerungsvermögen und somit die Gäreignung der Futterpflanze. Hohe Rohproteingehalte der Futterpflanzen kennzeichnen ein hohes Pufferungsvermögen, welches auch als **Pufferkapazität** bezeichnet wird. Dementsprechend weisen Leguminosen wie Luzerne oder Rotklee (s. Tab. 2.7) von Natur aus eine schlechtere Vergärbarkeit als Gräser auf.

Auch der **Trockenmassegehalt** nimmt in Verbindung mit Zuckergehalt und Pufferkapazität Einfluss auf die Silagequalität. So ist der Mindest-Trockenmassegehalt für einen optimalen Gärverlauf umso höher, je niedriger der Quotient aus Zuckergehalt und Pufferkapazität (Z/PK) des Futters und der Nitratgehalt des Grüngutes sind (DLG 2011). Bei nassen und durch Erdeintrag verschmutzten Silagen werden deshalb häufig Fehlgärungen mit Bildung von Buttersäure beobachtet, die Nährstoffverluste nach sich ziehen. Das Trocknen des frisch geschnittenen Grünfutters auf einen ausreichenden Trockenmassegehalt von ca. 300–400 g/kg – das sogenannte Anwelken – ist daher vor allem bei schwer vergärbaren Futterpflanzen wie Luzerne oder Klee besonders wichtig, da dadurch die Zuckerkonzentration erhöht und bestimmte Gärschädlinge inaktiviert werden. Zusätzlich können bei schwer vergärbaren Substraten wie beispielsweise Luzerne oder Klee Silierhilfsmittel eingesetzt werden.

Für eine hohe **Nährstoffkonzentration** der Grassilage sollte beim ersten Schnitt im Nutzungsstadium Ende des Schossens bis zu Beginn des Ähren-Rispenschiebens geerntet werden. Das Nutzungsstadium der Folgeschnitte (s. Tab. 2.7) wird kalendarisch (Aufwuchsalter zum Schnittzeitpunkt 4–6 bzw. 7–9 Wochen) angegeben, da die Gräser abgesehen von wenigen Ausnahmen in den Folgeschnitten nicht mehr das generative Stadium erreichen.

Wird Grassilage später bzw. erst nach dem Ähren-Ripenschieben geschnitten und mit weniger als 10 MJ ME/kg TM an hochtragende und säugende Schafe verfüttert, ist – ohne Kraftfutterausgleich – mit Leistungseinbußen zu rechnen. Auch die Annahme, dass ein späterer Schnitt mit einem höheren TM-Ertrag durch geringere Produktionskosten die Futterkosten senkt, trifft nicht zu. Denn durch die verminderte Energieaufnahme aus der später geschnittenen Silage sinkt die Grundfutterleistung, Kraftfutter muss zusätzlich ergänzt werden, um die Milchleistung zu erfüttern, wodurch die Futterkosten insgesamt in höherem Maße steigen.

Auch die **Nutzungsintensität** der Grünlandflächen für die Silagegewinnung beeinflusst die Nährstoff- und Energiekonzentration von Grassilagen in hohem Maße. Werden die Grünlandbestände früh und intensiv (mindestens drei bis vier Schnitte pro Jahr) genutzt, kann bei entsprechend adäquater Terminierung des Schnittzeitpunktes zum Nutzungsstadium Ende des Schossens bis zu Beginn des Ähren-Rispen-

Tab. 2.6 Nährstoffgehalte, Energie- und Proteinbewertung von Silage des ersten Schnittes aus Dauergrünlandaufwüchsen unterschiedlicher Nutzungsintensität.

Merkmal	**1. Schnitt Silage Wiesengras**			
	Ende April	**Mitte Mai**	**Anfang Juni**	**Ende Juni**
	Nutzungen			
	>4	**2–3**	**2 extensiv**	**1–2 spät**
	2.6.1	**2.6.2**	**2.6.3**	**2.6.4**
Trockenmasse (g/kg)	300	330	475	411
Rohasche (g/kg TM)	86	100	93	94
Rohprotein (g/kg TM)	189	150	115	120
Rohfett (g/kg TM)	47	35	24	24
Rohfaser (g/kg TM)	205	250	290	335
ADFom (g/kg TM)	230	290	350	398
aNDFom (g/kg TM)	360	440	530	595
Zucker (g/kg TM)	60	53	30	8
Umsetzbare Energie (MJ/kg TM)	11,0	10,0	8,9	7,9
Nettoenergie-Laktation (MJ/kg TM)	6,7	5,9	5,2	4,5
Unabgebautes Rohprotein (g/kg TM)	28	23	17	18
Nutzbares Rohprotein (g/kg TM)	149	132	115	108
Ruminale Stickstoffbilanz (g/kg TM)	6	3	0	2

Quellen: Leberl 2010, Leberl 2011; ergänzt

schiebens bzw. einem Aufwuchsalter von 6 Wochen eine ansprechend hohe Silagequalität über sämtliche Schnitte hinweg erreicht werden (s. Abb. 2.16).

Maissilage

Unter den Grobfuttern zählt Maissilage zu den energie- und stärkereichen Futtermitteln mit einem mittleren Rohfasergehalt. Während der Rohproteingehalt von Maissilage mit < 80 g/kg TM als niedrig einzustufen ist, erreicht der nXP-Gehalt mit durchschnittlich 130–140 g/kg TM vergleichbare Gehalte zu Grassilagen des ersten Schnittes bei 2–3 Nutzungen pro Jahr (s. Tab. 2.6). Das unterschiedliche Niveau von XP und nXP erklärt sich durch den Beitrag der Energie zum nXP (s. Formelsammlung im Anhang), dies muss bei der Rationsberechnung auf Basis nXP entsprechend berücksichtigt werden.

Maissilage ist das einzige Grobfutter, bei welchem mit zunehmendem Reifestadium von der Milchreife bis zum Ende der Teigreife der Rohfasergehalt abnimmt, während Stärke- und Energiekonzentration zunehmen (s. Tab. 2.8 Futter 2.8.1 und 2.8.2). Hintergrund ist hier die

Tab. 2.7 Nährstoffgehalte, Energie- und Proteinbewertung von Silagen der Folgeschnitte aus Wiesengras, Kleegras und Luzerne.

Merkmal	Silage Folgeschnitte			
	Wiesengras		Kleegras	Luzerne
	4–6 Wo intensiv	7–9 Wo extensiv		Spät
	2.7.1	2.7.2	2.7.3	2.7.4
Trockenmasse (g/kg)	350	400	346	362
Rohasche (g/kg TM)	120	83	118	121
Rohprotein (g/kg TM)	155	120	183	168
Rohfett (g/kg TM)	31	24	32	31
Rohfaser (g/kg TM)	227	285	271	282
ADFom (g/kg TM)	286	361	326	349
aNDFom (g/kg TM)	429	549	398	411
Zucker (g/kg TM)	67	62	21	–
Umsetzbare Energie (MJ/kg TM)	9,8	8,2	9,2	8,9
Nettoenergie-Laktation (MJ/kg TM)	5,8	4,7	5,4	5,2
Unabgebautes Rohprotein (g/kg TM)	23	18	37	32
Nutzbares Rohprotein (g/kg TM)	134	111	135	127
Ruminale Stickstoffbilanz (g/kg TM)	3	1	8	5

Quellen: Leberl 2009b, Leberl 2011, Zeimens 2011; ergänzt

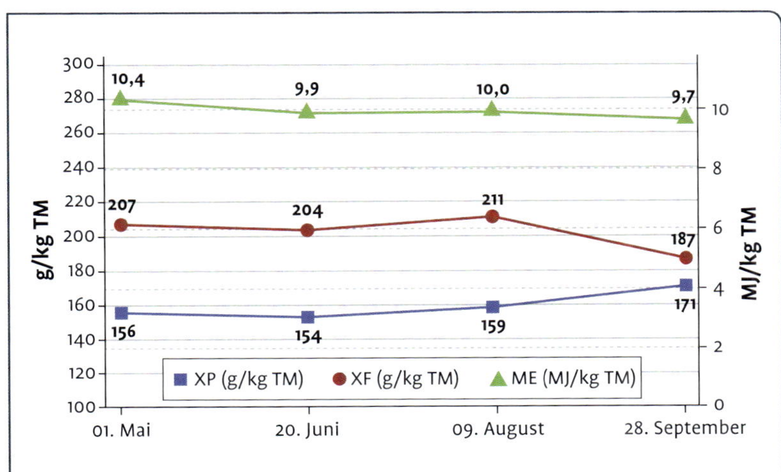

Abb. 2.16 Grassilagequalität eines Praxisbetriebs in Süddeutschland bei vier Schnitten mit Schnittzeitpunkt im Abstand von sechs Wochen.

fortschreitende Ausbildung der Maiskolben, die wiederum eine Verschiebung der Anteile von Kolbenbestandteilen und Restpflanze in der Maissilage nach sich ziehen. Auch über die Wahl der Erntetechnik können innerhalb eines bestimmten Bereiches Energie- und Rohfasergehalt modifiziert werden. So lässt sich beispielsweise mittels Anhebung der Schnitthöhe (Hochschnitt) ein höherer Energiegehalt erzielen. So kann mit einer Erhöhung der Schnitthöhe um 15–20 cm der Energiegehalt um bis zu 10 % angehoben werden, wobei der Anteil an Faserkohlenhydraten deutlich sinkt (s. Tab. 2.8 Futter 2.8.3), sodass in diesem Fall die Maissilage noch durch anderes Grobfutter in der Ration ergänzt werden muss. Grundsätzlich ist bei Einsatz von Maissilage eine mehrtägige Eingewöhnungszeit der Tiere an das Futter zu beachten, um den Verdauungstrakt langsam an das angesäuerte, energiereiche Futter zu adaptieren. Außerdem ist zu beachten, dass es bei Maissilage insbesondere bei sehr später Ernte in Verbindung mit einem hohen Trockenmassegehalt zur Nacherwärmung kommen kann. Diese kann infolge einer durch Hefen und Essigsäurebakterien verursachten Nachgärung zu teilweise erheblichen Energie- und Rohnährstoffverlusten führen und ist durch eine erhöhte Wärmebildung am Silostock mit bloßen Händen bzw. Temperaturmessgerät erkennbar. Um einer Nacherwärmung vor-

Tab. 2.8 Nährstoffgehalte, Energie- und Proteinbewertung von Maissilagen.

Merkmal	**Maissilage Teigreife**		
	Mitte 2.8.1	**Ende 2.8.2**	**Hochschnitt 2.8.3**
Trockenmasse (g/kg)	290	350	360
Rohasche (g/kg TM)	35	36	37
Rohprotein (g/kg TM)	83	76	77
Rohfett (g/kg TM)	24	30	31
Rohfaser (g/kg TM)	201	189	151
ADFom (g/kg TM)	218	208	160
aNDFom (g/kg TM)	412	397	322
Stärke (g/kg TM)	270	337	413
Umsetzbare Energie (MJ/kg TM)	10,7	11,1	11,7
Nettoenergie-Laktation (MJ/kg TM)	6,4	6,7	7,2
Unabgebautes Rohprotein (g/kg TM)	21	19	19
Nutzbares Rohprotein (g/kg TM)	131	133	139
Ruminale Stickstoffbilanz (g/kg TM)	–8	–9	–10

Quelle: Leberl 2013; ergänzt

zubeugen, ist sowohl bei der Silierung auf eine optimale Verdichtung sowie auf einen adäquaten Vorschub im Silo (mindestens 1,5 m/Woche im Winter und 2,5 m/Woche im Sommer) zu achten, zusätzlich kann auch ein Siliermittel der Wirkungsrichtung 2 „zur Verbesserung der Haltbarkeit an der Luft" präventiv eingesetzt werden (DLG 2011).

Laubsilage

Wenn man die Ziegen besonders verwöhnen möchte und man den Arbeitsaufwand nicht scheut, kann auch Laubsilage hergestellt werden. Dazu werden im späten Frühling (Mai bis Juni) Äste mit frischem Laub geerntet und mit einem Häcksler auf einem Durchmesser von ca. 3 cm zerkleinert. Dann wird das zerkleinerte Material schichtenweise (20–30 cm) in Plastikfässer (z. B. 200 Liter) gefüllt und festgestampft. Dieser Vorgang wird wiederholt bis die Fässer bis zum oberen Rand gefüllt sind. Dabei ist zu beachten, dass es keinen luftgefüllten Zwischenraum zwischen Fassoberkante und Deckel geben darf. Anschließend werden die Fässer luftdicht verschlossen und bei Temperaturen unter 20 °C bis zur Winterfütterung gelagert (Hatt und Clauss 2001). Bei der Öffnung der Fässer im Winter muss überprüft werden, ob es infolge von unvorhergesehenem Luftzutritt zu Fehlgärungen oder Schimmelbildung insbesondere in der Schicht direkt unterhalb des Deckels gekommen ist. Ist dies der Fall, muss die betroffene Schicht verworfen werden und darf nicht verfüttert werden.

2.4.3 Heu und Stroh

Die Heufütterung nimmt traditionell einen hohen Stellenwert in der Schaffütterung sowohl im Hobby- als auch im Haupterwerbsbetrieb ein. Bei manchen Produktions- und Vermarktungsformen ist Heufütterung sogar verpflichtend. Außerdem lassen sich Heuballen leichter transportieren, falls eine Zufütterung auf der Weide notwendig sein sollte.

Grundsätzlich kann zwischen **Heu** vom Dauergrünland (Wiesenheu) und vom Feld (z. B. Luzerneheu) unterschieden werden. Der Schnittzeitpunkt ist ein entscheidendes Kriterium für die Futterqualität, da die zu diesem Zeitpunkt in den Pflanzen enthaltenen Nährstoffe und Energie die Grundlage für den Futterwert bilden. Der optimale Schnittzeitpunkt für die Heubereitung ist Ende des Ähren-Rispenschiebens bis Beginn der Blüte der Hauptgräser (s. Tab. 2.9 Futter 2.9.1) mit Zielwerten für Rohnährstoff- und Energiekonzentration bei 120–150 g XP/kg TM, 240–280 g XF/kg TM und mindestens 9,8 MJ ME/kg TM. Ein späterer Schnitt nach der Blüte oder in der Samenreife der Hauptgräser (oftmals bei Extensivflächen), liefert zwar noch Strukturfutter, aber nur noch mäßigen bis geringen Futterwert (s. Tab. 2.9 Futter 2.9.3 und 2.9.4) und eignet sich so zur Satt-, jedoch nicht mehr zur Leistungsfütterung.

Abb. 2.17 Heuqualitäten im Vergleich (Farbe).

Abb. 2.18 Heuqualitäten im Vergleich (Griff und Struktur)

Der erste Schnitt Heu enthält durch ein weiteres Verhältnis von Stängeln zu Blättern mehr Rohfaser und ADFom und liefert dadurch mehr Struktur, während die Folgeschnitte höhere Blattanteile und eine bessere Verdaulichkeit aufweisen und sich so besonders gut für die Fütterung wachsender Lämmer, Jungschafe und -böcke eignen.

Zur Beurteilung des Konservierungserfolgs können Farbe, Geruch und Struktur im Rahmen einer **Sinnenprüfung** (z. B. DLG 1999) herangezogen werden. Gutes Heu erkennt man an einer frischen hell- bis dunkelgrünen Farbe, einem aromatisch duftenden Geruch und einem Verhältnis aus Blättern und Stängeln entsprechend dem Ausgangsmaterial. Beim Hineingreifen fühlt sich das Heu trocken und weich an (vgl. Abb. 2.17 und 2.18). Merkmale für eine mangelhafte bis zur Fütterung ungeeignete Heuqualität sind starkes Ausbleichen oder schwarzbraune und graue Verfärbungen, brandiger, muffiger und fauler Geruch, klammer, sperriger, strohartiger Griff, sichtbarer Schimmelbefall, Auftreten von Giftpflanzen (s. Kapitel 5.4) sowie Verschmutzungen durch erdige Verunreinigungen, Haushaltsmüll etc.

Die Heuqualität wird auch vom **Trocknungsverfahren** beeinflusst, dabei kommen vorwiegend Bodentrocknung, in geringerem Maße Belüftungstrocknung und regional Reutertrocknung zum Einsatz.

Tab. 2.9 Nährstoffgehalte, Energie- und Proteinbewertung von Heu aus unterschiedlich intensiv genutzten Dauergrünlandaufwüchsen.

Merkmal	Heu 1. Schnitt Belüftet		Wiesengras Bodentrocknung	
	Mitte Mai	Anfang Juni	Ende Juni	Ende Juli
	Nutzungen 3–4	2–3	Nutzungen 2–3	1–2
	2.9.1	2.9.2	2.9.3	2.9.4
Trockenmasse (g/kg)	860	860	860	860
Rohasche (g/kg TM)	75	90	80	70
Rohprotein (g/kg TM)	115	95	77	65
Rohfett (g/kg TM)	20	17	16	14
Rohfaser (g/kg TM)	275	330	335	370
ADFom (g/kg TM)	315	365	380	420
aNDFom (g/kg TM)	500	590	629	730
Zucker (g/kg TM)	146	110	110	100
Umsetzbare Energie (MJ/kg TM)	10,1	8,7	8,1	7,4
Nettoenergie-Laktation (MJ/kg TM)	6,0	5,1	4,7	4,2
Unabgebautes Rohprotein (g/kg TM)	23	19	16	16
Nutzbares Rohprotein (g/kg TM)	130	110	102	92
Ruminale Stickstoffbilanz (g/kg TM)	−2	−2	−4	−4

Quelle: Leberl 2013; ergänzt

Bei der **Belüftungstrocknung** wird das Grüngut auf dem Feld auf einen Feuchtegehalt von 35–40 % vorgetrocknet, anschließend eingebracht und mittels gerichteter Luftführung durch Kalt- oder Warmluftgebläse im Gebäude bis zum Erreichen der endgültigen Lagerfeuchte getrocknet. Vorteile dieses Verfahrens liegen in einer hochwertigen Nährstoffqualität mit nur geringen Verlusten (20–25 %) durch eine kürzere Trocknungsperiode sowie einer guten mikrobiologischen Beschaffenheit. Der Nachteil liegt in den hohen Energiekosten, weshalb das Verfahren derzeit nur wenig verbreitet ist.

Mit 3–4 Tagen Feldliegezeit unterliegt die **Bodentrocknung** dem höchsten Wetterrisiko und den höchsten Werbungsverlusten in Form von Atmungs-, Bröckel-, und Auswaschungsverlusten durch Niederschläge, welche ca. 30–50 % umfassen. Deshalb gilt es nach der Mahd, durch eine rasche Trocknung die Nährstoffverluste durch die pflanzliche Restatmung bis zum Absterben der Pflanzenzellen bei etwa 35 % Restfeuchte möglichst gering zu halten. Zu berücksichtigen ist, dass blattreiche Leguminosen und massenwüchsige, pflanzensaftreiche

Abb. 2.19 Hochwertiges Heu frühzeitig als Beifutter für eine gute Entwicklung der Lämmer anbieten.

Kräuter entsprechend längere Zeit zum Trocknen benötigen. Hohe Nährstoffverluste können beim Wenden in Form von Bröckelverlusten entstehen, wenn die wertvollen Blätter von den Stängeln abgeschlagen werden und so der Gehalt an Protein und Mineralstoffen sehr stark gegenüber dem Ausgangsmaterial absinkt. Dies gilt insbesondere für die Werbung von Luzerne- und Kleeheu, da diese bei fortschreitender Trocknung besonders empfindlich sind. Dementsprechend sollte die Fahrgeschwindigkeit bzw. Zapfwellendrehzahl beim Wenden mit fortschreitender Trocknung gedrosselt werden. Bei Erreichen einer Feuchte von 18–20 % kann eingefahren werden. Es folgt eine 6- bis 8-wöchige Reifephase des frisch geernteten Heus im Lager. Während dieser Zeit darf das Heu aufgrund der hohen mikrobiellen Aktivität nicht verfüttert werden. Durch die Vermehrung der Mikroben wird vor allem im Balleninnern Wärme erzeugt, dabei entstehende Feuchte in Form von Wasserdampf tritt als Schwitzwasser an den Außenrändern der Ballen aus. Dieser Reifeprozess ist erst abgeschlossen, wenn der Wassergehalt im Heu unter 15 % liegt und dauert umso länger je feuchter das Material bei der Einfuhr ist. Bei sehr feucht eingefahrenem Material kann es zu einem beträchtlichen Temperaturanstieg von über 50 °C kommen und im weiteren Verlauf besteht die Gefahr der Selbstentzündung des Heus (>70 °C). Aus diesem Grund sollte das Heu nicht zu dicht gelagert werden und regelmäßig über eine Sonde die Temperatur des Heustocks bzw. -stapels kontrolliert werden. Gelingt keine Absenkung des Wassergehaltes unter 15 %, kann es zu einem Befall mit Schimmel und tierischen Schädlingen kommen (s. Kapitel 2.8.1).

Tab. 2.10 Nährstoffgehalte, Energie- und Proteinbewertung von Heu aus unterschiedlich intensiv genutzten Dauergrünlandaufwüchsen und Luzerne.

Merkmal	Heu Folgeschnitte			
	Wiesengras			Luzerne
	grasreich		kleereich	
	< 4 Wo	7–9 Wo	7–9 Wo	
	2.10.1	2.10.2	2.10.3	2.10.4
Trockenmasse (g/kg)	860	860	860	870
Rohasche (g/kg TM)	106	100	90	106
Rohprotein (g/kg TM)	170	125	145	164
Rohfett (g/kg TM)	27	19	15	20
Rohfaser (g/kg TM)	243	283	310	300
ADFom (g/kg TM)	293	339	380	360
aNDFom (g/kg TM)	494	541	490	440
Zucker (g/kg TM)	111	93	10	k. A.
Umsetzbare Energie (MJ/kg TM)	10,0	8,8	8,4	8,7
Nettoenergie-Laktation (MJ/kg TM)	6,0	5,0	4,8	5,1
Unabgebautes Rohprotein (g/kg TM)	34	25	36	49
Nutzbares Rohprotein (g/kg TM)	141	116	119	137
Ruminale Stickstoffbilanz (g/kg TM)	5	1	4	4

Quellen: Leberl u. Schenkel 2010, Leberl 2011, Meyer 2012; ergänzt

Charakteristisch für sämtliche **Stroharten** (Weizen, Gerste, Hafer, Roggen) sind hohe Rohfasergehalte von über 400 g/kg TM bei gleichzeitig sehr geringem Rohproteingehalt von unter 50 g/kg TM. Da Stroh aufgrund des hohen Ligninanteils eine schlechte Verdaulichkeit aufweist, ist auch der Energiegehalt auf einem sehr niedrigen Niveau angesiedelt, wobei Hafer- und Gerstenstroh blattreicher sind als Weizen- und Roggenstroh und deshalb Erstere noch über eine etwas bessere Verdaulichkeit verfügen (s. Tab. 2.11).

Das Stroh unserer heimischen Getreidearten kann sowohl als Strukturfutter in der Ration als auch als Einstreumittel verwendet werden. Beides kann auch kombiniert werden, indem das Stroh bei der Morgenfütterung zuerst über den Trog verabreicht wird und nach erfolgter Selektion der besten Bestandteile durch die Tiere das restliche Stroh als Einstreu dient. Alternativ eignet sich Stroh auch zur Sattfütterung von güsten Schafen und Böcken, die sich nicht im Deckeinsatz befinden. Ein weiteres Einsatzgebiet ist zu Beginn der Weideperiode im Frühjahr, wenn Stroh den Mutterschafen und -ziegen als Strukturausgleich vor dem Weideaustrieb ins frische Gras gefüttert wird.

Tab. 2.11 Nährstoffgehalte, Energie- und Proteinbewertung von Getreidestroh.

Merkmal	Stroh Weizen 2.11.1	Stroh Roggen 2.11.2	Stroh Gerste 2.11.3	Stroh Hafer 2.11.4
Trockenmasse (g/kg)	860	860	860	860
Rohasche (g/kg TM)	78	58	45	66
Rohprotein (g/kg TM)	40	37	45	36
Rohfett (g/kg TM)	13	13	16	15
Rohfaser (g/kg TM)	430	470	435	440
ADFom (g/kg TM)	445	480	455	460
aNDFom (g/kg TM)	770	830	785	795
Umsetzbare Energie (MJ/kg TM)	6,2	6,0	6,6	6,6
Nettoenergie-Laktation (MJ/kg TM)	3,4	3,3	3,7	3,7
Unabgebautes Rohprotein (g/kg TM)	18	17	20	14
Nutzbares Rohprotein (g/kg TM)	74	71	80	76
Ruminale Stickstoffbilanz (g/kg TM)	–5	–5	–6	–6

Quellen: DLG 1997, LfL Bayern 2015

Abb. 2.20 Saubere Einstreu hält das Euter trocken.

Frisch geerntetes Stroh sollte frühestens nach einer Reifezeit von drei bis vier Wochen an Schafe und Ziegen verabreicht werden. Nicht ausreichend getrocknetes, klammes Stroh, welches muffig riecht, sowie schimmeliges Stroh mit schwarzen oder grauen Belägen darf nicht in der Fütterung eingesetzt werden und ist auch nicht als Einstreu geeignet.

2.5 Saftfutter

Saftfutter gelten als schmackhaft und werden von Schafen und Ziegen gerne aufgenommen.

Aufgrund des hohen Wassergehaltes sind Saftfutter in frischem Zustand leicht verderblich und müssen daher entweder binnen kurzer Zeit verfüttert oder für eine längere Haltbarkeit siliert oder getrocknet werden, wobei Trockenprodukte in erster Linie nicht direkt im Schäfereibetrieb verwendet, sondern vorwiegend als Komponente in Mischfuttermitteln des Handels eingesetzt werden. Tabelle 2.12 gibt einen Überblick über wichtige, für die Schaf- und Ziegenfütterung geeignete Saftfutter.

Abb. 2.21 Biertreber ist ein schmackhaftes Futtermittel und liefert viel nXP.

Tab. 2.12 Nährstoffgehalte, Energie- und Proteinbewertung von Saftfutter.

Merkmal	Biertreber-silage 2.12.1	Apfel-trester 2.12.2	Kartoffeln frisch 2.12.3	Press-schnitzel 2.12.4	Rüben-kleinteile 2.12.5
Trockenmasse (g/kg)	240	220	220	273	189
Rohasche (g/kg TM)	50	24	59	61	89
Rohprotein (g/kg TM)	245	66	96	84	76
Rohfett (g/kg TM)	100	42	4	4	3
Rohfaser (g/kg TM)	190	216	27	180	102
ADFom (g/kg TM)	254	k. A.	45	219	136
aNDFom (g/kg TM)	570	k. A.	75	405	282
Stärke (g/kg TM)	20	–	710	–	–
Zucker (g/kg TM)	30	111	31	99	361
Umsetzbare Energie (MJ/kg TM)	11,5	9,7	13,1	11,9	10,8
Nettoenergie-Laktation (MJ/kg TM)	6,9	5,7	8,4	7,5	6,7
Unabgebautes Rohprotein (g/kg TM)	98	23	19	25	15
Nutzbares Rohprotein (g/kg TM)	184	115	162	144	130
Ruminale Stickstoffbilanz (g/kg TM)	10	−8	−11	−10	−9

Quellen: DLG 1997, DLG 2001, Potthast et al. 2011

Biertreber ist ein nährstoffreiches Nebenprodukt der Bierherstellung, reich an Rohprotein, Rohfett und Faserstoffen. Stärke und Zucker sind dagegen nur noch in geringen Mengen enthalten. Insbesondere die hohe Stabilität des Futterproteins gegenüber einem Abbau im Pansen (40 % UDP) in Verbindung mit einem hohen nXP-Gehalt machen Biertreber zu einem wertvollen Eiweißfuttermittel für Schafe und Ziegen mit hohen Leistungsansprüchen. Grundsätzlich kann Biertreber frisch oder in silierter Form bis zu 1,5 kg/100 kg LM an Schafe und Ziegen verabreicht werden. Da frische Biertreber aufgrund ihres hohen Wassergehaltes leicht verderben, sollten sie innerhalb von zwei bis drei Tagen verfüttert werden. Für eine weitergehende Lagerung ist eine Silierung notwendig.

Bei der Herstellung von Säften aus Äpfeln, Birnen und Trauben fallen als Nebenprodukte nach dem Abpressen faserreiche **Obsttrester** an, deren Futterwert je nach Ausgangsmaterial und Herstellungsverfahren stark variiert. Trauben- und Birnentrester sind durch ihren hohen Ligningehalt schlecht verdaulich und energetisch betrachtet lediglich auf der Ebene von Stroh angesiedelt, während Apfeltrester gute bis sehr gute Energielieferanten darstellen, die sowohl frisch als auch siliert sehr gerne aufgenommen werden.

Kartoffeln sind stärkereich, hochverdaulich und verfügen über einen hohen Energiegehalt (s. Tab. 2.12), dagegen sind sie arm an Rohprotein, Rohfett, Rohfaser und Zucker. Kartoffeln können roh als ganze Knolle an Schafe und Ziegen – ausgenommen Jungtiere – verfüttert werden, es wird jedoch empfohlen, kleinere Kartoffelknollen vor der Fütterung zu zerkleinern, um einer Schlundverstopfung bei schneller Aufnahme bzw. gierigem Fressen vorzubeugen. Gleichzeitig sollte auf eine möglichst geringe Verschmutzung der Knollen geachtet werden. Die Einsatzmenge roher Kartoffeln sollte bei Schafen nicht mehr als 0,7 kg, bei Ziegen nicht mehr als 0,8 kg pro 100 kg LM betragen (Landesarbeitskreis Futter und Fütterung Sachsen 2005). Besonders wichtig ist dabei eine langsame Gewöhnung und Steigerung der Futtermenge, um die Mikroben auf die im Pansen anflutenden hohen Stärkemengen einzustellen. Nicht verfüttert werden dürfen durch Lichteinwirkung grün gefärbte Knollen und ausgebildete Keimtriebe, da diese hohe Konzentrationen des giftigen Glucoalkaloides Solanin enthalten, welche zu Reizungen der Schleimhäute des Verdauungstraktes führen. Aus diesem Grund sollten Kartoffeln im Dunkeln, bei niedrigen Temperaturen, frostfrei in Mieten oder Kellern gelagert werden, jedoch nicht länger als bis zum zeitigen Frühjahr, da dann aufgrund der steigenden Lufttemperaturen die lagerungsbedingten Nährstoffverluste sehr hoch ausfallen. Alternativ zur Lagerung kann im Herbst auch ein Einsilieren roher, grob zerkleinerter Kartoffeln, einzeln oder auch in Kombination mit Grünmais oder Frischgras als Mischsilage erfolgen.

Bei der industriellen Zuckerherstellung aus **Zuckerrüben** fallen unter anderem Rübenkleinteile und Pressschnitzel als Nebenprodukte an. Rübenkleinteile bestehen überwiegend aus gereinigten Zuckerrübenbruchstücken (Rübenspitzen und Rübenköpfe) und Anteilen von Rübenblättern, soweit wie möglich frei von Unkraut und anderen Fremdbestandteilen. Dementsprechend hoch ist ihr Gehalt an leicht fermentierbarem Zucker (s. Tab. 2.12), wodurch die Einsatzmenge pro Tag auf 0,5 kg je 100 kg LM im Hinblick auf die Vermeidung einer Pansenazidose begrenzt werden muss.

Pressschnitzel bleiben nach der Gewinnung des Rohsaftes aus Zuckerrüben zurück, enthalten daher wenig Zucker und sind eiweißarm und energiereich bei einem mittleren Rohfasergehalt. Hauptbestandteile der Gerüstkohlenfraktion von Pressschnitzeln sind Pektine und Hemizellulosen, welche im Pansen langsamer als Zucker und Stärke fermentiert werden und somit bei ihrem Abbau keinen drastischen pH-Wert-Abfall im Pansen verursachen, sondern das Pansenmilieu günstig beeinflussen, eine gute Verdaulichkeit aufweisen und als wertvolle Energieträger in der Schaf- und Ziegenfütterung frisch oder siliert eingesetzt werden können.

2.6 Kraftfutter

2.6.1 Einzelfuttermittel

Unter Einzelfuttermitteln versteht man gesetzlich zugelassene Erzeugnisse pflanzlichen oder tierischen Ursprungs (zum Beispiel Magermilchpulver), die vorrangig zur Deckung des Ernährungsbedarfs von Tieren dienen.

Als Kraftfutter kommen Einzelfuttermittel im natürlichen Zustand beispielsweise in Form von ganzen Pflanzensamen, Ölsaaten oder Körnerleguminosen vor, die frisch zum Beispiel als Schlempe direkt in der Fütterung eingesetzt oder durch Wasserentzug als getrocknete Schlempe haltbar gemacht werden. Unter den Einzelfuttermitteln finden sich auch Erzeugnisse und Nebenerzeugnisse aus der industriellen Lebensmittelverarbeitung, wie zum Beispiel Brot und Keksmehl, Rapsöl und Rapskuchen.

Gesetzliche Regelungen für Einzelfuttermittel
EU-Katalog für Einzelfuttermittel nach Verordnung (EU) Nr. 68/2013
EU-FEEDMATERIALSREGISTER, www.feedmaterialsregister.eu
Die Positivliste für Einzelfuttermittel ist eine freiwillige Vereinbarung betroffener Wirtschaftskreise und Organisationen und enthält eine Liste der Einzelfuttermittel und Futtermittelausgangserzeugnisse, die in der Nutztierfütterung Verwendung finden können

2.6.1.1 Energieliefernde Futtermittel

Die in der Schaffütterung zur energetischen Aufwertung der Futterrationen eingesetzten Getreidearten Weizen, Roggen, Triticale, Hafer, Gerste und Mais besitzen als gemeinsame Merkmale hohe Stärkegehalte von ca. 450–750 g/kg TM, Rohprotein- und nXP-Gehalte auf einem niedrigen bis mittleren Niveau von ca. 90–140 bzw. ca. 150–175 g/kg TM sowie mit Ausnahme von Hafer niedrige Rohfasergehalte von unter 100 g/kg TM. Getreide ist somit ein Energieträger mit niedrigem Protein-Energie-Quotient.

Die in den DLG-Futterwerttabellen Wiederkäuer von 1997 aufgeführten Daten zu Nährstoffen, Verdaulichkeit, Energie- und Proteinbewertung gehen größtenteils auf älteres Datenmaterial zurück. Um die Datenlage zu aktualisieren und der Züchtung neuer Genotypen Rechnung zu tragen, wurde im deutschlandweiten BLE-Verbundprojekt „GrainUp" in den letzten Jahren umfangreich zum Futterwert von Getreide geforscht. Ein Ausschnitt der Ergebnisse ist in Tabelle 2.13 dargestellt. Im Vergleich zur DLG-Futterwerttabelle wurden für einige Getreidearten höhere Verdaulichkeiten und Energiegehalte ermittelt. So wurde bei Winterweizen, Wintergerste, Wintertriticale und Hafer im Mittel eine Erhöhung des Energiegehaltes um bis zu 0,4 MJ ME/kg TM festgestellt. (Priepke und Losand, 2015). Es ist wichtig, diese neuen

Tab. 2.13 Nährstoffgehalte, Energie- und Proteinbewertung von Getreide.

Merkmal	Weizen 2.13.1	Roggen 2.13.2	Triticale 2.13.3	Gerste 2.13.4	Hafer 2.13.5	Mais 2.13.6
Trockenmasse (g/kg)	880	880	880	880	880	880
Rohasche (g/kg TM)	16	17	18	25	28	13
Rohprotein (g/kg TM)	137	117	124	123	127	93
Rohfett (g/kg TM)	22	19	19	29	52	57
Rohfaser (g/kg TM)	21	18	21	42	104	19
ADFom (g/kg TM)	31	30	29	56	129	23
aNDFom (g/kg TM)	120	146	134	187	289	89
Stärke (g/kg TM)	713	643	699	616	495	740
Zucker (g/kg TM)	17	34	30	18	16	19
Umsetzbare Energie (MJ/kg TM)	13,7	13,2	13,4	13,3	12,0	13,4
Nettoenergie-Laktation (MJ/kg TM)	8,8	8,4	8,5	8,4	7,4	8,4
Unabgebautes Rohprotein (g/kg TM)	33	18	19	29	19	45
Nutzbares Rohprotein (g/kg TM)	174	169	169	165	150	156
Ruminale Stickstoffbilanz (g/kg TM)	–6	–8	–7	–7	–4	–10

Quellen: DLG 1997, Losand (persönliche Mitteilung), Priepke und Losand 2015, Rodehutscord et al. 2016, Steingaß et al. 2015; ergänzt

Erkenntnisse nun auch in der praktischen Schaf- und Ziegenfütterung anzuwenden und die Rationsgestaltung entsprechend zu optimieren.

Der Stärke- und Rohproteinabbau verläuft bei **Weizen, Roggen, Gerste, Triticale** und **Hafer** sehr schnell im Pansen, einzig Körnermais weist eine hohe Beständigkeit gegenüber dem Abbau auf, sodass große Anteile der Stärke und des Rohproteins erst im Dünndarm abgebaut werden. **Körnermais** ist somit insbesondere bei hohen Milchleistungen sowie in der Säugeperiode und bei sehr hohen täglichen Zunahmen in der Lämmermast ein wertvoller Energieträger, der zur Entlastung des Stoffwechsels beiträgt und sich zum Ausgleich proteinreicher Grobfutter eignet. In der Kraftfuttermischung für Mastlämmer sollte der Körnermaisanteil jedoch nicht mehr als 50 % betragen, um eine Gelbfärbung des Schlachtkörperfettes zu vermeiden.

Roggen wird von Schafen nicht gerne aufgenommen und enthält mit den sogenannten Nichtstärkepolysacchariden spezifische Kohlenhydrate, die bei jungen Lämmern und Kitzen mit noch nicht vollständig ausgebildeter Pansenfunktion die Verdauungsvorgänge ungünstig beeinflussen können. Deshalb sollten die Anteile von Roggen und Triticale – als Kreuzung von Roggen mit Weizen – nach Jeroch et al. (2008) in der Kraftfuttermischung auf 10 bzw. 25 % begrenzt werden.

Beispiele für Kraftfuttermischungen auf Getreidebasis sind in Kapitel 3 Tabelle 3.13 dargestellt.

Nach der Ernte durchläuft das „frische Getreide“ im Lager einen **Reife- und Schwitzprozess**, bei dem eine hohe mikrobielle Aktivität herrscht. Um dadurch bedingte Verdauungsstörungen und Leistungsabfälle bei den Tieren zu vermeiden, darf Getreide frühestens nach einer Lagerungsdauer von vier Wochen verwendet werden. Grundsätzlich wird außerdem die Fütterung von aufgereinigtem Getreide (Entfernung von nicht einwandfreiem Grundgetreide, Fremdbestandteilen und Verunreinigungen) empfohlen.

Da Schafe aufgrund ihrer schmalen Maulform und der gespaltenen Oberlippe das aufgenommene Futter sehr intensiv kauen, ist ausgenommen bei Lämmern und Kitzen mit noch nicht vollständig entwickeltem Gebiss sowie bei älteren Tieren mit Gebissschäden keine Zerkleinerung des Getreides vor der Fütterung notwendig. Zwischen der Verdaulichkeit der organischen Substanz wie auch des Rohproteins bei Fütterung der ganzen Körner im Vergleich zur geschroteten Form besteht nach Untersuchungen von Jeroch et al. (1993) beim Schaf im Gegensatz zum Rind kein Unterschied.

Werden bei der industriellen Zuckerherstellung nach der Zuckerextraktion die zurückgebliebenen Nassschnitzel nicht abgepresst und

Tab. 2.14 Nährstoffgehalte, Energie- und Proteinbewertung von Nebenerzeugnissen der Zuckerherstellung.

Merkmal	**Melasseschnitzel 2.14.1**	**Trockenschnitzel 2.14.2**	**Melasse 2.14.3**
Trockenmasse (g/kg)	914	911	786
Rohasche (g/kg TM)	76	71	116
Rohprotein (g/kg TM)	97	83	135
Rohfett (g/kg TM)	8	10	3
Rohfaser (g/kg TM)	146	189	–
ADFom (g/kg TM)	184	241	–
aNDFom (g/kg TM)	315	354	–
Zucker (g/kg TM)	199	88	652
Umsetzbare Energie (MJ/kg TM)	12,2	11,8	11,9
Nettoenergie-Laktation (MJ/kg TM)	7,7	7,4	7,6
Unabgebautes Rohprotein (g/kg TM)	29	37	23
Nutzbares Rohprotein (g/kg TM)	150	143	153
Ruminale Stickstoffbilanz (g/kg TM)	−9	−10	−3

Quellen: DLG 1997, Potthast et al. 2011

als Pressschnitzel (s. Tab. 2.12) vermarktet, sondern getrocknet bzw. nach der Melassezugabe getrocknet, spricht man von **Trocken- bzw. Melasseschnitzeln** (s. Tab. 2.14, Abb. 2.22), welche als Energieträger unter Berücksichtigung der höheren Zuckergehalte nach denselben Grundsätzen wie Pressschnitzel in der Fütterung eingesetzt werden können. Angeboten werden Melasseschnitzel im Handel in den drei Varianten zuckerarm mit 90–160 g XZ/kg TM, sowie 160–230 g XZ und zuckerreich mit über 230 g XZ/kg TM.

Zuckerrübenmelasse ist eine braune sirupartige Flüssigkeit von klebriger Konsistenz, die vor allem Zucker (über 50 %) enthält, daneben eine mittlere Rohproteinkonzentration aufweist, wobei das Rohprotein hauptsächlich aus nichtproteinstickstoffhaltigen Amiden besteht. Melasse wird gerne gefressen, aufgrund des hohen Zuckergehaltes ist jedoch der Einsatz zu begrenzen, auch im Hinblick auf weitere zuckerhaltige Futtermittel in der Ration, um das Auftreten einer Pansenazidose zu vermeiden.

Für die Schaf- und Ziegenfütterung eignen sich auch verschiedene Erzeugnisse und Nebenerzeugnisse der Lebensmittelindustrie wie beispielsweise **Altbrot**, welches nicht in den Verkauf gelangte oder beim Verkauf übrig blieb und so preisgünstig abgegeben wird (s. Tab. 2.15). Da das Angebot an Backwaren sehr reichhaltig ist, muss mit einer größeren Variation der Rohnährstoffe zwischen den einzelnen Produkten gerechnet werden. Grundsätzlich kann Altbrot als stärkereich, rohfaserarm und mit einem Rohproteingehalt vergleichbar mit Getreide beschrieben werden, während sein Energiegehalt den des Ausgangsgetreides noch übersteigt. Bei **feinen Backwaren und Keksabfällen** sind darüber hinaus beträchtliche Konzentrationen hochverdaulichen Rohfettes und Zucker enthalten, die zu einem umsetzbaren Energiegehalt von über 16,0 MJ ME/kg TM führen (s. Abb. 2.23).

Abb. 2.22 Melasseschnitzel.

Abb. 2.23 Keksmehl.

Tab. 2.15 Nährstoffgehalte, Energie- und Proteinbewertung von Erzeugnissen und Nebenerzeugnissen der Lebensmittelindustrie.

Merkmal	Brotabfälle 2.15.1	Keksabfälle 2.15.2	Pflanzenöl (Rapsöl) 2.15.3
Trockenmasse (g/kg)	800	920	999
Rohasche (g/kg TM)	22	11	–
Rohprotein (g/kg TM)	121	97	–
Rohfett (g/kg TM)	17	148	999
Rohfaser (g/kg TM)	19	13	–
ADFom (g/kg TM)	k. A.	k. A.	–
aNDFom (g/kg TM)	k. A.	k. A.	–
Stärke (g/kg TM)	666	–	–
Zucker (g/kg TM)	47	169	–
Umsetzbare Energie (MJ/kg TM)	14,3	16,1	29,9
Nettoenergie-Laktation (MJ/kg TM)	9,3	10,4	19,3
Unabgebautes Rohprotein (g/kg TM)	12	9	–
Nutzbares Rohprotein (g/kg TM)	177	160	–
Ruminale Stickstoffbilanz (g/kg TM)	–9	–10	–

Quelle: DLG 1997

Bei der Verfütterung muss darauf geachtet werden, dass die Futtermittel, insbesondere ganze Brotlaibe, vorab zerkleinert werden, frei von Verpackungsresten sowie hygienisch in einem einwandfreien Zustand sind. Verschimmelte oder angeschimmelte Partien dürfen nicht verfüttert werden. Des Weiteren ist es nicht gestattet, Erzeugnisse tierischen Ursprungs oder Erzeugnisse, die tierische Bestandteile enthalten (ausgenommen Milch und Milcherzeugnisse), an Wiederkäuer zu verfüttern, sodass beispielsweise Speckbrötchen, Schinkencroissants etc. für Schafe und Ziegen tabu sind.

Pflanzliche Öle nehmen mit ca. 30 MJ ME/kg TM den Spitzenwert im Energiegehalt unter den energieliefernden Futtermitteln ein. So besitzen beispielsweise Soja- und Rapsöl einen mehr als doppelt so hohen umsetzbaren Energiegehalt im Vergleich zu Getreide und werden deshalb auch zur Steigerung der Energiekonzentration in Futterrationen eingesetzt (s. Kapitel 1.3). In der Mischfutterherstellung wie auch bei Eigenmischungen wird Pflanzenöl als Energieträger und Staubbinder in geringen Anteilen von bis zu 3 % im Kraftfutter verwendet. Die Angaben in Tabelle 2.15 können als Kalkulationsgrundlage für die Berechnung von Eigenmischungen herangezogen werden.

2.6.1.2 Proteinliefernde Futtermittel

In den letzten Jahren haben vor allem durch den ökologischen Landbau heimische **Körnerleguminosen** wie Erbsen, Lupinen, Acker- und Sojabohnen zunehmend an Bedeutung gewonnen. Körnerleguminosen können auf den Betrieben selbst angebaut werden. Durch ihre Fähigkeit, mithilfe von Knöllchenbakterien Stickstoff aus der Luft zu fixieren, tragen sie unter der Bedingung des Mineraldüngerverzichts und geltenden Verboten bzw. strengen Auflagen für den Zukauf von Futtermitteln bei gleichzeitig hohem Bedarf an eiweißreichen Futtermitteln für die Tierhaltung wesentlich zum System eines geschlossenen betrieblichen Nährstoffkreislaufes bei. Der Anbau vor Ort bietet die Möglichkeit zur Erzeugung GVO-freier Proteinträger und trägt zur Unabhängigkeit von Importen bei.

Die einzelnen Körnerleguminosen differieren sehr stark in ihrer botanischen Ausprägung (z. B. weiß, gelb oder blau blühende Lupinen) und ihren Futterwerteigenschaften. **Ackerbohnen und Erbsen** sind bezogen auf die umsetzbare Energie mit Weizen, Triticale oder Körnermais vergleichbar, während **Süßlupinen und Sojabohnen** mit 14,5 bzw. 15,9 MJ ME (s. Tab. 2.16 und 2.17) noch deutlich energiereicher sind. Außerdem enthalten Ackerbohnen und Erbsen Stärkegehalte von über 400 g/kg TM, während Sojabohnen und Blaue Lupinen vergleichsweise wenig bzw. überhaupt keine Stärke aufweisen. Dies ist insbesondere im Hinblick auf die Einhaltung eines maximalen Anteils an Stärke und Zucker in der Gesamtration von unter 250 g/kg TM für laktierende Schafe zu beachten. Süßlupinen verfügen zudem über einen höheren Rohfasergehalt verglichen mit anderen Körnerleguminosen.

Alle heimischen Körnerleguminosen verfügen über einen mittleren bis hohen Proteingehalt mit Sojabohnen und Blauen Lupinen an der Spitze, gefolgt von Ackerbohnen und Erbsen. Die Widerstandsfähigkeit der Leguminosenproteine gegenüber einem Abbau im Pansen ist gering (15–20 % UDP), sodass im Verhältnis zu den hohen Ausgangsrohproteingehalten (227–386 g XP/kg TM) nur geringe bis mittlere nXP-Gehalte (170–215 g nXP/kg TM) bei gleichzeitig positiver bis stark positiver ruminaler Stickstoffbilanz (7–35 g RNB/kg TM) resultieren, was bei der Rationsplanung im Hinblick auf eine ausgeglichene RNB beachtet werden muss. Dementsprechend eignen sich Körnerleguminosen sehr gut zur Ergänzung proteinarmen Grobfutters wie beispielsweise Maissilage. Der nXP-Gehalt von Sojabohnen ist mit 170 g/kg TM durch einen geringeren Beitrag des mikrobiellen Proteins am niedrigsten. Grund dafür ist, dass bei Sojabohnen ein beträchtlicher Anteil der umsetzbaren Energie aus dem Rohfett (227 g XL/kg TM) stammt (Losand et al. 2017). Da Wiederkäuer nur begrenzte Fettmengen tolerieren, ist der hohe Fettgehalt limitierend für den Einsatz vollfetter Sojabohnen in der Fütterung (ca. 10 % im Kraftfutter). Auch der Beitrag von Ackerbohnen, Erbsen und Lupinen zur nXP-Versorgung ist bei höheren Leistungen unzureichend, sodass weitere proteinliefernde Futtermittel

Tab. 2.16 Nährstoffgehalte, Energie- und Proteinbewertung von heimischen Körnerleguminosen.

Merkmal	Futtererbsen (weiß blühend) 2.16.1	Ackerbohnen (weiß/bunt blühend) 2.16.2	Blaue Süßlupinen 2.16.3
Trockenmasse (g/kg)	880	880	880
Rohasche (g/kg TM)	38	40	40
Rohprotein (g/kg TM)	227	295	328
Rohfett (g/kg TM)	15	16	64
Rohfaser (g/kg TM)	65	98	159
ADFom (g/kg TM)	80	120	205
aNDFom (g/kg TM)	114	153	250
Stärke (g/kg TM)	489	443	
Zucker (g/kg TM)	45	32	57
Umsetzbare Energie (MJ/kg TM)	13,5	13,6	14,5
Nettoenergie-Laktation (MJ/kg TM)	8,5	8,6	9,2
Unabgebautes Rohprotein (g/kg TM)	39	44	56
Nutzbares Rohprotein (g/kg TM)	185	194	215
Ruminale Stickstoffbilanz (g/kg TM)	7	16	18

Quelle: Losand et al. 2016

in die Ration mit aufgenommen werden müssen. Gleichfalls sollte bei Einsatz erhöhter täglicher Gaben von Körnerleguminosen auf eine ausreichende zusätzliche Versorgung an schwefelhaltigen Aminosäuren geachtet werden. Empfohlene Einsatzmengen für Körnerleguminosen in der Schaffütterung können Tabelle 3.8 entnommen werden.

Um Geschwindigkeit und Ausmaß des Rohproteinabbaus im Pansen zu senken und so höhere tägliche Einsatzmengen zu realisieren, werden Körnerleguminosen verschiedenen technologischen Behandlungsverfahren unterzogen. Man unterscheidet dabei physikalische Verfahren mittels Druck, Hitze und Dampf, wie z. B. Toasten, Rösten oder Mikronisieren, bzw. chemische Verfahren wie die Behandlung mit Formaldehyd und anschließender Trocknung. Durch hydrothermische Behandlung lässt sich so der UDP-Anteil von Lupinen beispielsweise um ca. 10 % steigern, wodurch sich die Gehalte an nXP um ca. 15 g/kg TM erhöhen (Losand et al. 2017).

Körnerleguminosen enthalten verschiedene sogenannte **sekundäre Pflanzenstoffe** wie beispielsweise Tannine (Erbsen und Ackerbohnen), Alkaloide (Lupinen) sowie Lektine und Proteaseinhibitoren (Sojabohnen, Erbsen und Ackerbohnen). Diese können bei monogastrischen Tieren wie Schweinen und Geflügel zu Verdauungsstörungen und Leis-

Abb. 2.24 Süßlupine.

Abb. 2.25 Süßlupine wärmebehandelt.

Tab. 2.17 Nährstoffgehalte, Energie- und Proteinbewertung von Sojabohnen.

Merkmal	Sojabohnen roh 2.17.1	Sojabohnen gedämpft 2.17.2
Trockenmasse (g/kg)	880	880
Rohasche (g/kg TM)	53	53
Rohprotein (g/kg TM)	386	400
Rohfett (g/kg TM)	227	203
Rohfaser (g/kg TM)	63	62
ADFom (g/kg TM)	102	k. A.
aNDFom (g/kg TM)	148	k. A.
Stärke (g/kg TM)	60	57
Zucker (g/kg TM)	81	80
Umsetzbare Energie (MJ/kg TM)	16,5	15,9
Nettoenergie-Laktation (MJ/kg TM)	10,3	9,9
Unabgebautes Rohprotein (g/kg TM)	77	80
Nutzbares Rohprotein (g/kg TM)	170	198
Ruminale Stickstoffbilanz (g/kg TM)	35	32

Quellen: Losand et al. 2017, LfL Bayern 2015; ergänzt

tungsminderungen führen und setzen die Wirkung proteinspaltender Verdauungsenzyme herab. Bei Wiederkäuern mit voll entwickeltem Pansen treten diese Effekte jedoch nicht auf, da die sekundären Pflanzenstoffe im Pansen inaktiviert werden bzw. die Gehalte wie im Falle von Tanninen unter der kritischen Schwelle für negative Beeinträchtigungen liegen und in diesen Konzentrationsbereichen sogar die Abbaubarkeit des Proteins im Pansen verringert wird (Losand et al. 2017).

Neben dem bislang in geringerem Umfang praktizierten Einsatz von rohen und gedämpften vollfetten Sojabohnen stellen vor allem **Nebenprodukte aus der Soja- (s. Tab. 2.18) und Rapsölgewinnung** (s. Tab. 2.19), aber auch der Sonnenblumen-, und Leinölgewinnung wichtige Proteinquellen für die Fütterung von Schafen und Ziegen dar.

Für die Ölgewinnung werden verschiedene Verfahren des Ölentzugs angewendet. Man unterscheidet zwischen mechanischen Abpressverfahren und chemischen Extraktionsverfahren. Bei Letzteren wird mithilfe eines Lösungsmittels das Öl (XL) bis auf eine geringe Restkonzentration von 20–40 g/kg TM entfernt und als Nebenprodukt bleibt der sogenannte **Extraktionsschrot** zurück. Durch eine darauffolgende Wasserdampfbehandlung (Toasten) bei 100–110 °C werden die Rückstände des Extraktionsmittels entfernt und antinutritive Stoffe der jeweiligen Ausgangsölsaat inaktiviert (Trypsininhibitoren, cyanogene Glycoside) bzw. partiell abgebaut (Glucosinolate).

Über das meist in dezentralen Anlagen angewandte Kaltpressverfahren zur Ölgewinnung aus Raps für die Weiterverarbeitung zu Biodiesel bleiben als Pressrückstände **Kuchen** zurück, deren Restölgehalte je

Tab. 2.18 Nährstoffgehalte, Energie- und Proteinbewertung von Nebenerzeugnissen der Ölgewinnung aus Sojabohnen.

Merkmal	Sojaextraktionsschrot 2.18.1	Sojaextraktionsschrot pansengeschützt 2.18.2	Sojakuchen 2.18.3
Trockenmasse (g/kg)	890	925	930
Rohasche (g/kg TM)	67	76	65
Rohprotein (g/kg TM)	510	496	448
Rohfett (g/kg TM)	15	10	115
Rohfaser (g/kg TM)	67	42	54
ADFom (g/kg TM)	70	67	75
aNDFom (g/kg TM)	83	262	130
Stärke (g/kg TM)	69	43	48
Zucker (g/kg TM)	115	98	90
Umsetzbare Energie (MJ/kg TM)	13,7	13,5	14,7
Nettoenergie-Laktation (MJ/kg TM)	8,6	8,5	9,2
Unabgebautes Rohprotein (g/kg TM)	153	203	90
Nutzbares Rohprotein (g/kg TM)	293	331	224
Ruminale Stickstoffbilanz (g/kg TM)	35	26	36

Quellen: DLG 1997, Spiekers et al. 2011, Zirngibl 2007; ergänzt

Abb. 2.26 Sojabohne.

Abb. 2.27 Sojaextraktionsschrot.

nach Abpressungsgrad in einem weiten Bereich von 80–200 g/kg TM schwanken können. Beim Kauf sollte deshalb darauf geachtet werden, dass der Fettgehalt analytisch bestimmt wurde und nicht mehr als 150 g/kg TM beträgt, da sich dies aufgrund der geringen Fetttoleranz von Wiederkäuern begrenzend für den Einsatz in der Fütterung auswirkt. Außerdem sollte Rapskuchen wegen der Gefahr der Peroxidbildung aus ungesättigten Fettsäuren und damit einhergehendem beginnenden Fettverderb nicht länger als drei Monate gelagert werden.

Sojakuchen und -extraktionsschrot sind sehr protein- und energiereiche und gleichzeitig faser- und stärkearme Futtermittel. Sie enthalten mit 45–70 g XF/kg TM nur knapp die Hälfte der XF-Gehalte von Rapsextraktionsschrot und Rapskuchen. Aufgrund des höheren Fettgehaltes weisen Soja- und Rapskuchen (s. Tab. 2.18 und 2.19) auch jeweils höhere umsetzbare Energiegehalte (14,7 bzw. 14,4 MJ ME/kg TM) als die Extraktionsschrote des entsprechenden Ausgangsproduktes (13,7 bzw. 11,9 MJ ME/kg TM) auf. Nebenprodukte der Rapsölgewinnung sind generell stärkefrei.

Die Rohproteingehalte von Sojaextraktionsschrot und -kuchen liegen auf einem einheitlich hohen Niveau von 450–500 g XP/kg TM, gefolgt von Rapsextraktionsschrot mit ca. 380 und Rapskuchen mit 318 g XP/kg TM. Im UDP-Anteil unterscheiden sich die genannten Nebenprodukte beträchtlich. Dies ist eine Folge der vorherrschenden Temperaturbedingungen während des Herstellungsprozesses, da sich diese unmittelbar auf die Abbaurate des Rohproteins der Proteinträger im Pansen auswirken. So entsteht beispielsweise beim mechanischen Abpressen der Rapssaat nur wenig Prozesswärme, sodass Rapskuchen einen relativ niedrigen UDP-Anteil (15 %) aufweist. Bei der Extraktion erfolgt dagegen eine starke Erwärmung, wodurch die Widerstandsfähigkeit des Rohproteins gegenüber dem Abbau im Pansen erhöht wird (35 % UDP). Erfolgt darüber hinaus noch eine zusätzliche technologische Behandlung – z. B. druckthermisch oder mittels Lignozellulose kann der UDP-Anteil beim Rapsextraktionsschrot auf bis zu 60 % er-

Tab. 2.19 Nährstoffgehalte, Energie- und Proteinbewertung von Nebenprodukten der Ölgewinnung aus Rapssaat.

Merkmal	**Rapsextraktionsschrot** **2.19.1**	**Rapsextraktionsschrot pansengeschützt** **2.19.2**	**Rapskuchen** **2.19.3**
Trockenmasse (g/kg)	890	890	914
Rohasche (g/kg TM)	75	76	68
Rohprotein (g/kg TM)	381	375	316
Rohfett (g/kg TM)	35	51	191
Rohfaser (g/kg TM)	133	148	130
ADFom (g/kg TM)	234	193	161
aNDFom (g/kg TM)	297	289	246
Stärke (g/kg TM)	–	–	–
Zucker (g/kg TM)	98	91	95
Umsetzbare Energie (MJ/kg TM)	11,9	12,2	14,4
Nettoenergie-Laktation (MJ/kg TM)	7,2	7,4	8,6
Unabgebautes Rohprotein (g/kg TM)	133	225	47
Nutzbares Rohprotein (g/kg TM)	255	327	150
Ruminale Stickstoffbilanz (g/kg TM)	20	8	27

Quellen: Bonsels und Weiß 2014, Spiekers et al. 2011, Steingaß et al. 2008; ergänzt

höht werden. Auch die Nebenprodukte der Ölgewinnung aus anderen Ölsaaten wie beispielsweise Soja, Sonnenblume oder Leinsaat, welche einerseits über Extraktion gewonnen werden bzw. noch einer weiteren technologischen Behandlung unterzogen werden, verfügen über höhere UDP-Anteile.

Diese sind besonders wichtig im Hochleistungsbereich bei laktierenden Schafen und Ziegen, aber auch in der Lämmermast, da junge Lämmer durch ihr hohes Proteinansatzvermögen in der Lage sind, weit mehr Protein zu bilden als allein durch das mikrobielle Protein im Pansen bereitgestellt werden kann. Deshalb gilt es diese Lücke in der Proteinversorgung durch Proteinquellen mit hohem UDP-Anteil zu schließen, da das UDP den Pansen unverändert passiert und im Dünndarm enzymatisch verdaut wird und somit einen zusätzlichen Beitrag zur Protein-(nXP)Versorgung der Lämmer leistet. Der Einsatz dieser geschützten Proteinträger ermöglicht daher eine passgenaue Eiweißversorgung am Dünndarm und somit eine Reduzierung des Eiweißfuttermitteleinsatzes.

Bei den heute auf dem Futtermittelmarkt angebotenen **Rapssorten** handelt es sich in der Regel um sogenannte **00-Sorten**. Diese sind frei von Erucasäure, welche Wachstumsstörungen und Schäden am Herzmuskel verursacht, sowie arm an Glucosinolaten, die Futteraufnahme und Leistung sowie die Schilddrüsenfunktion beeinträchtigen können. Deshalb sollten nicht mehr als 15 mmol Glucosinolate/kg lufttrockenes Futter (Frischmasse) enthalten sein und zusätzlich die Jodversorgung der Tiere bei Fütterung von Rapsprodukten erhöht werden.

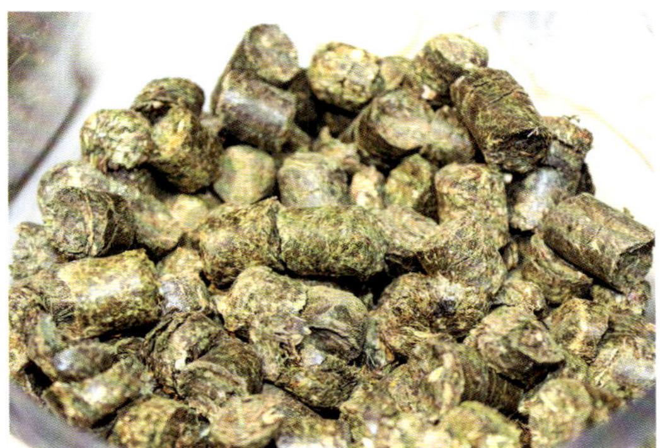

Abb. 2.28 Grascobs.

Abb. 2.29 Luzernegrünmehlpellets.

Tab. 2.20 Nährstoffgehalte, Energie- und Proteinbewertung von Trockengrünprodukten.

Merkmal	Grascobs 1. Schnitt 2.20.1	Grascobs Folgeschnitte 2.20.2	Kleegrünmehl 2.20.3	Luzernecobs 2.20.4
Trockenmasse (g/kg)	890	890	900	890
Rohasche (g/kg TM)	110	120	118	101
Rohprotein (g/kg TM)	160	175	209	149
Rohfett (g/kg TM)	34	35	35	26
Rohfaser (g/kg TM)	240	200	204	220
ADFom (g/kg TM)	249	241	k. A.	k. A.
aNDFom (g/kg TM)	495	430	k. A.	k. A.
Zucker (g/kg TM)	100	95	k. A.	50
Umsetzbare Energie (MJ/kg TM)	10,3	10,2	10,3	8,7
Nettoenergie-Laktation (MJ/kg TM)	6,2	6,1	6,2	5,1
Unabgebautes Rohprotein (g/kg TM)	64	70	84	67
Nutzbares Rohprotein (g/kg TM)	161	166	179	147
Ruminale Stickstoffbilanz (g/kg TM)	0	1	5	0

Quellen: DLG 1997, LfL Bayern 2015; ergänzt

Unter **Trockengrün** versteht man schonend mit Heißluft getrocknetes Grünfutter aus Wiesengras, Klee oder Luzerne. Wird das Pflanzenmaterial vor dem Trocknen gehäckselt und nach dem Trocknen in Stempelpressen geformt, so spricht man von Cobs (Durchmesser 9 mm, Länge 5–25 mm), während nach dem Trocknen zu Grünmehl fein vermahlenes und im Anschluss pelletiertes Pflanzenmaterial als Grünmehl- oder Graspellets bezeichnet wird.

Trockengrünprodukte sind wertvolle Proteinträger mit einem hohen UDP-Anteil (40 % des XP) am nXP, sodass bei jungem Grünfutter als Ausgangsmaterial nXP-Gehalte von bis zu 190 g/kg TM erreicht werden können, welche insbesondere im Hochleistungsbereich einen wichtigen Beitrag zur nXP-Versorgung von Schafen und Ziegen sowohl bei konventioneller wie auch bei ökologischer Wirtschaftsweise leisten können (s. Tab. 2.20). Der Energiegehalt bewegt sich auf einem mittleren Niveau. Ein Einsatz von Grascobs kann außerdem die Futter- bzw. TM-Aufnahme der Tiere erhöhen (Berger 2008), da Cobs im Vergleich zu Heu weniger voluminös sind, den Mikroben im Pansen somit mehr Oberfläche für die Verdauung zur Verfügung steht und eine kürzere Verweildauer des Futters im Pansen daraus resultiert.

Trockengrünprodukte mit Rohaschegehalten von über 120 g/kg TM eignen sich nicht für die Fütterung von hochleistenden Tieren aufgrund des erhöhten Anteils erdiger Verunreinigungen, welche zu einer deutlichen Herabsetzung der Futterwerteigenschaften führen.

Insbesondere zu carotinarmem Grobfutter wie beispielsweise Maissilage bietet sich eine Zugabe von Trockengrünprodukten an, welche direkt nach der Trocknung 250–500 mg Carotin je kg TM enthalten können. Bei der Rationsplanung muss einkalkuliert werden, dass während der Lagerung pro Monat bis zu 10 % des Carotingehaltes abgebaut werden. Der jeweilige Carotingehalt im Trockengrün ist abhängig von der Qualität des Ausgangsmaterials. Junge blattreiche Grünlandbestände sowie Luzerne und Klee weisen hohe native Carotingehalte auf (800–1000 mg/kg TM), während bei überständigem Gras mit hohem Stängelanteil nur noch 200–300 mg Carotin/kg TM erreicht werden (Menke und Huss 1987).

Maiskleberfutter, Maiskleber und Kartoffelprotein fallen als Nebenprodukte bei der industriellen Stärkegewinnung an. Durch den Entzug der Stärke erfolgt eine Aufkonzentration des Proteins, sodass es sich bei Maiskleber mit über 700 g XP/kg TM und Kartoffelprotein mit über 800 g XP/kg TM um ausgesprochen proteinreiche Futtermittel handelt. Maiskleberfutter enthält neben Klebereiweiß auch Maiskeimschrot, Kleie, Schalen, getrocknetes Maisquellwasser sowie partiell Rückstände der Maiskeimölgewinnung und ist daher deutlich energieärmer als das Ausgangsprodukt Körnermais, während sich der Rohproteingehalt im Maiskleberfutter je nach Kleberanteil zwischen 200 und 350 g/kg TM bewegt. Der Anteil des beständigen Rohproteins gegenüber dem Abbau im Pansen liegt bei Maiskleberfutter bei 25 %, bei Kartoffelprotein bei 60–65 % und kann bei Maiskleber bis zu 80 % betragen. Durch entsprechend hohe XP- und nXP-Gehalte eignen sich die genannten Futtermittel insbesondere zur Ergänzung proteinarmer Grob- oder Saftfutter wie Maissilage, Extensivheu, Pressschnitzel oder Rübenkleinteile. Im Hochleistungsbereich, insbesondere in der Lämmermast sollten jedoch Maiskleberfutter und Maiskleber nicht als alleinige Proteinquelle eingesetzt werden, da das Maisprotein im Gegensatz zur Kartoffel nur einen sehr geringen Gehalt an der Aminosäure Lysin aufweist, welche für das Wachstum besonders wichtig ist.

Bei **Getreideschlempen** handelt es sich um Nebenprodukte der Bioethanolproduktion. Diese enthalten die nach der Vergärung verbliebenen Getreidebestandteile (Weizen, Gerste, Roggen oder Mais) sowie getrockneten Dünnschlempesirup. Die Getreideschlempen werden entweder gepresst (meist Roggen) oder getrocknet und pelletiert in den Verkehr gebracht. In Abhängigkeit vom jeweiligen Ausgangsgetreide und der Prozessführung unterscheiden sich die einzelnen Schlempen in ihren Nährstoffgehalten, grundsätzlich können sie als

Tab. 2.21 Nährstoffgehalte, Energie- und Proteinbewertung von Nebenprodukten der Stärkeindustrie und Bioethanolproduktion.

Merkmal	**Maiskleberfutter 2.21.1**	**Kartoffelprotein 2.21.2**	**Weizenschlempe getrocknet 2.21.3**	**Maisschlempe getrocknet 2.21.4**
Trockenmasse (g/kg)	890	930	909	900
Rohasche (g/kg TM)	60	30	51	47
Rohprotein (g/kg TM)	258	820	336	291
Rohfett (g/kg TM)	41	13	70	137
Rohfaser (g/kg TM)	90	5	92	100
ADFom (g/kg TM)	30	k. A.	192	154
aNDFom (g/kg TM)	115	k. A.	438	398
Stärke (g/kg TM)	201	–	48	52
Zucker (g/kg TM)	23	5	41	14
Umsetzbare Energie (MJ/kg TM)	12,5	15,0	11,8	12,7
Nettoenergie-Laktation (MJ/kg TM)	7,7	9,0	7,1	7,7
Unabgebautes Rohprotein (g/kg TM)	65	517	129	97
Nutzbares Rohprotein (g/kg TM)	189	645	249	282
Ruminale Stickstoffbilanz (g/kg TM)	11	28	14	1

Quellen: Böttger und Südekum 2017, DLG 2001, Leberl 2009a

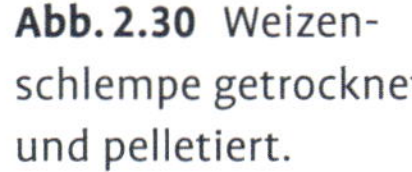

Abb. 2.30 Weizenschlempe getrocknet und pelletiert.

reich an Protein, Rohfaser, Mineralstoffen und B-Vitaminen bezeichnet werden. Schlempen auf Basis von Mais weisen einen höheren Rohfettgehalt (s. Tab. 2.2.1) im Vergleich zu anderen Schlempen auf, dies muss bei der Rationsgestaltung beachtet werden, ebenso wie das generell extrem enge Kalzium-Phosphor-Verhältnis von etwa 1 : 7 bei Weizen- und 1 : 30 bei Maisschlempe (Böttger und Südekum, 2017). Durch den Trocknungsprozess wird der Anteil an unabgebautem Protein am Rohprotein erhöht und liegt bei 30–40 %. Für die praktische Fütterung muss beachtet werden, dass in getrockneten Schlempen von mit Pilzgiften (Mykotoxinen) belasteten Ausgangsgetreidechargen eine Anreicherung von Mykotoxinen durch die Filtration der Schlempen um den Faktor zwei bis drei erfolgen kann (Urdl et al. 2008).

2.6.2 Mischfutter

Als Mischfutter wird ein Futtermittel bezeichnet, welches aus einer Mischung von mindestens zwei Einzelfuttermitteln besteht (mit oder ohne Futtermittelzusatzstoffe) und als Allein- oder Ergänzungsfuttermittel in der Fütterung eingesetzt wird. Die genaue Einteilung der Mischfutter ist in Abbildung 2.31 dargestellt.

Unter **Alleinfuttermittel** versteht man ein Mischfutter, welches bei ausschließlicher Gabe aufgrund seiner Zusammensetzung für die Bedarfsdeckung sämtlicher Nährstoffe und der Energie für eine Tagesration ausreicht, ohne dass darüber hinaus weitere Futtermittel notwendig sind. Immer wieder ist die Bezeichnung Alleinfutter auch bei Mischfutter für Lämmer unter anderem auch bei pelletiertem Mischfutter zu finden. Dies lässt den Schluss einer ausschließlichen Kraftfutterfütterung ohne jegliche zusätzlich erforderliche Grobfutterzuteilung zu. Zwar wird im Rahmen der Lämmermast die Grobfuttergabe (z. B. Heu) begrenzt, aber auch Lämmer benötigen zur Aufrechterhaltung der Pansenfunktion strukturierte Rohfaser in Form einer Grobfutterergänzung, sodass die Bezeichnung Alleinfutter auch für Mischfutter für die Lämmermast nicht geeignet ist.

Abb. 2.31 Einteilung der Mischfutter.

Ergänzungsfuttermittel sind Mischfuttermittel, die hohe Gehalte an bestimmten Stoffen aufweisen (z. B. Protein, Energie, Mineralstoffe, Vitamine) und in der Regel zur Aufwertung betriebseigener Futtermittel (Grobfutter, Getreide, Körnerleguminosen) eingesetzt werden. Sie reichen somit nur gemeinsam mit anderen Futtermitteln zur Bedarfsdeckung sämtlicher Nährstoffe und der Energie für eine Tagesration aus. Auf dem Futtermittelmarkt wird eine große Bandbreite an Ergänzungsfuttermitteln für die Aufzucht und Mast von Lämmern und Kitzen im Stall und auf der Weide sowie für die Abdeckung von Leistungsspitzen während der Trächtigkeit, Laktation und Deckperiode von Schafen und Ziegen angeboten. Entscheidend für die Auswahl des Ergänzungsfuttermittels ist der gewünschte Einsatzzweck und die Nährstoff- und Energieausstattung der auf dem Betrieb vorhandenen Futtermittel. So werden Mischfutter im Handel oftmals als Kombinationen von Energiestufe und Proteinniveau angeboten wie beispielsweise Ergänzungsfutter 18/3 oder 20/2 (s. Tab. 2.22). Je höher die tierische Leistung, umso höher ist die Energiestufe zu wählen, für sehr hohe Milch- und Mastleistungen werden Ergänzungsfutter der Stufe >3 empfohlen.

Zur Ergänzung von Futterrationen mit sehr hohen RNB-Gehalten wie proteinreichen Grassilagen, Leguminosensilagen oder jungem

Tab. 2.22 Kenngrößen für Mischfuttertypen*.

Energiestufe	**2**	**3**	**> 3**
Umsetzbare Energie	10,2 MJ ME	10,8 MJ ME	≥ 11,2 MJ ME
Nettoenergie-Laktation je kg Futter (88 % TM)	6,2 MJ NEL	6,7 MJ NEL	≥ 7,0 MJ NEL
Proteinniveau			
Rohprotein je kg Futter (88 % TM)	Max. 15 %	16–20 %	21–25 %

* Einteilung der FM dient zur Orientierung (keine rechtliche Bindung)

Weideaufwuchs eignen sich Proteinniveaus von 14–16 % XP, bei proteinarmen Grassilagen, proteinarmem Heu oder Maissilage sollte das Proteinniveau bei über > 20 % XP liegen. Für ausgewogene Grundfutterrationen (z. B. Kombination Gras- und Maissilage oder gutes Heu) ist in der Regel ein mittleres Proteinniveau von 17–20 % XP ausreichend. Bei Mischfutter mit einem Proteinniveau über 25 % XP handelt es sich um proteinreiche Ergänzungsfutter, die zum Ausgleich von Getreide und Trockenschnitzeln eingesetzt werden oder um proteinreiche Spezialprodukte, z. B. mit höheren Anteilen pansengeschützten Rohproteins.

Die **Qualität des Mischfutters** ist von der Qualität der dafür ausgewählten Einzelfuttermittel abhängig. An die Kennzeichnung von Mischfutter werden deshalb vom Gesetzgeber verschiedene Anforderungen gestellt (s. Kasten S. 81). Zu beachten ist in diesem Zusammenhang, dass keine Verpflichtung des Herstellers zur Angabe des Energiegehaltes besteht, dieser in der Regel jedoch freiwillig deklariert wird. Ebenfalls freiwillig erfolgen die Angaben zur Kennzeichnung des nXP- und UDP-Gehaltes von Mischfutter, welche nützliche Zusatzinformationen im Hinblick auf die Einsatzmöglichkeiten des Futters insbesondere im Hochleistungsbereich bieten.

Die Auswahl eines industriellen Mischfutters bietet den Vorteil, dass dieses neben einer optimierten Energie- und Nährstoffdichte auch entsprechende Zusätze an Vitaminen, Mengen- und Spurenelementen enthält und so bei passender Auswahl und Zuteilung eine ausgewogene Fütterung gewährleistet werden kann. Werden bestimmte Zusatzstoffe (z. B. Selen) in die Rezeptur aufgenommen, ist ein spezieller Warnhinweis auf dem Sackanhänger Pflicht (z. B. darf bis max. 80 % der Tagesration betragen), um einer Überversorgung vorzubeugen.

Der Verein Futtermitteltest e. V. (VFT), gefördert durch das BMEL, überprüft industrielle Mischfutter im Rahmen von Warentests. Schaffutter sind seit dem Jahr 2012 regelmäßiger Bestandteil des VFT-Warentestprogramms. Mehrmals jährlich wird das aktuelle Mischfutterangebot beprobt, objektiv untersucht auf Deklarationstreue und fachlich nach seinem Einsatzzweck bewertet. Die Prüfergebnisse werden mit Nennung der beprobten Unternehmen unter http://www.futtermitteltest.de veröffentlicht und dienen der Information über

Verpflichtende Anforderungen an die Kennzeichnungsangaben (Deklaration) für Mischfutter nach Verordnung (EG) Nr. 767/2009

1. Futtermittelart *(z. B. Alleinfutter, Ergänzungsfutter)*
2. Tierart *(z. B. Schafe)* oder Tierkategorie *(z. B. laktierende Mutterschafe)*, an die das Futtermittel verabreicht werden soll
3. Verzeichnis der im Mischfutter enthaltenen Einzelfuttermittel unter der Überschrift Zusammensetzung: *z. B. Gerste, Weizenkleie, Hafer, Rapsextraktionsschrotfutter, Getreideschlempe, Palmkernkuchen, Zuckerrübenmelasse, Kalziumcarbonat, Natriumchlorid*
   Angabe der enthaltenen Einzelfuttermittel erfolgt in absteigender Reihenfolge ihrer Gewichtsanteile (exakte prozentuale Angabe (offene Deklaration) ist freiwillig, außer das Vorhandensein des Einzelfuttermittels wird in Worten, Bildern oder Grafiken in der Kennzeichnung betont, dann ist die prozentuale Angabe dieses Einzelfuttermittels verpflichtend)
4. Feuchtigkeit (Wassergehalt) wenn > 14 %
5. Inhaltsstoffe (analytische Bestandteile) bei Ergänzungsfuttermitteln: Rohasche, Rohprotein, Rohfett, Rohfaser, Kalzium wenn > 5 %, Phosphor, wenn > 2 %, Magnesium wenn > 0,5 %, Natrium
6. Zusatzstoffe: *z. B. Konservierungsstoffe, Antioxidationsmittel, Spurenelemente, färbende Stoffe, Vitamine*
7. Fütterungshinweis: *z. B. 3 Wochen vor Lammung 0,2 kg anfüttern, bis zur Geburt auf 0,8 kg je Tier/Tag steigern, Laktation 0,5–1,0 kg pro Lamm und Tag, Mineralstoffergänzung notwendig*
8. Mindesthaltbarkeitsdatum bzw. Herstellungsdatum
9. Nettogewicht *(z. B. 1040 kg)* oder Nettovolumen *(z. B. 20 l)*
10. Kennnummer der Futtermittelpartie
11. Name oder Firma sowie Anschrift des für die Kennzeichnung verantwortlichen Futtermittelunternehmers – falls der Hersteller nicht die für die Kennzeichnung verantwortliche Person ist, sind Name oder Firma und Anschrift des Herstellers oder Zulassungsnummer bzw. Kennnummer des Herstellers anzugeben.

verfügbare Mischfutterqualitäten hinsichtlich einer Verbesserung der Ernährung unter Berücksichtigung von Tiergesundheit, Tier- und Umweltschutz.

Ebenfalls zu den Mischfuttern zählen sogenannte **Diätfuttermittel**. Dabei handelt es sich um Mischfutter, die dazu bestimmt sind, den besonderen Ernährungsbedarf von Tieren zu erfüllen, bei denen insbesondere Verdauungs-, Resorptions- oder Stoffwechselstörungen vorliegen oder zu erwarten sind. Für Schafe und Ziegen sind beispielsweise Diätfuttermittel zur Verringerung der Gefahr der Azidose, der Harnsteinbildung, der Ketose oder der (Weide-)Tetanie als besondere Ernährungszwecke zugelassen (s. auch Kapitel 5.2 und 5.3). Weitere

Abb. 2.32 Kraftfutterautomat für die intensive Lämmermast.

Anwendungsgebiete sind die langfristige Versorgung von Weidetieren (mit voll entwickeltem Pansen) mit Spurenelementen und Vitaminen sowie die Stabilisierung des Wasser- und Elektrolythaushalts zur Unterstützung der physiologischen Verdauung bei Lämmern und Ziegenkitzen. Von den Diätfuttermitteln abzugrenzen sind **Fütterungsarzneimittel**, welche nicht zu den Futtermitteln für besondere Ernährungszwecke zählen, sondern der Verschreibungspflicht durch den Tierarzt unterliegen.

2.7 Mineralfutter

Mineralfutter zählen ebenfalls zu den Mischfuttermitteln und sind als Ergänzungsfuttermittel mit mindestens 40 % Rohasche definiert. Im Mineralfutter sind sowohl **Mengen- als auch Spurenelemente** enthalten, die bei einer Unterversorgung Mangelerscheinungen hervorrufen, bei einer Überversorgung jedoch ebenfalls Erkrankungen nach sich ziehen können (s. Kapitel 5.3). Wichtig ist deshalb die genaue Kenntnis der Mineralstoffgehalte der in der einzelbetrieblichen Fütterung eingesetzten Rationskomponenten – insbesondere der stark schwankenden Grobfuttergehalte – am besten über eine Futtermitteluntersuchung im Labor, um eine gezielte bedarfsgerechte Ergänzung über das Mineralfutter durchführen zu können. Eine grobe Orientierung zur Einschätzung der Mineralstoffgehalte verschiedener Futtermittel wird in Tabelle 2.23 gegeben.

Um den unterschiedlichen Futterqualitäten und Rationstypen Rechnung zu tragen, bietet der Markt eine breite Palette unterschiedlich konzipierter Mineralfutter an, die auf den Bedarf in den verschiedenen Leistungskategorien wie beispielsweise laktierende Ziegen oder Mastlämmer zugeschnitten sind. Bei Abnahme einer größeren Menge Mineralfutter im Jahr sind auch betriebsindividuelle Mischungen möglich.

Tab. 2.23 Mittlere Mineralstoffgehalte von Grund-, Saft- und Kraftfuttermitteln (Angaben in g/kg Trockenmasse).

Futtermittel		Mengenelemente					
		Ca	P	Mg	Na	K	S
Wiesengras intensiv 1. Aufwuchs		5,0	3,5	2,0	0,9	26,4	1,9
Wiesengras intensiv Folgeaufwüchse		8,8	3,6	2,4	0,8	24,3	2,5
Weidegras intensiv		7,7	3,2	1,9	0,04	19,9	2,9
Weidegras extensiv		7,4	2,7	1,9	0,04	22,7	1,9
Weidegras extensiv (Naturschutz)		7,5	2,0	1,9	0,07	16,8	k. A.
Grassilage 1. Schnitt	Süddeutschland	7,4	3,6	2,1	0,5	29,4	2,0
	Norddeutschland	5,4	3,6	2,1	2,3	25,4	2,0
Grassilage Folgeschnitte		9,5	3,6	2,8	0,6	26,1	2,5
Leguminosensilagen		12,1	3,4	2,2	0,5	23,8	1,9
Maissilage		1,8	2,1	1,2	0,05	9,7	0,9
Heu 1. Schnitt		5,5	2,4	1,8	0,4	18,2	1,4
Heu Folgeschnitte		7,5	3,3	2,3	0,2	24,9	1,8
Luzerneheu Folgeschnitte		18,3	3,1	3,9	0,8	26,0	1,8
Gerstenstroh		5,0	0,8	0,9	2,0	17,0	0,8
Haferstroh		4,0	1,4	1,0	2,0	21,0	1,8
Roggenstroh		3,0	1,0	1,0	1,5	10,0	1,8
Weizenstroh		3,0	0,8	1,0	1,5	11,0	0,8
Biertrebersilage		3,3	5,8	2,2	0,4	0,4	1,5
Apfeltrester frisch		7,9	2,7	1,2	1,4	7,0	k. A.
Kartoffeln		0,4	2,5	1,4	0,5	22,0	1,8
Pressschnitzel		3,9	0,8	2,1	0,4	4,2	2,2
Rübenkleinteile		3,3	2,1	2,3	1,4	11,5	k. A.
Weizen		0,4	3,7	1,6	0,005	4,3	1,5
Roggen		0,5	3,6	1,4	0,02	5,1	1,1
Triticale		0,5	4,0	1,6	0,03	5,0	1,1
Gerste		0,6	4,3	1,6	0,05	5,5	1,6
Hafer		1,1	4,0	1,5	0,01	3,8	2,3
Mais		0,04	3,2	1,5	0,003	4,0	2,2
Futtererbsen		1,1	4,7	1,5	0,2	13,3	2,3
Ackerbohnen		1,4	6,3	1,6	0,2	15,8	4,5
Blaue Süßlupinen		2,8	4,7	1,9	0,1	15,2	2,0

Fortsetzung Tab. 2.23

Futtermittel	Mengenelemente					
	Ca	P	Mg	Na	K	S
Sojabohnen	2,8	6,6	2,8	0,2	22,6	k. A.
Sojaextraktionsschrot	3,2	7,6	2,7	0,3	23,0	4,6
Sojakuchen getoastet	2,9	7,3	3,0	0,1	21,0	k. A.
Rapsextraktionsschrot	8,7	12,4	5,8	0,6	15,2	6,9
Rapskuchen 15 % XL	7,5	11,6	5,1	0,4	13,0	k. A.
Grascobs 1. Schnitt	6,5	3,8	2,5	0,6	27,0	2,0
Grascobs Folgeschnitte	10,0	3,9	3,2	0,7	25,0	k. A.
Luzernecobs	15,0	3,0	2,5	0,5	22,0	k. A.
Melasseschnitzel	10,6	0,8	1,8	1,7	14,4	3,0
Trockenschnitzel	13,8	0,8	1,9	0,5	4,5	2,2
Melasse	2,5	0,5	0,2	7,6	54,1	3,1
Brotabfälle	0,9	2,4	k. A.	9,0	k. A.	k. A.
Weizenschlempe getrocknet	1,0	8,4	2,7	6,1	12,4	5,0
Maisschlempe getrocknet	0,3	8,7	3,4	4,1	12,6	4,6

Quellen: Bonsel und Grünewald 2015, Böttger persönliche Mitteilung, Böttger und Südekum 2017, Jeroch et al. 2008, Kamphues et al. 2014, Leberl et al. 2009, Leberl und Hrenn 2017, LfL Bayern 2015, Losand et al. 2017, Meyer 2012, Potthast et al. 2011, Schenkel et al. 1999, Spiekers und Potthast 2004.

Die tägliche Dosierung sollte unter Berücksichtigung der Eignung zur Ergänzung des betriebseigenen Grob- und Kraftfutters entsprechend der vom Hersteller auf dem Sackanhänger angegebenen Fütterungsempfehlung erfolgen, wobei in der Regel für wachsende Lämmer und Kitze eine Spanne von 5–15 g Mineralfutter pro Tag für ausgewachsene Schafe/Ziegen und Böcke 15–40 g angegeben wird. Grundsätzlich ist darauf zu achten, dass aufgrund der hohen Empfindlichkeit von Schafen gegenüber einer Kupfervergiftung kein Mineralfutter mit zugesetztem Kupfer in der Schaffütterung eingesetzt werden darf. Mineralfutter für Ziegen dagegen sollte Kupfer enthalten, sodass eine getrennte Mineralfuttergabe für Schafe und Ziegen eingehalten werden muss, was am besten in der Winterfütterung durch separate Stallabteile oder im Sommer bei zumindest zeitweiliger getrennter Weideführung bewerkstelligt werden kann. In den **Wintermonaten** sollte Schafen und Ziegen ein vitaminiertes Mineralfutter angeboten werden, da die mit dem Grobfutter aufgenommenen Mengen an Vitamin A, D und E nicht für die Deckung des Bedarfes genügen. Zu berücksichtigen ist außerdem, dass Vitamine nur begrenzt haltbar sind, deshalb muss beim Kauf unbedingt auf das Mindesthaltbarkeitsdatum des Mineralfutters geachtet werden.

Mineralfutter ist sowohl als Leckschale, Leckmasse, Leckstein oder auch in loser Form erhältlich. Weiße Lecksteine und loses Viehsalz dienen meist ausschließlich der zusätzlichen Versorgung der Schafe und Ziegen mit Natrium und Chlorid, während farbige Lecksteine sowie Leckmassen, Leckschalen und loses Mineralfutter weitere Mengen- sowie Spurenelemente enthalten. Um akute Versorgungslücken weniger oder einzelner Mineralstoffe bzw. Vitamine zu schließen, werden auch spezielle Ergänzungsfutter beispielsweise mit Selen und Vitamin E als Paste zur oralen Supplementierung angeboten.

2.8 Futtermitteluntersuchung

Eine ausgewogene Futterration im Hinblick auf eine adäquate Energie-, Protein- und Mineralstoffversorgung bei gleichzeitiger Berücksichtigung der Futterkosten stellt hohe Ansprüche an die Kenntnis dieser Größen bei der Rationsgestaltung. Für die in den Kapiteln 2.1.bis 2.7 vorgestellten Futtermittel wurden Durchschnittsgehalte nach dem neuesten Stand des Wissens unter Einbeziehung aktueller Untersuchungsergebnisse zusammengestellt, die eine wichtige Orientierungshilfe für die Auswahl geeigneter Futtermittel bieten.

Insbesondere bei hohen Leistungen wird für eine präzise auf den Bedarf der Tiere abgestimmte Ration eine Untersuchung der Futterration bzw. der einzelnen Rationskomponenten empfohlen. Vor allem beim Grobfutter sind auf den Betrieben stark wechselnde Futterqualitäten mit einer hohen natürlichen Streuung in den oben genannten Parametern vorhanden. Gründe hierfür sind insbesondere Unterschiede in der Zusammensetzung des Grünlandpflanzenbestandes, in der Nutzungshäufigkeit, im Vegetationsstadium, in der Witterung zum Schnittzeitpunkt sowie in den Verlusten bei Werbung, Konservierung und Lagerung. Auch die in der Fütterung eingesetzten Getreidearten differieren durch züchterische Neuentwicklungen teilweise sehr stark in verschiedenen Merkmalen der Nährstoffzusammensetzung.

Daneben müssen auch hygienische Aspekte der Futtermittel wie beispielsweise Verschmutzung, Schimmel- und Schädlingsbefall unter der Prämisse der Erhaltung der Tiergesundheit und der Akzeptanz der vorgelegten Futterration bei der Rationsplanung berücksichtigt werden.

Generell bietet eine Futtermitteluntersuchung Informationen über die Ausstattung der Futtermittel mit Nährstoffen, Energie sowie Mineralstoffen und Spurenelementen. Des Weiteren können diätetische und verzehrsbestimmende Eigenschaften wie beispielsweise die Versorgung mit Strukturkohlenhydraten, Gärqualität, Besatz mit Giftpflanzen sowie Risiken für die tierische und menschliche Gesundheit (u. a. Mykotoxine, verderbanzeigende Mikroflora, Kontaminanten) festgestellt werden. Außerdem sind Rückschlüsse auf die Bewirtschaftung der Flächen, zum Beispiel anhand des Düngungsniveaus möglich.

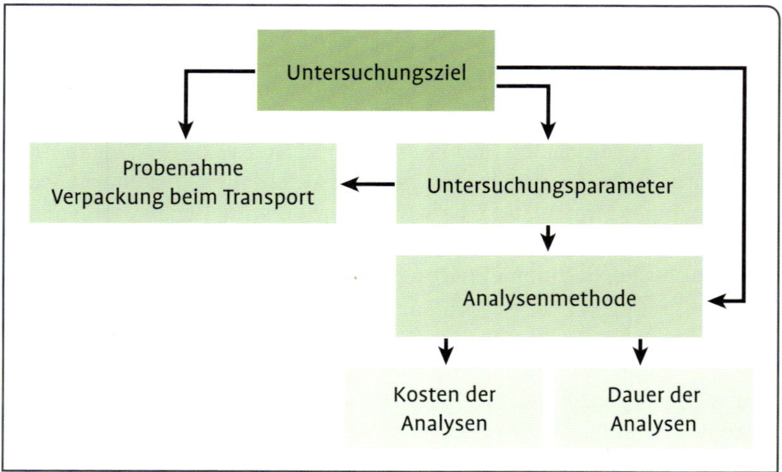

Abb. 2.33 Verfahrensschema für die Futtermitteluntersuchung.

Der Verband der landwirtschaftlichen Untersuchungs- und Forschungsanstalten (VDLUFA) bietet auf seiner Homepage (http://www.vdlufa.eu) eine Übersicht über Labore in den einzelnen Bundesländern, die Futtermitteluntersuchungen durchführen. Im Folgenden soll näher auf einzelne Untersuchungsfelder eingegangen werden.

2.8.1 Untersuchungsziel

Die Auswahl der Untersuchungsmethode richtet sich nach dem gewünschten Untersuchungsparameter in Verbindung mit dem zugrunde liegenden Untersuchungsziel. In Abbildung 2.33 sind die Zusammenhänge zwischen Untersuchungsziel, Probenahme und entsprechender Analysenmethode im Detail dargestellt.

Nährstoff-, Energiegehalt, Proteinbewertung und Mineralstoffgehalt

Voraussetzung für tierische Leistungen in Form von Milch und Fleisch auf hohem Niveau ist in erster Linie eine größtmögliche Futteraufnahme in Verbindung mit einer exzellenten Futterqualität, woraus wiederum zunehmend gesteigerte Ansprüche an die Nährstoffzusammensetzung der Futterration resultieren (vgl. Kapitel 1). Deshalb ist es sehr wichtig, zumindest die genaue Nährstoffzusammensetzung sowie den Energiegehalt des betriebseigenen Grundfutters und Getreides bzw. der betriebseigenen Körnerleguminosen zu kennen. Für die Nährstoffuntersuchung der oben genannten Futtermittel, teilweise auch für Mischfutter, stehen kostengünstige Schnellverfahren wie beispielsweise die Nahinfrarotspektroskopie (NIRS) zur Verfügung.

Weitere für die Futtermittelbewertung wichtige Kenngrößen wie beispielsweise der energetische Futterwert (ME und NEL), das nutzbare Rohprotein am Duodenum (nXP) und die ruminale Stickstoffbilanz (RNB) stellen beim Wiederkäuer berechnete Größen ohne direkte analytische Bestimmung dar. Für die Ermittlung der **Energiekonzentration** von Frischgras, Grassilage, Heu und Maissilage sowie Grobfutterleguminosen und Mischfutter stehen verschiedene Schätzgleichungen auf Basis der umsetzbaren Energie (ME) zur Verfügung. In Deutschland wird die umsetzbare Energie nach GfE (2008) und GfE (2009) mit Hilfe der über die NIRS bestimmten Nährstoffgehalte, der Säure-Detergenzien-Faser bzw. Neutral-Detergenzien-Faser nach Veraschung berechnet. In die Berechnung einbezogen werden auch sogenannte „In-vitro-Parameter" wie Gasbildung bzw. ELOS (für viele Futtermittel auch über Schnellmethoden bestimmbar), die in enger Beziehung zur Verdaulichkeit der Futtermittel stehen und so der Energiegehalt mit hoher Genauigkeit geschätzt werden kann. Die Kalkulation von UDP, nXP und RNB erfolgt nach GfE (1997). Die einzelnen Formeln sind in der Formelsammlung im Anhang aufgeführt.

Auch die Kenntnis der **Mineralstoffgehalte** der auf dem Betrieb selbst erzeugten Futtermittel stellt für den Schaf- und Ziegenhalter sowohl im Hinblick auf eine bedarfsgerechte Ernährung als auch für die Erstellung der von den Betrieben geforderten Stoffstrombilanz eine wertvolle Managementhilfe für eine betriebsindividuelle gezielte Kraft- und Mineralfutterergänzung auf Basis der vorliegenden Grundfutter- bzw. betriebseigenen Getreidequalitäten dar. Insbesondere bei Grünfutter und Konservaten des Dauergrünlandes treten in Abhängigkeit des Standorts, der Schnittnummer und des Düngungsniveaus hohe Schwankungsbreiten in den Mineralstoffgehalten der geernteten Produkte auf.

Empfohlene Parameter für Routineuntersuchungen

Grünfutter, Grassilage, Heu (Dauergrünland bzw. Acker) sowie Mischungen daraus:
TM, XA, XP, XL, XF, ADFom, aNDFom, Gb, XZ
Berechnete Größen: ME, NEL, UDP, nXP, RNB
Mineralstoffe: Ca, P, Mg, Na, K, S, Cu, Zn, Mn, Fe

Maissilage:
TM, XA, XP, XL, XF, ADFom, aNDFom, ELOS, XS
Berechnete Größen: ME, NEL, UDP, nXP, RNB
Mineralstoffe: Ca, P, Mg, Na, K, S, Cu, Zn, Mn, Fe

Getreide:
TM, XA, XP, XL, XF, XS
Berechnete Größen: ME, NEL, UDP, nXP, RNB
Mineralstoffe: Ca, P, Mg, Na, K, S, Cu, Zn, Mn, Fe

Sollen mit einer Futtermitteluntersuchung Analysen für das betriebliche Qualitätsmanagement im Rahmen von Qualitätsfleisch- und

Qualitätsmilchprogrammen nachgewiesen werden, so können hierfür bestimmte Analysenmethoden vorgeschrieben sein, die vor der Untersuchung mit dem Labor abgestimmt werden sollten.

Für die Aufklärung von Schadensfällen, Gesundheitsstörungen oder bei Verdacht auf unzureichenden Futterwert bei zugekauften Futtermitteln ist eine sogenannte formal juristisch korrekte Vorgehensweise erforderlich. In diesem Zusammenhang sind grundsätzlich aufwendige nasschemische Verfahren auch für die Nährstoffanalyse anzuwenden, die mit entsprechend höheren Kosten verbunden sind.

Hygienische Qualität, unerwünschte Stoffe

Futter- und Fütterungshygiene sind besonders wichtig zur Vermeidung von Leistungseinbußen und Erkrankungen bei Schafen und Ziegen. Eine erste Einschätzung der **Futterqualität** bietet eine sensorische Beurteilung des Futters hinsichtlich Farbe, Griff, Geruch und Vorhandensein von Fremdbestandteilen. Erhärtet sich hierbei der Verdacht auf Fehlgärungen bei Silagen oder auf mikrobiellen Futterverderb, gibt eine mikrobiologische Untersuchung Auskunft über den hygienischen Status des Futters hinsichtlich der enthaltenen produkttypischen und verderbanzeigenden Bakterien-, Schimmelpilz- und Hefegehalte. In der Beurteilung wird nach dem vom Arbeitskreis Mikrobiologie des VDLUFA erarbeiteten Orientierungswertschema zwischen 4 Qualitätsstufen (QS I bis IV) unterschieden. Demnach entspricht bei Vorliegen der QS IV die untersuchte Probe nicht mehr den Anforderungen an die Unverdorbenheit und ist daher nicht in der Fütterung einzusetzen. Bei Futter niedrigerer Qualitätsstufen (QS III und IV) muss auch mit Nährstoffverlusten im Futter gerechnet werden, welche über eine entsprechende Inhaltsstoffuntersuchung quantifiziert werden können.

Ob in einem Futter vorhandene Feld- oder Lagerpilze Erkrankungen auslösen, ist vom Vorhandensein und der Konzentration der von ihnen gebildeten **Mykotoxine** (Pilzgifte) abhängig. Die Untersuchung der verschiedenen auf dem Feld oder während der Lagerung gebildeten Mykotoxine (z. B. Deoxynivalenol, Fumonisine, Zearalenon, Ergotalkaloide) erfolgt im Labor mittels ELISA als Schnellmethode oder exakter, aber auch aufwendiger mit HPLC oder LC-MS. Soll in einem Schadensfall das Untersuchungsergebnis gerichtlich verwertbar sein, dürfen Schnellmethoden wie das ELISA-Testverfahren für die Bestimmung von Mykotoxinen nicht herangezogen werden, da diese gerichtlich nicht anerkannt werden.

Werden bei der grobsinnlichen Beurteilung des Futters Spuren von **tierischen Schädlingen** wie Fraßlöcher, Nagerkot oder Gespinste von Insekten festgestellt, können anhand einer mikroskopischen Untersuchung der Grad des Befalls bzw. das Ausmaß des biotischen Verderbs sowie die Art der Käfer und Insekten anhand ihrer charakteristischen morphologischen Eigenschaften identifiziert werden. So ist beispielsweise **Milbenbefall** ein Indiz für eine nicht optimale Futterlagerung.

Die Stoffwechseltätigkeit der Milben führt lokal zu einem Anstieg des Feuchtegehalts im Substrat. Die Feuchtigkeit schafft ein günstiges Umfeld für Bakterien und Schimmelpilze und die Mobilität der Milben sorgt für deren rasche Verbreitung. Die höchste Vermehrungsrate tritt bei Temperaturen von über 20 °C und einem Wassergehalt von über 13 % im Futter auf. Charakteristisch für einen starken Milbenbefall ist ein süßlicher Geruch des Futters. Um Minderleistungen und Erkrankungen aufgrund von Milbenbefall zu vermeiden, ist bei der Einfuhr der Ernte auf ausreichend trockenes Erntegut (Getreide, Hülsenfrüchte, Heu) zu achten bzw. für eine gute Belüftung im Lager zu sorgen. Des Weiteren sollten konsequent Siloeinrichtungen und Futterlager bei jedem Futterwechsel gereinigt werden. Außerdem ist eine schnelle Verfütterung bearbeiteten Getreides (geschrotet, gequetscht) wichtig. Wurde bereits ein Befall des Futters mit Milben festgestellt, so muss das Futter möglichst schnell verfüttert werden, um eine Zunahme des Befalles bzw. ein Übergreifen auf andere Futterchargen im Lager zu vermeiden. Eine Fütterung von vermilbtem Futter an Jungtiere sollte grundsätzlich unterbleiben, da diese sehr empfindlich bereits auf kleinste Mengen reagieren.

Auch die Identifizierung von **Giftpflanzen** (s. Kapitel 5.4) ist mittels einer mikroskopischen Untersuchung im Labor möglich.

2.8.2 Grundsätze zur Probenahme

Für die Vorgehensweise bei der Probenahme ist die Zielstellung der Untersuchung von entscheidender Bedeutung. Ist eine Routineuntersuchung zur Charakterisierung der betrieblichen Futterqualitäten das Ziel, so gilt es vom Futtermittel eine sogenannte **repräsentative Probe** zu entnehmen. Das bedeutet, dass zum Beispiel für den ersten Schnitt Heu im Verhältnis zur vorhandenen Menge der einzelnen Futterflächen jeweils mehrere Einzelproben aus Ballen verschiedener Futterflächen des ersten Schnittes genommen werden sollten, um eine möglichst genaue Durchschnittsprobe zu bekommen. Dagegen ist zur Klärung von Schadensfällen und Gesundheitsstörungen eine **selektive Probe** des Futters bzw. der Ration zu entnehmen. Dementsprechend sind für die Probenahme das Futter bzw. die Futtercharge oder Mischration heranzuziehen, die verfüttert wurden und von denen vermutet wird, dass sie zur Erkrankung geführt haben. Dementsprechend sollte die Probenahme direkt aus dem Trog bzw. vom Futtertisch erfolgen, sofern das Futter oder Reste davon noch vorhanden sind. Ist dies nicht mehr der Fall, wird empfohlen die einzelnen Rationskomponenten separat im Silo bzw. Lager zu beproben.

Die Geräte für die Probenahme und die Behältnisse für den Probentransport dürfen die Beschaffenheit der entnommenen Proben weder beeinträchtigen noch verändern. Dementsprechend ist es wichtig, nur saubere, gereinigte Geräte und Behälter sowie fabrikneue Plastikbeutel für feuchtes Futter bzw. Papiertüten für Heu und Stroh zu verwenden.

Sollen die Proben mikrobiologisch untersucht werden, müssen die Probenahmegeräte vor und nach der Probenahme desinfiziert werden. Zur Entnahme von Silagen und Saftfutter im geschlossenen Silo sowie auch für trockene Futtermittel, die im Silo oder als Schütthaufen gelagert werden, bietet der Handel spezielle Probebohrstöcke an. Für die Entnahme an Anschnittflächen bei Silagen eignen sich Kratzer, Schaufeln, Messer oder spezielle Anschnittbohrer. Weideaufwuchs bzw. Wiesengras können gut mit Schneidegeräten wie beispielsweise einer Rasenkantenschere beprobt werden. Für abgesackte Futtermittel genügt eine Handschaufel.

Probenahme von Wiesen-/Weideaufwuchs

Für die Untersuchung des Pflanzenaufwuchses von Wiesen und Weiden wird möglichst die für einen Tagesbedarf zur Fütterung vorgesehene Fläche beprobt. Diese wird dann gleichmäßig im Abstand von jeweils 10–20 m diagonal überquert. Dabei werden die Pflanzen in Höhe des Weideverbisses der Schafe und Ziegen (ca. 2–3 cm über dem Boden) bzw. in der vorgesehenen Schnitthöhe der Ernte mehrfach büschelweise abgeschnitten. Auf Weideflächen vorhandene punktuelle Areale abweichender Pflanzenzusammensetzung, die von den Tieren gemieden bzw. nicht gefressen werden, wie beispielsweise Geilstellen oder Weidezu- und Weideausgänge, sollten bei der Probenahme nicht berücksichtigt werden Die Anzahl der zu entnehmenden Pflanzenbüschel ist abhängig von der Futterart und der Einheitlichkeit des Pflanzenbestandes und sollte bei sehr heterogen zusammengesetzten Flächen mindestens 50 einzelne Proben betragen. Die auf diese Weise gewonnenen Einzelproben werden direkt nach der Entnahme auf einer sauberen Unterlage (z. B. Plane) gut vermischt und in einem kreisförmigen Haufen aufgeschüttet **(Sammelprobe)**. Danach wird über den Haufen gedanklich ein Kreuz gelegt, welches den Haufen in 4 gleichmäßige Sektoren unterteilt. Von zwei gegenüberliegenden Sektoren wird nun das Pflanzenmaterial zusammengeführt und daraus ein neuer – nun kleinerer – Haufen gebildet. Dieser Vorgang nennt sich **Vierteilungsmethode** und dient der möglichst gleichmäßigen Reduzierung des Probenmaterials. Dabei ist es besonders wichtig, Feinteile wie Blättchen oder erdige Verunreinigungen bei der Probenteilung ebenfalls zu erfassen. Die Vierteilungsmethode wird solange wiederholt, bis am Ende ein Haufen von ca. 1 kg verbleibt. Diese Probe (**Endprobe**) wird in einen Plastikbeutel gefüllt und nach dem Abpressen der Restluft im Beutel wird dieser mit einem Klebeband möglichst luftdicht verschlossen und bis zum Versand in einer Kühltasche gelagert. Möglichst noch am Entnahmetag, spätestens am Folgetag muss die gekühlte Probe zum Labor transportiert werden, alternativ kann ein Versand im tiefgefrorenen Zustand erfolgen (ausgenommen Proben für eine mikrobiologische Untersuchung). Für den Versand wird die tiefgefrorene Probe mit einem Stofftuch umwickelt und beiderseits mit Kühlakkus versehen, um Veränderungen der Probe während der Auftauphase zu vermeiden. Zusammen mit der Probe sollten auf einem separaten Begleitzettel die vorliegende Futterart (z. B. Frischgras aus Wiesengras oder Kleegras), die Nummer des Schnittes bzw. der Beweidung sowie der Schnittzeitpunkt angegeben werden. Zusätzliche Informationen wie Intensität der Nutzung, Wetter bei der Ernte sollten ebenfalls vermerkt werden, um eine gezielte Bewertung der Probe im Labor zu ermöglichen.

Probenahme beim Eingrasen

Bei der besonders in der Milchschaf- und Milchziegenhaltung verbreiteten Sommerfütterung von Frischgras im Stall (Eingrasen) kann die Probenahme direkt vom Futtertisch erfolgen. Es wird empfohlen die Einzelproben jeweils im Abstand von 3–5 m entlang des Futtertisches über die gesamte Höhe der Grünfuttervorlage zu entnehmen. Verpackung und Versand erfolgen analog zur Vorgehensweise bei Weide- und Wiesenaufwüchsen.

Probenahme von Silagen/Saftfutter

Silagen sollten frühestens 6–8 Wochen nach der Ernte beprobt werden, um einen Abschluss des Silierprozesses sicherzustellen. In Abhängigkeit von den betrieblichen Voraussetzungen werden Silagen entweder in festen baulichen Anlagen wie Fahrsilos oder in Form von Ballensilage als Rund- oder Quaderballen bereitet, dementsprechend differenziert muss bei der Probenahme vorgegangen werden.

Bei der Probenahme aus einem **geschlossenen Fahrsilo** wird die Silofolie eingeschnitten und anschließend werden mit einem Probenstecher diagonal verteilt über das Silo mehrere Bohrproben (mindestens 3) durch alle Schichten hindurch entnommen. Die Randpartien sowie die oberste Schicht bleiben außen vor, da diese von der Fütterung ausgenommen werden. Die erhaltenen Bohrkerne werden auf einer sauberen Unterlage vereinigt, gut vermischt und über die bereits beschriebene Vierteilungsmethode zur Endprobe (ca. 1 kg) reduziert. Nach der Probenahme müssen die Entnahmelöcher mit Silagematerial, Stroh oder Viehsalz aufgefüllt und die Einschnitte der Silofolie mit wasserdichtem Klebeband verschlossen werden, um einen Lufteintritt und damit einen möglichen Verderb des Futters zu vermeiden.

Bei der Probenahme aus einem **geöffnetem Silo** werden an der frischen Anschnittfläche räumlich gleichmäßig verteilt über die gesamte Silobreite in 3 unterschiedlichen Höhen mehrere Einzelproben (ca. 3 Proben je 10 m^2) entnommen, vereinigt und vermischt und anschließend über die Vierteilungsmethode zur Endprobe reduziert.

Neben der Silagebereitung in befestigten Siloanlagen wird vor allem in kleineren Betrieben die Silierung in Form von **Ballensilagen** immer beliebter. Die Probenahme von Ballensilagen (Rund- oder Quaderballen) ist bevorzugt an **geöffneten Ballen** vorzunehmen, um das Risiko eines Futterverderbs durch die Materialentnahme und den dadurch erfolgten Luftzutritt zu vermeiden. Aus einem geöffneten Ballen werden nach Entfernen von Silofolie und Netz von allen Schichten des Silagematerials von Hand mindestens 10 Einzelproben bei Rundballen (20 bei Quaderballen) gleichmäßig verteilt entnommen, vereinigt und vermischt und dann über die Vierteilungsmethode zur Endprobe (ca. 1 kg) reduziert. Die Restmenge des Ballens muss dann unmittelbar verfüttert werden, um einen Verderb zu verhindern.

Ist die Entnahme am geöffneten Ballen nicht möglich, wird bei der Beprobung **ungeöffneter Silageballen** wie folgt vorgegangen. Mit einem geeigneten Bohrstock werden bei Rundballen von außen nach innen radial alle Schichten des Ballens bis zur Ballenmitte hin einmal durchbohrt. Handelt es sich um Quaderballen wird an den gegenüberliegenden Längsseiten des Ballens je ein Bohrkern vom Ballenende bis zur Ballenmitte hin entnommen, um eine für den Ballen repräsentative Durchschnittsprobe zu gewinnen. Die Entnahmelöcher sind danach mit Silagematerial oder Stroh aufzufüllen und die Löcher in der Silofolie mit wasserdichtem Klebeband zu verschließen. Umfasst die Durchschnittsprobe mehr als 1 kg oder werden mehrere Ballen beprobt, so werden die erhaltenen Bohrproben ebenfalls gut durchmischt und über die Vierteilungsmethode reduziert. Verpackung und Transport entsprechen der Vorgehensweise bei Weide- und Wiesenaufwüchsen.

Auch **Saftfutter** wie beispielsweise Biertreber, Apfeltrester oder Pressschnitzel, die in Silos bzw. Mieten oder im Folienschlauch einsiliert werden, können analog zur Vorgehensweise bei Silagen beprobt werden.

Probenahme von Heu/Stroh

Heu sollte frühestens 8–12 Wochen nach der Ernte nach Abschluss des Reifeprozesses beprobt werden. Es ist möglich, sowohl ungeöffnete als auch geöffnete Heuballen zu beproben, da kein Risiko des Futterverderbs durch die Öffnung der Ballen entsteht. Die Probenahme am ungeöffneten Ballen erfolgt analog zur Vorgehensweise bei Silageballen. Aufgrund der besseren Zugänglichkeit und der einfacheren Entnahme wird die Probenahme am geöffneten Ballen empfohlen.

Die ausgebleichte Randschicht des Heuballens wird nicht beprobt, da diese durch den Transport-, Stapel- und Lagervorgang weniger Blattanteile im Vergleich zum übrigen Ballenmaterial enthält. Aus den übrigen Schichten des Heuballens werden bei Rundballen mit der Hand mindestens 10 einzelne Proben (je eine Hand voll) gleichmäßig verteilt von außen nach innen entnommen, bei quaderförmigen Big Ballen gleichmäßig verteilt von der einen zur anderen Ballenseite mindestens 20 Stück. Handelt es sich um HD-Ballen wird empfohlen, mindestens 5 Einzelproben über den gesamten Ballenquerschnitt hinweg gleichmäßig verteilt zu entnehmen. Die Einzelproben werden in einem sauberen Behältnis (z. B. Schubkarren) oder einer sauberen Plane zur

Sammelprobe zusammengeführt und über die Vierteilungsmethode zu einer Endprobe von ca. 250 g reduziert.

Bei Heu von betriebseigenen Flächen kann die Probenahme alternativ auch bereits während der Heuwerbung erfolgen. Hierzu wird entlang der Schwaden im Abstand von ca. 20 m jeweils eine Hand voll Probenmaterial (auf das entsprechende Verhältnis von Blatt- und Stängelanteilen achten) entnommen und in einem grobporigen Sack (Zwiebel- oder Kartoffelsack) gesammelt. Dieser wird während des Reifeprozesses im Heulager bei den Ballen belassen. Anschließend wird das Heu aus dem Sack entnommen, über die Vierteilungsmethode auf 250 g reduziert und für den Transport ins Labor entweder in eine Papiertüte oder direkt in einen Pappkarton gefüllt.

Die Probenahme von Stroh kann nach demselben Prinzip wie die Probenahme von Heu durchgeführt werden.

Probenahme von Kraftfutter

Bei der Lagerung von Getreide, Körnerleguminosen, Extraktionsschroten, Trockengrün etc. in Form von Schütthaufen werden an mehreren Stellen gleichmäßig verteilt über das Haufwerk hinweg einzelne Proben mittels einer Schaufel entnommen und in einem sauberen Behälter zu einer Sammelprobe vereinigt. Die Anzahl der Einzelproben ist dabei an den Dimensionen des Schütthaufens auszurichten.

Werden die zu beprobenden Einzelkomponenten bzw. das Mischfutter in Silos gelagert, wird eine Probenahme grundsätzlich aus dem fließendem Gut beim Auf- oder Abladen empfohlen. Ist dies nicht möglich, kann ein Teil des Futtermittels (ca. 50–100 kg) aus dem Silo in einen Behälter ausgelassen werden, aus dem im Anschluss die Probenahme einzelner Proben mittels Handschaufel erfolgt. Bei der Bildung von Sammelproben ist darauf zu achten, dass Grob- und Feinteile nicht voneinander separiert werden. Die Sammelprobe kann entweder direkt in einem Plastikbeutel verpackt an das Labor versandt werden oder sollte bei größeren Mengen (über 2 kg) nochmals vorher reduziert werden.

2.9 Vorgaben zur gentechnikfreien Fütterung

Große Teile der Bevölkerung lehnen die Erzeugung und den Konsum gentechnisch veränderter Produkte ab. Folglich werden in immer mehr Gebieten sogenannte gentechnikfreie Regionen ausgelobt. Auch verschiedene Molkereien und Qualitätssiegel wie beispielsweise das Qualitätszeichen Baden-Württemberg sehen einen verpflichtenden Standard „ohne Gentechnik“ bei der Fütterung vor. Davon betroffen sind gentechnisch veränderte Futtermittel wie Soja, Mais, Raps und Zuckerrübe in erster Linie aus Übersee, da derzeit innerhalb der Europäischen Union mit „Mon810“ lediglich gentechnisch veränderter Mais für den Anbau in der EU zugelassen ist.

Rechtliche Rahmenbedingungen zur gentechnikfreien Fütterung

- Gentechnikgesetz
- EG-Gentechnik-Durchführungsgesetz
- VO (EG) Nr. 1829/2003 über genetisch veränderte Lebensmittel und Futtermittel
- VO (EG) Nr. 1830/2003 Rückverfolgbarkeit und Kennzeichnung von GVO und Rückverfolgbarkeit von aus GVO hergestellten Lebens- und Futtermitteln

Für die praktische Fütterung bedeutet „ohne Gentechnik", dass Futtermittel, die gentechnisch veränderte Organismen (GVO) enthalten (z. B. eine Mischung aus gentechnisch veränderten Maiskörnern und nicht gentechnisch verändertem Getreide) oder daraus bestehen (z. B. gv-Maiskörner) oder aus GVO hergestellt werden (z. B. Sojaextraktionsschrot oder Sojaöl aus gv-Sojabohnen), nicht verfüttert werden dürfen.

Der Schaf- und Ziegenhalter kann dem Sackanhänger bzw. Lieferschein des Futtermittels entnehmen, ob GVO und Futtermittel, die aus GVO bestehen, diese enthalten oder daraus hergestellt sind, in seinem Futter enthalten sind, da hierfür eine verpflichtende Positivkennzeichnung besteht.

Von der Kennzeichnung ausgenommen sind Futtermittel und Zusatzstoffe, die lediglich mithilfe von GVO hergestellt werden wie beispielsweise Vitamine und Aromen, die von gentechnisch veränderten Mikroorganismen produziert wurden.

Auf freiwilliger Basis besteht in Deutschland außerdem die Möglichkeit, Futtermittel und Lebensmittel mit dem Zusatz „ohne Gentechnik" auszuloben. Die Markenrechte für das bundeseinheitliche Siegel wurden an den Verband Lebensmittel ohne Gentechnik (VLOG) übertragen.

Formulierungen der verpflichtenden Positivkennzeichnung auf dem Sackanhänger

„enthält genetisch veränderte..."

„aus gentechnisch veränderten ...hergestellt"

„genetisch verändert"

Formulierungen der freiwilligen Negativkennzeichnung auf dem Sackanhänger

„geeignet zur Herstellung von „ohne Gentechnik" gekennzeichneten Lebensmitteln"

„VLOG geprüft"

2.10 Besondere Vorgaben für ökologisch wirtschaftende Betriebe

Die Futtergrundlage in der ökologischen Landwirtschaft besteht aus ökologisch erzeugten Futtermitteln. Gesetzliche Grundlagen für ökologisch wirtschaftende Betriebe sind in der sogenannten EG-Öko-Basis-Verordnung VO (EG) Nr. 834/2007 sowie in der VO (EG) Nr. 889/2008 mit Durchführungsvorschriften zur Verordnung VO (EG) Nr. 834/2007 über die ökologische Produktion und die Kennzeichnung von ökologischen Erzeugnissen aufgeführt.

Für die ökologische Schaf- und Ziegenfütterung gibt es folgende Vorgaben:

- Der Raufutteranteil (frisch, getrocknet, siliert) muss bezogen auf die Trockenmasse mindestens 60 % der Tagesration betragen.
- Die Aufzucht der Lämmer und Kitze erfolgt auf Basis natürlicher Milch, die Tränkedauer beträgt bei Schafen und Ziegen mindestens 45 Tage.
- Antibiotische Leistungs- bzw. Wachstumsförderer, synthetisch hergestellte Vitamine und Aminosäuren, gentechnisch veränderte Organismen und deren Derivate dürfen nicht verwendet werden.

Unter bestimmten Umständen ist die Fütterung von **nichtökologischen Futtermitteln in begrenztem Umfang** gestattet, so beispielsweise während der Wander- bzw. Hüteperiode dürfen Schafe und Ziegen beim Umtrieb auf eine andere Weidefläche konventionelles Grünfutter aufnehmen. Dabei muss eine Obergrenze von maximal 10 % der Trockenmasse der jährlichen Futterration eingehalten werden. Außerdem erlaubt ist der Einsatz von Gewürzen, Kräutern und Melassen aus nicht-ökologischer Produktion bzw. Herstellung, wenn diese in ökologisch erzeugter Form nicht auf dem Markt erhältlich sind und ohne chemische Lösungsmittel produziert oder aufbereitet wurden. Bei Einsatz der genannten Futtermittel gilt ein Maximum von 1 % der Futterration bezogen auf die Trockenmasse.

Darüber hinaus können folgende Stoffe und Erzeugnisse in der Fütterung von Schafen und Ziegen eingesetzt werden:

- Meersalz oder Steinsalz
- Futtermittelzusatzstoffe gemäß Anhang VI der VO (EG) Nr. 889/2008, die nach Verordnung (EG) Nr. 1831/2003 zugelassen sind
- Futtermittelausgangserzeugnisse mineralischen Ursprungs nach Anhang V Abschnitt 1 der VO (EG) Nr. 889/2008 (z. B. Kalziumcarbonat (Kalk), Natriumchlorid (Viehsalz))
- Erzeugnisse und Nebenerzeugnisse der Vergärung von Mikroorganismen, deren Zellen inaktiviert oder abgetötet wurden (z. B. Saccharomyces cerevisiae (Bierhefe))

Neben den gesetzlichen Vorgaben der EG-Öko-Basis-Verordnung und der VO (EG) Nr. 889/2008 haben die einzelnen Verbände des ökologischen Landbaus wie beispielsweise Bioland, Demeter oder Naturland darüber hinausgehende Richtlinien für ihre Mitglieder erlassen. So ist beispielsweise nach den Vorgaben von Bioland die ganzjährige Silagefütterung bei Schafen und Ziegen nicht erlaubt, stattdessen ist im Sommer für ausgewachsene Tiere (ausgenommen Zuchtböcke) Weidegang verpflichtend vorgeschrieben. Sind Weideflächen nicht in einem ausreichenden Umfang vorhanden, müssen die Schafe und Ziegen in der Vegetationszeit überwiegend mit Grünfutter gefüttert werden (Bioland, 2017).

3 Fütterung der Schafe

G. BELLOF

3.1 Mutterschafe

3.1.1 Fütterungsgrundsätze

Zielsetzung

Das Ziel der Mutterschafhaltung ist die Produktion von Lämmern. Ein hohes Ablamm- und Aufzuchtergebnis trägt entscheidend zur Wirtschaftlichkeit bei. Mutterschafe stellen nur für relativ kurze Zeitspannen (Hochträchtigkeit und Säugezeit) erhöhte Ansprüche an die Fütterung und Haltung. Eine Missachtung dieser Ansprüche führt aber zu erheblichen Leistungseinbußen und damit zu verminderter Wirtschaftlichkeit.

Bei entsprechendem Management (zeitlich dichtgedrängte Ablammungen, kurze Säugezeiten) lassen sich Mutterschafe in den sonstigen Zeiten (Leistungsstadien) extensiv halten und füttern. Für die Landschaftspflege sollten somit vorzugsweise leere sowie niedertragende Mutterschafe zum Einsatz kommen.

Die Ziele in der Ernährung von Mutterschafen sind eine hohe Fruchtbarkeits- und Aufzuchtleistung. Dies lässt sich insbesondere über eine bedarfsgerechte Fütterung realisieren. Hierbei ist Folgendes zu beachten:

- Die Fütterung erfolgt gruppenbezogen.
- Die Fütterung ist nach verschiedenen Leistungsstadien zu differenzieren.
- Eine bedarfsgerechte Fütterung innerhalb der Herde ist nur möglich, wenn sich die Tiere im selben Leistungsstadium befinden.

Ernährungsziele von Mutterschafen sind eine hohe Fruchtbarkeits- und Aufzuchtleistung, was sich durch bedarfsgerechte Fütterung realisieren lässt.

Fütterung während der Deckperiode

Die Deckperiode umfasst den Zeitraum 4 Wochen vor bis 4 Wochen nach Beginn der Decksaison (mind. 5 Wochen = Verlauf von 2 Brunstperioden). Ein **Futterwechsel** am Beginn der Deckperiode fördert das Auftreten der Brunst. Eine über dem Erhaltungsbedarf liegende Nährstoffversorgung soll in diesem Fütterungsabschnitt einen Anstieg des Körpergewichts bewirken. Weiterhin lassen sich durch gezielte Energiezulagen gesteigerte Ovulationsraten erreichen (**Flushing-Effekt**).

Fütterung während der Tragezeit

Die Tragezeit wurde früher in der deutschsprachigen Literatur in 2 Abschnitte untergliedert. Nach neueren Empfehlungen aus dem englischsprachigen Raum sollten für diese Zeitspanne 3 Fütterungsabschnitte betrachtet werden.

Im **1. Drittel** der Trächtigkeit (die ersten 50 Tage) sollte die Fütterung von Mutterschafen mit optimaler Körperkondition auf **Höhe**

des Erhaltungsbedarfs liegen. Eine energetische Unterversorgung ist ebenso zu vermeiden wie eine Überversorgung.

Zu hohe Tageszunahmen in den ersten 6 Trächtigkeitswochen sowie Vitamin-E- und Selenmangel können das Plazentawachstum hemmen und den Embryo gefährden.

Untersuchungen haben gezeigt, dass hohe Tageszunahmen in den ersten 6 Wochen der Trächtigkeit (mehr als 300 g) zu einer Wachstumshemmung des Mutterkuchens (Plazenta) und seiner Funktion führen. Hiervon hängt das embryonale Überleben der Föten ab, da diese über die Plazenta ernährt werden. In diesem Zusammenhang muss auch auf die Rolle von Vitamin E und dem Spurenelement Selen auf das Plazentawachstum hingewiesen werden. Ein Mangel an diesen Stoffen kann somit ebenfalls die embryonale Überlebensrate vermindern.

Im **2. Drittel** der Trächtigkeit (vom 50. bis 100. Tag) sollte die Energieversorgung **unter dem Erhaltungsbedarf** liegen. Wie australische Untersuchungen belegen, fördert diese Strategie bei durchschnittlich konditionierten Schafen die Ausreifung der Plazenta und somit die späteren Geburtsgewichte der Lämmer. Bei Mutterschafen in schlechter Körperkondition wird aber genau das Gegenteil erreicht, d. h. die Lämmer weisen geringere Geburtsgewichte auf. Bei zu guter Versorgung der Schafe in diesem Zeitabschnitt der Trächtigkeit kann die Sterblichkeit in den ersten Stunden nach der Geburt erhöht sein, weil die Lämmer durch die Plazenta schlechter versorgt waren. Als Ursache für die schlechte Entwicklung der Plazenta ist der niedrige Progesterongehalt (Trächtigkeitsschutzhormon) infolge einer überreichlichen Nährstoffversorgung des Mutterschafes zu sehen.

Im **3. Drittel** der Trächtigkeit (vom 100. bis 150. Tag = hochtragende Zeit) sollte die Energieversorgung **über dem Erhaltungsbedarf** liegen. In diesem Trächtigkeitsabschnitt kommt einer ausreichenden Energieversorgung eine entscheidende Bedeutung zu. Versuchsergebnisse zeigen, dass sich durch eine ausreichende Energieversorgung der Mutterschafe am Ende der Tragezeit die Geburtsgewichte der Lämmer positiv beeinflussen lassen. Allerdings sollte man hierbei die optimalen Geburtsgewichte für die jeweilige Rasse anstreben. Eine mangelhafte Nährstoffzufuhr in den letzten Trächtigkeitswochen kann zur sogenannten **Trächtigkeitstoxämie** führen. Diese auch als Zwillingslämmerkrankheit bezeichnete Erkrankung ist auf einen akuten Glukosemangel zurückzuführen. Die Symptome sind denen der Azetonämie ähnlich (s. auch Kapitel 5).

Fütterungsfehler, die im 1. und 2. Drittel der Trächtigkeit begangen werden, lassen sich im letzten Drittel nicht wieder ausgleichen.

Eine Satt-Fütterung von stark unterkonditionierten Mutterschafen in dieser Zeitspanne ist abzulehnen, da das Muttertier die damit verbundenen Energieüberschüsse im mütterlichen Fettgewebe ansetzt und nicht in das des ungeborenen Lammes. In diesem Zusammenhang ist das sogenannte „Braune Fettgewebe“ beim Lamm zu erwähnen. Diese Fettreserve ist für das Lamm in den ersten Lebenstagen für das Überleben sehr wichtig, da es zunächst nur sehr wenig Milch und damit Energie aufnehmen kann.

Auf die **Proteinversorgung** muss zum Ende der Trächtigkeit besonderes Augenmerk gelegt werden. Die schwefelhaltigen Aminosäuren

(Eiweißbausteine) sind hierbei die erstbegrenzenden Faktoren für das fötale Wachstum. Besonders Schafe, die Zwillinge oder Drillinge austragen, benötigen hohe Gehalte an pansenstabilem Protein (UDP) mit hohen Anteilen an schwefelhaltigen Aminosäuren (insbesondere Zystein/Zystin; s. auch Kapitel 1.6). Untersuchungen haben gezeigt, dass eine Unterversorgung mit diesen Aminosäuren im 3. Trächtigkeitsabschnitt beim ungeborenen Lamm zur schlechteren Ausbildung der Wollfollikel führt. Diese Tiere haben im späteren Erwachsenenalter eine schlechtere Wollausbildung.

Fazit für die Praxis

- Im 1. Drittel der Trächtigkeit (die ersten 50 Tage) sollte die Fütterung von Mutterschafen mit optimaler Körperkondition auf Höhe des Erhaltungsbedarfs liegen.
- Im 2. Drittel der Trächtigkeit (vom 50. bis 100. Tag) sollte die Energieversorgung bei durchschnittlich konditionierten Schafen unter dem Erhaltungsbedarf liegen.
- Im 3. Drittel der Trächtigkeit (vom 100. bis 150. Tag = hochtragende Zeit) sollte die Energieversorgung über dem Erhaltungsbedarf liegen.

Fütterung während der Laktation

Die Säugeperiode (Laktation) kann einen Zeitraum von 8 Wochen (Frühentwöhnung der Lämmer) bis 16 Wochen (natürliche Lämmeraufzucht) umfassen. Aus Gründen der Nährstoffeffizienz ist eine Begrenzung der Säugezeit auf 8 Wochen zu empfehlen. Die Milchleistung der Mutterschafe beträgt rasseabhängig ca. 150 kg pro Tier und Laktation. Sie wird außerdem durch die Zahl der Lämmer maßgeblich beeinflusst. So steigt bei Zwillingen die Tagesleistung um ca. 50 % an. Unter solchen Bedingungen ist der **Nährstoffbedarf der Mutterschafe deutlich erhöht** – besonders im 1. Laktationsabschnitt (2. bis 4. Laktationswoche). Ein Körpergewichtsverlust von maximal 15 % im Laufe der Laktationsperiode ist bei Schafen in guter Ausgangskondition aber durchaus zu akzeptieren (Abb. 3.1) (vgl. Hinweise in Kapitel 3.1.2).

Fütterung während der Erholungsperiode (Güstzeit)

In dieser Phase sollen die während der Laktation angegriffenen Körperreserven wieder aufgebaut werden. Bei stark abgesäugten Schafen sollte die Energieversorgung **über dem Erhaltungsbedarf** liegen. Ansonsten reicht eine Fütterung auf dem **Erhaltungsniveau** aus.

Eigene Untersuchungen haben gezeigt, dass sich mithilfe von periodisch durchgeführten Ultraschallmessungen plausible Rückschlüsse auf die Körperkondition ziehen lassen.

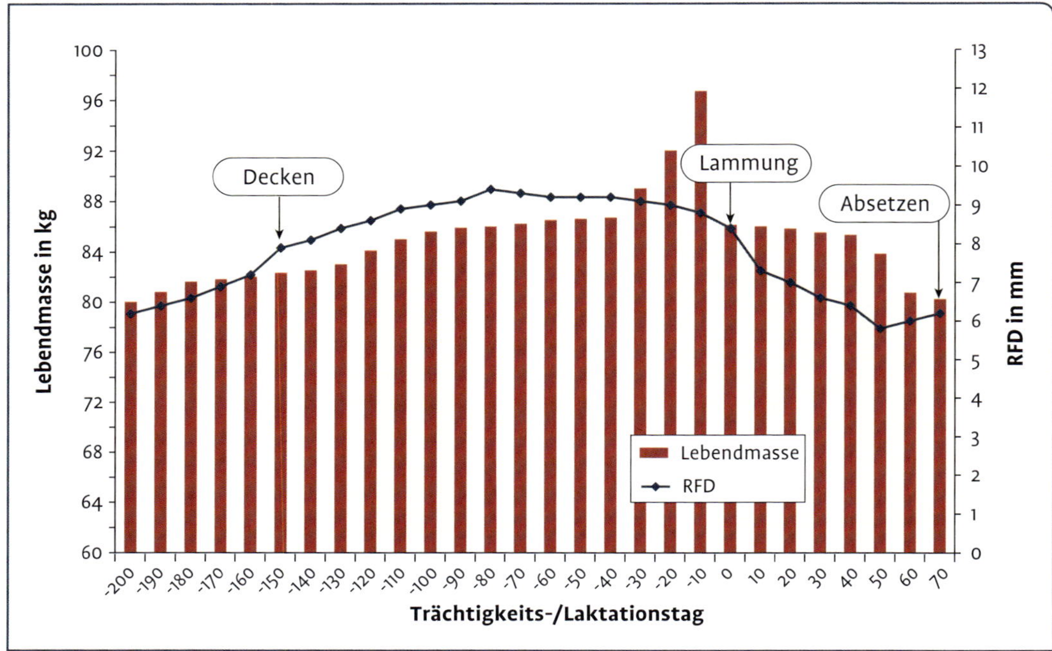

Abb. 3.1 Durchschnittlicher Verlauf von Lebendmasse (kg) und Rückenfettdicke (RFD, in mm) von Mutterschafen (Merinolandschaf) in einen Reproduktionszyklus (Quelle: Bellof et al. 2007).

3.1.2 Praktische Durchführung der Mutterschaffütterung

3.1.2.1 Futteraufnahme und Körperkondition

Nachfolgend sollen **praktische Beispiele** die bedarfsgerechte Versorgung von Mutterschafen zeigen. Ausgangspunkt für eine zielgerichtete Fütterung ist die realistische Einschätzung der täglichen Futteraufnahme. Diese wird zur besseren Vergleichbarkeit in kg Trockenmasse (TM) pro Tier und Tag angegeben. In eigenen Untersuchungen (Jahn 2008) mit Mutterschafen der Rasse Merinolandschaf (Durchschnitt 105 kg Lebendmasse; LM) konnte in der hochtragenden Phase eine durchschnittliche tägliche Futteraufnahme von 2,4 kg TM ermittelt werden. Für die Laktation ergab sich für diese Tiere (95 kg LM) eine Futtertrockenmasseaufnahme von durchschnittlich 3,3 kg (Abb. 3.2). Diese Ergebnisse deuten darauf hin, dass durch die in den zurückliegenden Jahren erfolgte Zucht auf Großrahmigkeit das Futteraufnahmevermögen dieser Rasse erheblich angestiegen ist. Dieser Sachverhalt sollte für eine hohe Grobfutteraufnahme genutzt werden.

Unsere eigenen, weitergehenden Untersuchungen (Brugger 2009) sowie die aktuelle Studie von Blechmann et al. (2017) mit Mutterschafen der Rasse „Deutsches Schwarzköpfiges Fleischschaf" (SKF) zeigen, dass auch Tiere dieser Herkunft sehr hohe Lebendmassen aufweisen und somit eine hohe Futteraufnahme unter den Bedingungen der Stallfütterung realisieren können.

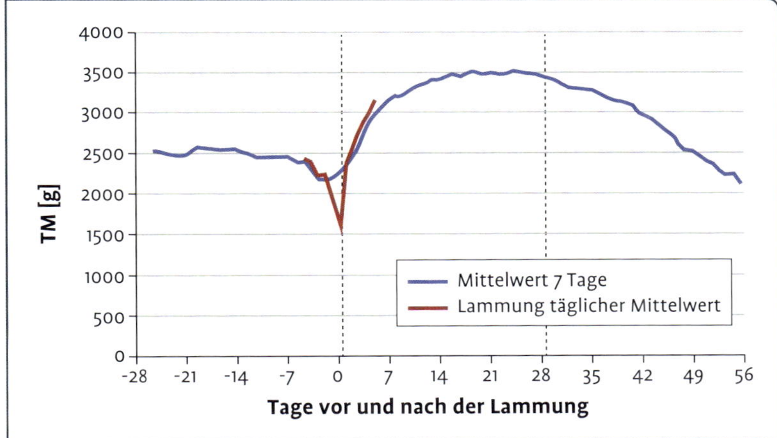

Abb. 3.2 Verlauf der durchschnittlichen täglichen Futteraufnahme (in g Trockenmasse; TM) von hochtragenden und laktierenden Mutterschafen der Rasse Merinolandschaf (Quelle: Jahn 2008).

In dem von Brugger (2009) durchgeführten Fütterungsversuch wurden laktierende Mutterschafe (in den ersten 28 Tagen ihrer Säugezeit) hinsichtlich Energie (ME) und Protein (nXP bzw. XP) entweder nach den Empfehlungen der GfE (Gesellschaft für Ernährungsphysiologie, 1996) (= normal) oder ca. 20 % unter diesem Niveau (= niedrig) versorgt. Die Tiere der Gruppe „normal" nahmen mehr Futter (3,5 kg TM pro Tier und Tag) und damit höhere Tagesmengen an ME und nutzbarem Protein auf als diejenigen der Gruppe „niedrig" (2,6 kg TM pro Tier und Tag). Trotzdem zeigten sich keine Unterschiede hinsichtlich der Gewichtsentwicklung der gesäugten Lämmer. Die Lämmer beider Gruppen erreichten innerhalb von 28 Tagen Lebendmassen von fast 16 kg, bei jeweils ähnlichen Geburtsgewichten von ca. 6 kg. Die Muttertiere der Gruppe „normal" konnten innerhalb der Säugezeit ihre Lebendmasse von 115 kg auf 120 kg steigern, während die Tiere der Vergleichsgruppe nur geringfügig Gewicht abnahmen (von 110,3 kg auf 109,8 kg).

Unterschiede zeigten sich allerdings bei den untersuchten Rückenfettdicken. Die „niedrig" versorgten Mutterschafe bauten deutlich mehr Rückenfett ab als die „normal" versorgten Tiere. Der starke Körperfettabbau spiegelte sich bei diesen Muttertieren in einem deutlich erhöhten Milchfettgehalt wider (7,55 % zu 6,15 % Fett sowie 5,40 % zu 5,25 % Eiweiß). Mutterschafe versuchen also in der Säugezeit, zunächst ihre Lämmer optimal zu versorgen. Sie sind in der Lage, die erforderlichen Nährstoffe auch aus dem eigenen Fettdepot zu mobilisieren. Dabei ist ein interessantes Detail festzuhalten: Die Rückenfettdicke bildet diesen Vorgang genauer ab als die Lebendmasseveränderung. Dies bestätigen auch die Verlaufskurven in Abbildung 3.1.

Fazit für die Praxis

Die Studie von Brugger (2009) zeigte, dass Mutterschafe in der Säugezeit versuchen, zunächst ihre Lämmer optimal zu versorgen. Die erforderlichen Nährstoffe können die Mutterschafe auch aus dem eigenen Fettdepot mobilisieren, wenn die Energieversorgung über die Nahrung zu gering ist. Interessant dabei ist, dass die Rückenfettdicke diesen Vorgang genauer abbildet als die Lebendmasseveränderung. Die Gewichtsentwicklung der Lämmer weist keine Unterschiede auf, egal ob das Mutterschaf nach „Norm" oder darunter versorgt wurde.

In allen von uns durchgeführten Studien mit laktierenden Mutterschafen wurde trotz hoher Leistung (überwiegend Zwillinge mit hohem Tageszuwachs) kein hoher Verlust an Lebendmasse beobachtet. Die aktuelle Studie von Blechmann et al. (2017) bestätigt diese Ergebnisse. In älteren Lehrbüchern (z. B. Schlolaut und Wachendörfer 1992) wird für Mutterschafe in der Säugezeit (hier unterstellt: 8 Wochen) ein tolerierbarer Lebendmasseverlust von 15 % genannt (dies entspricht bei einem Mutterschaf, das nach der Ablammung mit 90 kg LM in die Laktation startet, einem Verlust von 14 kg). Solche Toleranzangaben haben für großrahmige Mutterschafe von Rassen, die gezielt auf Fleischansatz gezüchtet wurden, offenbar keine Gültigkeit.

Praxis-Tipp

Statt der aufwendig und unter Praxisbedingungen eher ungenau zu erfassenden Tiergewichte, sollte man in professionell geführten Schafherden regelmäßig und stichprobenartig die Rückenfettdicken erheben. Diese Maßnahme lässt sich für ein professionelles Herdenmanagement und Fütterungscontrolling nutzen (s. auch Kapitel 3.5.3).

Die in Tabelle 3.1 ausgewiesenen Daten zur Futteraufnahme (kg TM pro Tier und Tag) in den einzelnen Leistungsstadien basieren auf älteren schweizerischen Angaben (Kessler 2003), die eher für Mutterschafe mittelrahmiger Rassen (60–80 kg LM) angenommen werden sollten, sowie den oben zitierten Untersuchungen an großrahmigen Rassen. Ergänzt werden diese Daten durch US-amerikanische Angaben (NRC 2007) und Werte für kleinrahmige Rassen (40–50 kg LM). Hierunter fallen viele Landschafrassen.

Eine hohe tägliche Futteraufnahme der Mutterschafe setzt voraus, dass die Tiere jederzeit freien Zugang zu Wasser von einwandfreier Qualität haben. Nach Blechmann et al. (2017) nehmen hochtragende Mutterschafe der Rasse SKF (120 kg LM) täglich etwa 5 l Wasser auf. Bei laktierenden SKF-Mutterschafen (110 kg LM) beträgt die tägliche Wasseraufnahme sogar 10 l. Dabei wurde eine durchschnittliche „theoretische" Tagesmilchleistung von 3 kg pro Mutterschaf ermittelt (Säugedauer 28 Tage, Zwillinge).

Tab. 3.1 Tägliche Futteraufnahme (kg Trockenmasse pro Tier und Tag) von Mutterschafen, differenziert nach Rassen (Lebendmassen) und Leistungsstadien.

Leistungsstadium	kleinrahmige Rassen	mittelrahmige Rassen		großrahmige Rassen	
	(40–50 kg LM)[2]	(60–80 kg LM)[1]	(70 kg LM)[2]	(90–110 kg LM)[3]	(100 kg LM)[2]
Leer-(Güst-)zeit	0,8	1,3	1,2	2,0	1,5
Deckzeit	0,9	–	1,3	–	1,7
Tragezeit (1.–3. Monat)*	1,2 (1,1)**	1,3	1,7 (1,5)**	2,0	2,2 (1,9)**
Tragezeit (4.–5. Monat)*	1,3 (1,2)**	1,5	1,8 (1,8)**	2,5 (2,4)**	2,9 (2,3)**
Säugezeit (1. Monat)*	1,5 (1,2)**	1,4–2,3	2,0 (2,0)**	3,0 (2,6)**	2,5 (2,5)**
Säugezeit (2. Monat)*	1,6 (1,3)**	1,6–2,3	2,1 (1,8)**	3,4 (2,8)**	2,7 (2,2)**

* Zwillinge ** Einling LM = Lebendmasse Quellen: [1] Kessler 2003; [2] NRC 2007; [3] Jahn 2008, Brugger 2009

3.1.2.2 Richtwerte zur Energie-, Protein- und Mineralstoffversorgung

Die Richtwerte für die Fütterung von Mutterschafen sind in den Tabellen 3.2 bis 3.5 dargestellt. Die dort aufgeführten Zahlen für die Rohprotein- und ME-Versorgung beziehen sich auf die Empfehlungen der Gesellschaft für Ernährungsphysiologie (GfE 1996). Die Angaben zur Mineralstoffversorgung (Mengenelemente) von Mutterschafen, differenziert nach Lebendmassen und Leistungsstadien, sind der Tabelle 3.5a zu entnehmen. Die entsprechende Darstellung der Spurenelemente findet sich in Tabelle 3.5b). Die Angaben zur Mineralstoffversorgung sind an die nordamerikanischen Empfehlungen (NRC 2007) angelehnt.

3.1.2.3 Rationsgestaltung

In der güsten und niedertragenden Zeit kann man bei normal konditionierten Mutterschafen auf den Einsatz von Kraftfutter verzichten. Im letzten Trächtigkeitsabschnitt sollte insbesondere bei Zwillingsträchtigkeiten eine erhöhte Fütterungsintensität angestrebt werden. Auf Kraftfutter lässt sich somit nicht verzichten.

Praxis-Tipp

Bei großrahmigen Tieren (90 kg LM) kann man von einer täglichen Trockenmasseaufnahme von 2 kg pro Tier ausgehen. In Abhängigkeit von der Grobfutterqualität sind tägliche Kraftfuttergaben von 250–500 g einzusetzen.

Mutterschafe, die mit Zwillingslämmern trächtig sind oder diese säugen, benötigen eine sehr intensive Ernährung (Futteraufnahme: mehr als 3 kg Trockenmasse/Tag).

Mutterschafe, die **Zwillingslämmer säugen**, müssen sehr intensiv ernährt werden. Dies gilt insbesondere für die ersten 4 Laktationswochen. Nur bei der unterstellten hohen Futteraufnahme (mehr als 3 kg Trockenmasse/Tag), ist eine annähernd bedarfsgerechte und wiederkäuergerechte Fütterung möglich (unterstellt: mind. 17 % Rohfaser in der TS der Gesamtration). Grobfutterrationen mit guter Qualität bedürfen einer Kraftfutterergänzung von ca. 1,5 kg pro Tier und Tag,

Tab. 3.2 Empfehlungen zur täglichen Energie- (ME) und Rohproteinversorgung (XP) von leeren (güsten) und niedertragenden Mutterschafen bei unterschiedlicher Lebendmasse.

Leistungsstadium	60 kg LM		70 kg LM		80 kg LM		90 kg LM	
	ME (MJ)	XP (g)	ME (MJ)	XP (g)	ME (MJ)	XP (g)	ME (MJ)	XP (g)
Erhaltung oder leer (güst)	9,3	70	10,4	80	11,5	90	12,6	100
niedertragend	9,3	105	10,4	115	11,5	125	12,6	135

Quellen: DLG 1997, nach GfE 1996; ergänzt

Tab. 3.3 Empfehlungen zur täglichen Energie- (ME) und Rohproteinversorgung (XP) von hochtragenden Mutterschafen bei unterschiedlicher Lebendmasse.

Leistungsstadium		70 kg LM		80 kg LM		90 kg LM		100 kg LM		110 kg LM	
		ME (MJ)	XP (g)	ME (MJ)	XP (g)	ME (MJ)	XP (g)	ME (MJ)	XP (g)	ME (MJ)	XP (g)
Föten	LM Geburt (kg)										
1	3	12,9	145	14	155	–	–	–	–	–	–
	5	14,6	145	15,7	155	16,8	165	17,9	175	19,0	180
2	3	15,4	180	16,5	190	17,6	200	18,7	210	19,8	220
	5	18,7	180	19,8	190	20,9	200	22,0	210	23,1	220

Quellen: DLG 1997, nach GfE 1996; ergänzt

Tab. 3.4 Empfehlungen zur täglichen Energie- (ME) und Rohproteinversorgung (XP) von laktierenden Mutterschafen bei unterschiedlicher Lebendmasse.

Leistungsstadium	70 kg LM		80 kg LM		90 kg LM		100 kg LM	
	ME (MJ)	XP (g)	ME (MJ)	XP (g)	ME (MJ)	XP (g)	ME (MJ)	XP (g)
Milchmenge (kg/Tag)								
1	18,4	220	19,5	230	20,6	240	21,7	250
2	26,4	360	27,5	370	28,6	380	29,7	390
3	34,4	500	35,5	510	36,6	520	37,7	530
(4)	42,4	640	43,5	650	44,6	660	45,7	670

Quellen: DLG 1997, nach GfE 1996; ergänzt

Tab. 3.5a Empfehlungen zur täglichen Mengenelementversorgung von Mutterschafen (70 kg bzw. 100 kg LM; Angaben in g).

Leistungsstadium	Kalzium Ca	Phosphor P	Magnesium Mg	Natrium Na	Kalium K	Schwefel S
70 kg Lebendmasse (LM)						
Leerzeit (Erhaltung)	2,4	2,0	1,3	0,8	6,4	1,9
Tragezeit* (bis 105. Trächtigkeitstag)	6,5	4,6	1,7	1,1	8,1	2,7
Tragezeit* (ab 106. Trächtigkeitstag)	8,8	5,3	2,0	1,0	8,5	2,9
Säugezeit* (1.–8. Woche)	7,9	6,9	2,7	1,5	11,0	3,2
Säugezeit* (9.–16. Woche)	5,0	4,6	1,9	1,1	9,6	3,2
100 kg Lebendmasse (LM)						
Leerzeit (Erhaltung)	3,0	2,7	1,8	1,2	3,7	2,5
Tragezeit* (bis 105. Trächtigkeitstag)	7,9	5,9	2,3	1,4	10,8	3,4
Tragezeit* (ab 106. Trächtigkeitstag)	11,3	7,7	2,6	1,3	12,8	4,6
Säugezeit* (1.–8. Woche)	9,5	8,5	3,5	2,0	14,2	4,0
Säugezeit* (9.–16. Woche)	6,2	5,9	2,5	1,5	12,6	4,1

* Zwillinge

Quelle: NRC 2007; ergänzt

Tab. 3.5b Empfehlungen zur täglichen Spurenelementversorgung von Mutterschafen (70 kg bzw. 100 kg LM; Angaben in mg pro Tier und Tag).

Leistungsstadium (Lebendmasse)	Eisen Fe	Zink Zn	Mangan Mn	Kupfer Cu	Jod J	Selen Se
70 kg Lebendmasse (LM)						
Leerzeit (Erhaltung)	10	36	19	4,7	0,6	0,06
Tragezeit* (bis 105. Trächtigkeitstag)	56	58	43	12,3	0,9	0,14
Tragezeit* (ab 106. Trächtigkeitstag)	56	58	43	12,3	0,9	0,14
Säugezeit* (1.–8. Woche)	24	88	28	12,5	1,6	0,74
Säugezeit* (9.–16. Woche)	22	60	25	9,3	1,6	0,36
100 kg LM						
Leerzeit (Erhaltung)	14	51	27	6,7	0,8	0,08
Tragezeit* (bis 105. Trächtigkeitstag)	69	78	56	15,9	1,1	0,18
Tragezeit* (ab 106. Trächtigkeitstag)	69	78	56	15,9	1,4	0,18
Säugezeit* (1.–8. Woche)	32	113	38	16,3	2,0	0,89
Säugezeit* (9.–16. Woche)	28	80	34	12,6	2,0	0,44

* Zwillinge

Quelle: NRC 2007; ergänzt

um eine hohe Leistung (3 kg Milch) zu erreichen. Bei einem geringeren Kraftfutterangebot muss ein verstärkter Lebendmasseabbau in Kauf genommen werden.

Mit zurückgehender Säugeleistung (ab der 5. Laktationswoche) kann die Fütterungsintensität wieder abgesenkt werden, d. h. die Kraftfuttermenge kann reduziert werden. Rationsbeispiele für tragende und laktierende Mutterschafe sind in den Tabellen 3.6 und 3.7 angegeben.

In den Rationen, in denen keine oder geringe Tagesmengen einer Kraftfuttermischung zum Einsatz kommen (s. auch Tab. 3.21), muss

Tab. 3.6 Rationsbeispiele für hochtragende Mutterschafe (90 kg LM, Zwillingsträchtigkeit, jeweils 4 kg Geburtsgewicht).

Futtermittel	Rationstyp (Tagesmengen in kg FM/Tier)		
	A	B	C
Stroh	–	0,4	–
Heu (1. Aufwuchs)	0,4	–	1,0
Grassilage (1. Aufwuchs)	1,7	–	2,0
Maissilage (350 g TM)	1,7	4,0	–
Rapsextraktionsschrot	–	0,2	–
Gerste	0,4	–	0,5
Futteraufnahme (kg TM/Tier und Tag)	1,9	2,0	2,0
Rohfaserversorgung (% in der TS)	22,0	22,8	24,9

Tab. 3.7 Rationsbeispiele für laktierende Mutterschafe (80 kg LM, Zwillingslämmer, 3 kg Milch/Tag).

Futtermittel	Rationstyp (Tagesmengen in kg FM/Tier)		
	D	E	F
Stroh	–	0,4	–
Heu (1. Aufwuchs)	0,4	–	0,2
Grassilage (1. Aufwuchs)	2,0	–	4,0
Maissilage	2,0	4,0	–
Kraftfuttermischung[1]	1,6	0,8	0,9
Ackerbohnen	–	0,8	–
Gerste	–	–	0,9
Futteraufnahme (kg TM/Tier und Tag)	3,1	3,1	3,1
Rohfaserversorgung (% in der TS)	18,0	17,7	17,4

[1] Zielwerte: 18 % Rohprotein und 10,8 MJ ME/kg Kraftfuttermischung (vgl. Tab. 3.21)

Tab. 3.8 Einsatzempfehlungen für Körnerleguminosen in der Schaffütterung (Mischungsanteil in % der Kraftfuttermischung).

Tiergruppe	Ackerbohnen (weiß)	Erbsen	Blaue Lupinen	Sojabohnen[1]	Sojakuchen[1]
Mutterschafe (laktierend)	20–30	20–45	20–30	15	20
Lämmer (Aufzucht, Mast)	20–30	20–30	30	15	20

[1] wärmebehandelt

Quelle: Bellof et al. 2013

die zusätzliche Mineralstoffversorgung beachtet werden. Hierbei sind spezielle **Mineralfuttermischungen** für Mutterschafe einzusetzen. Die konkreten Tagesgaben sind den Herstellerangaben zu entnehmen. Ein Beispiel für eine ökokonforme Kraftfuttermischung wird in der Tabelle 3.21 (Mischung II) dargestellt. Diese Mischung basiert auf den heimischen Eiweißfuttermitteln Ackerbohnen und Sojakuchen.

Ackerbohnen, Erbsen oder Lupinen weisen nur begrenzte UDP-Anteile auf (s. Kapitel 2.6.1). Insbesondere bei der Fütterung hochtragender und laktierender Mutterschafe ist eine ausreichende Versorgung mit UDP sowie schwefelhaltigen Aminosäuren sicherzustellen. Somit sollte man beim Einsatz erhöhter Tagesmengen an Ackerbohnen, Erbsen oder Lupinen auf die Versorgung mit diesen Aminosäuren achten.

Ackerbohnen, Erbsen und Lupinen haben nicht viel UDP. Achten Sie v. a. bei hochtragenden und laktierenden Schafen auf eine gute UDP- und Aminosäureversorgung.

Australische Untersuchungen konnten zeigen, dass bei der Verwendung von Lupinen das **Reinwollgewicht** bei Merino-Mutterschafen nur etwa 50 % des Niveaus der mit Rapsextraktionsschrot (geschützt) gefütterten Vergleichsgruppe erreichte. Eine Zugabe von pansengeschütztem Methionin zu Lupinen führte zu einem erhöhten Reinwollgewicht.

Aufgrund vorliegender Versuche und Erfahrungen können für die Fütterung laktierender Mutterschafe die in Tabelle 3.8 dargestellten Empfehlungen für den Einsatz von **Körnerleguminosen** ausgesprochen werden. Dort sind auch Mischungsanteile für **Sojabohnen** und daraus hergestellten **Sojakuchen** aufgeführt. Solche Sojabohnen werden aktuell im süddeutschen Raum vermehrt angebaut und auch in der Fütterung von Schafen eingesetzt.

Bei der Fütterung von Sojabohnen wirken die hohen Fettgehalte einsatzbegrenzend.

Eine **tierindividuelle Kraftfutterzuteilung** ist nur in kleinen Herden (Koppelschafhaltung) praktikabel. In größeren Mutterschafbeständen muss die Betreuung und Fütterung **gruppenbezogen** erfolgen. Eine bedarfsgerechte Versorgung der Tiere ist nur dann möglich, wenn sich alle Tiere in der Herde im gleichen Reproduktionsstatus befinden. Somit gewinnt die Forderung nach einer zeitlich dicht gedrängten Decksaison eine besondere Bedeutung für die Fütterung. Eine Teilung der Herde während der Laktationsperiode nach Schafen mit Einlings- bzw. Mehrlingsgeburten ermöglicht eine weitergehende Differenzierung in der praktischen Fütterung.

Nur wenn alle Tiere einer Herde im gleichen Reproduktionsstatus sind, lässt sich eine bedarfsgerechte Versorgung ermöglichen.

3.2 Lämmeraufzucht

3.2.1 Zielstellung

Die marktgerechte Erzeugung von Lammfleisch erfordert ein rasches Wachstum der Lämmer und eine Begrenzung der Mastendgewichte (s. auch Kapitel 3.3). Somit sind bereits für die Lämmeraufzucht intensive Haltungs- und Fütterungsbedingungen zu favorisieren. Eine hohe Milchleistung der Mutterschafe zu Beginn der Laktation ist von entscheidender Bedeutung.

3.2.2 Physiologische Grundlagen

Geburtsgewicht

Ein normales Geburtsgewicht ist Voraussetzung für eine erfolgreiche Aufzucht der Lämmer. Die Geburtsgewichte schwanken in Abhängigkeit von Rasse, Geschlecht und Geburtstyp (Einling vs. Zwilling). Aktuelle eigene Erhebungen für Bocklämmer der Rasse Merinolandschaf zeigen große Unterschiede zwischen Einlings- und Zwillingslämmern bezüglich der Geburtsgewichte (Tab. 3.9). Ein hohes Geburtsgewicht fördert das Wachstum der Tiere in der Aufzuchtperiode. Allerdings verringern sich – unter optimalen Aufzuchtbedingungen – die Unterschiede zwischen Einling und Zwilling im 2. Abschnitt (29.–42. Tag) der Aufzuchtperiode (Tab. 3.9).

Die rasche Biestmilchaufnahme in ausreichender Menge ist nicht nur für die Immunisierung nötig, sondern auch, um die Körpertemperatur konstant zu halten.

Immunisierung durch Biestmilch

Neugeborene Lämmer benötigen zunächst die mütterliche Biestmilch (**Kolostralmilch**), damit sie wirksam gegen Infektionserkrankungen geschützt sind (**passive Immunisierung**). Aufgrund des ungünstigen Verhältnisses von relativ großer Oberfläche zu geringer Lebendmasse kühlen neugeborene Lämmer sehr schnell aus. Dies gilt insbesondere,

Tab. 3.9 Zusammenhang zwischen Geburtsgewicht und Geburtstyp (Einling vs. Zwilling) sowie der Gewichtsentwicklung während der Aufzuchtperiode (Rasse Merinolandschaf).

Merkmal	Einling (n = 24)	Zwilling (n = 73)
durchschnittliches Geburtsgewicht (kg)	6,6	5,8
minimales Geburtsgewicht (kg)	4,6	4,0
maximales Geburtsgewicht (kg)	7,8	7,8
28-Tage-Gewicht (kg)	16,6	15,2
Tageszunahmen (1.–28. Tag) (g/Tag)	363	334
Vervielfachung des Geburtsgewichtes (1.–28. Tag)	2,5	2,6
42-Tage-Gewicht (kg)	20,8	19,4
Tageszunahmen (1.–42. Tag) (g/Tag)	339	323

Quelle: Behrendt 2017

wenn sie ungünstiger Witterung ausgesetzt sind. In dieser Situation wird das sogenannte braune Fettgewebe abgebaut und zur Wärmeproduktion herangezogen. Dieser Vorrat reicht aber nur ca. 16–18 h aus. Gleichzeitig wird der energieliefernde Blutzucker für die Wärmebereitstellung verbraucht, was zu einer verminderten Sauglust führen kann.

Lämmer, die ohne Schwierigkeiten geboren wurden, stehen nach 15–30 min auf und suchen das Euter. In den ersten Lebensstunden sollte ein Lamm mindestens 200 ml/kg LM Biestmilch erhalten, danach 100 ml/kg LM. Bereits 6 h nach der Geburt können die großen Immunglobuline (Antikörper) die Magen-Darm-Wand des Lammes nicht mehr unverdaut durchdringen und in den Blutkreislauf gelangen. Ab 24 h nach der Geburt ist keine Passage mehr möglich.

Beifütterung der Lämmer

In den ersten Lebenswochen sind die Lämmer auf die Milchnahrung angewiesen, da ihr Vormagensystem noch nicht vollständig entwickelt ist. Lämmer besitzen eine hohe Wachstumsintensität: Innerhalb von 5 Wochen verdreifachen sie ihr Geburtsgewicht – bei optimaler Versorgung.

Praxis-Tipp

Die frühzeitige Beifütterung der Lämmer mit festen Futtermitteln bringt verschiedene Vorteile:

- rasche Entwicklung der Lämmer
- frühes Absetzen (Verkürzung der Säugezeit)
- Entlastung des Mutterschafes

Die Lämmer benötigen zunächst Futtermittel mit einer **hohen Verdaulichkeit der Nährstoffe** (in den ersten 8 Lebenswochen > 85 % Verdaulichkeit der organischen Substanz). Auch der Proteinbedarf ist in der ersten Lebensphase sehr hoch. Mit zunehmendem Lebendgewicht kann sich das erforderliche Protein-Energie-Verhältnis verschieben. Die Lämmer erreichen unter intensiven Fütterungsbedingungen ihren **Wachstumshöhepunkt im 3. Lebensmonat** (ca. 450 g Tageszunahmen). Mit dem Eintritt der Geschlechtsreife (ca. 100. Lebenstag) nimmt unter solchen Bedingungen der Proteinansatz ab, während der Fettansatz stark ansteigt.

3.2.3 Aufzuchtmethoden

Je nach Länge der Säugezeit lassen sich bei der Aufzucht von Lämmern 3 Methoden unterscheiden:

- natürliche Aufzucht (Säugezeit: 16 Wochen)
- Frühentwöhnung (verkürzte Säugezeit: 5–6 Wochen)
- mutterlose Aufzucht (mit Milchaustauschertränke)

Für Betriebe mit Fleischschafhaltung sind insbesondere die beiden erstgenannten Methoden relevant, für die Milchschafhaltung die letztgenannte.

Versuchsergebnisse haben gezeigt, dass die Futteraufnahme von Sauglämmern in hohem Maße von der Schmackhaftigkeit des Futters abhängt.

Sauglämmeraufzucht

In Fleischschafherden dominiert die Sauglämmeraufzucht. Zur Ausnutzung des hohen Wachstumspotenzials ist es sinnvoll, dass man möglichst früh **Kraftfuttermischungen** anbietet, die speziell für Lämmer geeignet sind.

Beispielhafte Kraftfuttermischungen für Sauglämmer sind der Tabelle 3.13 zu entnehmen. Die praktische Fütterung solcher Kraftfutter erfolgt über separate Futtervorratsbehälter, die über einen Lämmerschlupf nur für die Lämmer zugänglich sind.

Frühentwöhnung

Die Frühentwöhnung soll bei Rassen mit asaisonaler Brunst ein häufigeres Ablammen der Mutterschafe ermöglichen. Voraussetzung für den Erfolg dieser Methode ist eine frühzeitige – ab der 2. Lebenswoche – und ausreichende Beifutteraufnahme der Lämmer. Sobald 250–300 g Kraftfutter täglich von den Lämmern aufgenommen werden und sie 18–20 kg schwer sind, ist das Absetzen innerhalb einer 1-wöchigen Übergangsperiode möglich.

Mutterlose Aufzucht

Die mutterlose Aufzucht beginnt am 2. Lebenstag, nachdem das Lamm seine Kolostralmilch von der Mutter erhalten hat – ersatzweise ist auch Kolostralmilch von Kühen möglich, die eingefroren und wieder aufgetaut werden kann. Später gewöhnen sich Lämmer nur schwer an die Aufnahme von Milchaustauschertränke aus der Flasche bzw. aus den Gummizitzen einer Lämmerbar oder von Tränkautomaten. Auch bei dieser Methode ist eine frühzeitige Kraftfutteraufnahme nötig. Das Verfahren eignet sich vor allem für die Aufzucht von Problemlämmern sowie von Lämmern aus der Milchschafhaltung. Die Ansprüche an die Zusammensetzung von speziellen Milchaustauschern sowie Tränke- und Fütterungspläne werden im Kapitel 4.2.2 behandelt.

Fazit für die Praxis

Eine frühzeitige Aufnahme von Kraftfutter ist bei allen 3 Aufzuchtmethoden wichtig.

3.3 Lämmermast

3.3.1 Zielstellung

In der deutschen Schafhaltung kommt der Fleischerzeugung eine herausragende Bedeutung zu. Die Erzeugung von Lammfleisch ist mit 95 % am Rohertrag der Schafhaltung beteiligt. Auf das Produkt Wolle entfallen dagegen nur noch 3 %. Qualitätsaspekte für das Produkt Lammfleisch nehmen somit auch unter wirtschaftlichen Gesichtspunkten einen zentralen Stellenwert ein. Diese werden daher nachfolgend ausführlich vorgestellt.

3.3.2 Qualität der Schlachtkörper

Die Schlachtkörperqualität umfasst die **Schlachtkörperzusammensetzung** sowie die **Fleischqualität**. Die Schlachtkörperzusammensetzung wiederum beinhaltet Informationen über

- die Teilstückanteile,
- die Gewebeanteile sowie
- die chemische Zusammensetzung.

Die Schlachtkörperzusammensetzung von Lämmern

Im Folgenden werden wesentliche Aspekte der Schlachtkörperqualität bei Lämmern einschließlich der Lammfleischqualität näher betrachtet. Hierbei wird insbesondere auf den Einfluss der Erzeugung (Produktions- bzw. Prozessqualität) Bezug genommen. Die Ausführungen beziehen sich dabei auf die in Deutschland verbreiteten Rassen sowie die hier üblichen Haltungs- und Fütterungsbedingungen.

Nach der Schnittführung der Deutschen Landwirtschafts-Gesellschaft (DLG) ist beim Schaf eine Einteilung in folgende **Teilstücke** üblich (Abb. 3.3):

- Hals (1.–7. Halswirbel)
- Kamm (1.–5. Brustwirbel)
- Brust
- Dünnung (Bauch und Flanke)
- Schulter (Bug)
- Kotelett (6.–13. Brustwirbel)
- Nierenstück (bzw. Filet oder Lende; 1.–5. Lendenwirbel)
- Keule (Trennschnitt zwischen 5. und 6. Lendenwirbel)

Keule, Lende und Kotelett bilden die sogenannten wertvollen oder fleischreichen Teilstücke; teilweise wird auch die Schulter hinzugerechnet.

Nach eigenen Untersuchungen (Bellof et al. 2003b) sind bei Bocklämmern der Rasse Merinolandschaf mit einem Mastendgewicht von 45 kg folgende Teilstückanteile am Schlachtkörper zu erwarten:

- Hals 7 %
- Kamm 5 %
- Dünnung (mit Brust) 18 %
- Schulter 18 %
- Kotelett 9 %
- Lende 7 %
- Keule 35 %

Vergleichbare weibliche Lämmer weisen etwas geringere Keulen- und Schulteranteile auf. Bei Schafen besteht ein **ausgeprägter Geschlechtsunterschied**. Dieser zeigt sich bereits bei wachsenden Schafen in der Körperentwicklung und Schlachtkörperzusammensetzung. Bei gleichem Mastendgewicht ergeben sich auffällige Unterschiede hinsichtlich der Schlachtkörperzusammensetzung (Abb. 3.4 bis 3.7).

Bocklämmer weisen gegenüber weiblichen Lämmern einen 5 % höheren Fleischanteil, 7 % geringeren Fettanteil sowie 2 % höheren Knochenanteil auf.

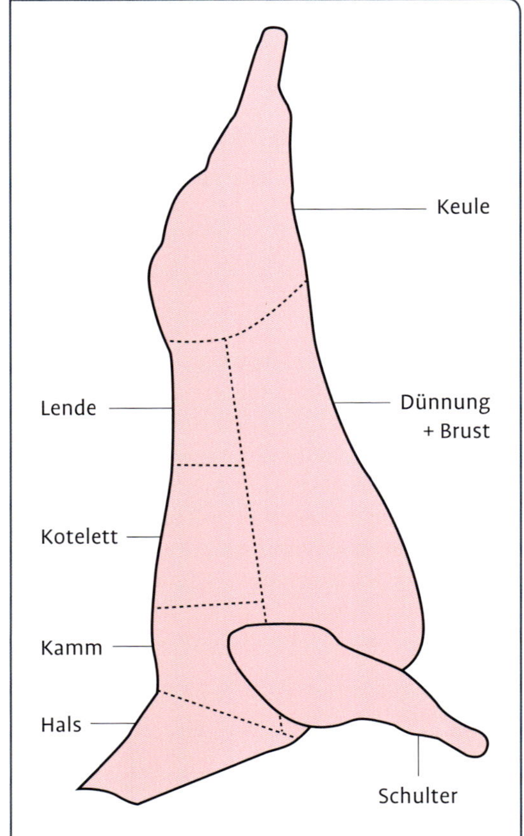

Abb. 3.3 Teilstücke beim Schaf: DLG-Schnittführung (Scheper und Scholz 1985).

Mit zunehmendem Mastendgewicht verstärkt sich der **Geschlechtseinfluss**, was sich insbesondere in einem erhöhten Fettansatz der weiblichen Lämmer ab 30 kg zeigt (Abb. 3.3). Somit erreichen weibliche Lämmer die Schlachtreife bei niedrigerem Gewicht.

Auch zwischen den verschiedenen Rassen bzw. Kreuzungen bestehen zum Teil ausgeprägte Unterschiede bezüglich der Körpergewebsanteile und deren Veränderung im Wachstumsverlauf. Das gilt insbesondere für den Fettanteil im Schlachtkörper von Lämmern.

Die Fleischqualität bei Lämmern

Fleischqualität lässt sich definieren als „die Summe aller sensorischen, ernährungsphysiologischen, hygienisch-toxikologischen (frei von Verderbniskeimen bzw. unerwünschten Stoffen) und verarbeitungstechnologischen Eigenschaften des Fleisches“. Von dieser Produktqualität abzugrenzen ist die Wertschätzung, die der Mensch einem Produkt entgegenbringt. Die Wertschätzung ist eine subjektive Größe, sie wird von individuellen und sozialen Faktoren beeinflusst (z. B. Traditionen).

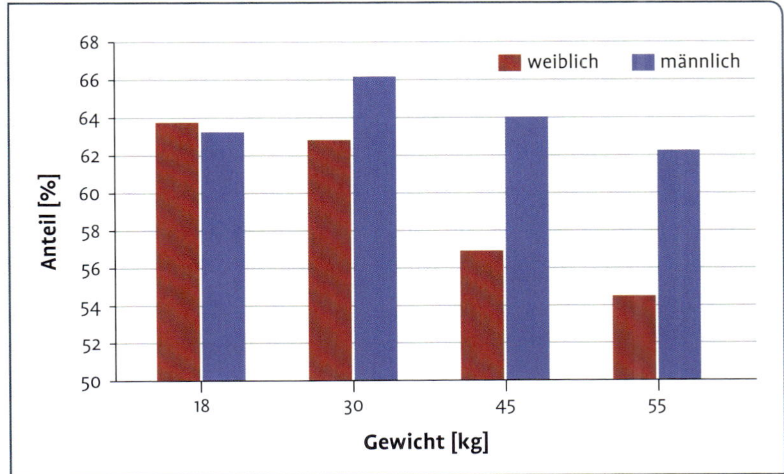

Abb. 3.4 Muskelfleischanteile im Schlachtkörper von weiblichen und männlichen Lämmern (Bellof et al. 2003 b).

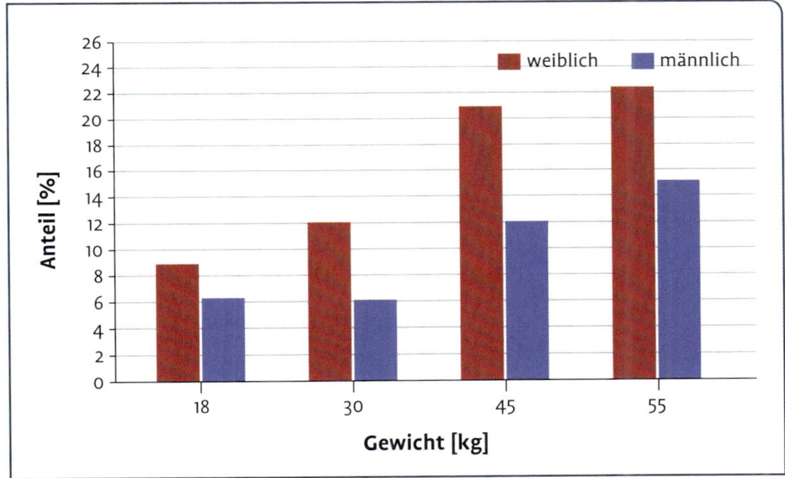

Abb. 3.5 Fettgewebsanteile im Schlachtkörper von weiblichen und männlichen Lämmern (Bellof et al. 2003 b).

In Anlehnung an Süss und Altmann (2003) lassen sich folgende **Erwartungen des Verbrauchers** an die Qualität von Lammfleisch formulieren:

- zartes, saftiges Fleisch
- wenig Fett
- wohlschmeckendes Aroma (artspezifischer Geschmack)
- Fleischfarbe hellrosa (Milchlamm) bzw. hellrot, keine starke Gelbfärbung des Fettes
- gesundheitliche Unbedenklichkeit oder diätetische Wirkung
- keine Fleischqualitätsmängel, wie z. B. dunkles trockenes Fleisch (DFD)

Abb. 3.6 Mastlämmer der Rasse Merinolandschaf liefern gut ausgebildete Schlachtkörper.

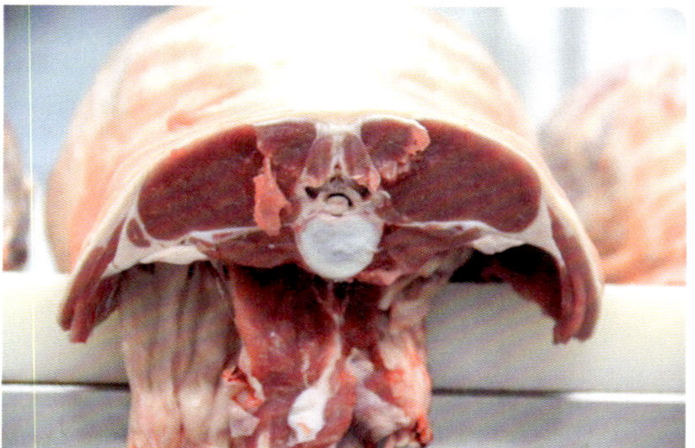

Abb. 3.7 Der Rückenmuskel ist ein Spiegel der Energie- und Eiweißversorgung der Mastlämmer.

Nährstoffgehalte im Lammfleisch

Für den Fleischkonsumenten ist auch der Nährstoffgehalt eines Teilstückes von Interesse. Besonderes Augenmerk legt er auf einen niedrigen **Fettgehalt**. Lammfleisch steht bislang in dem Ruf, sehr schmackhaft, aber auch besonders fettreich zu sein. In der Literatur sind für wichtige Teilstücke des Schlachtkörpers von Lämmern unterschiedliche

Tab. 3.10 Nährstoffgehalte (Angaben in g) und Energiegehalte (Angaben in kJ) in 100 g Lammfleisch[1].

Teilstück	männliche Tiere			weibliche Tiere		
	Protein	Fett	Energie	Protein	Fett	Energie
Muskelgewebe (insgesamt)	18,9	7,1	704	18,7	9,4	789
Keule	19,6	5,1	642	19,6	6,4	693
Kotelett und Lende (Filet)	19,5	6,2	683	18,8	8,1	741

[1] Lämmer der Rasse Merinolandschaf, Mastendgewicht 45 kg, mittlere Fütterungsintensität Quelle: Bellof et al. 2003 c

Nährstoffgehalte angegeben. Während im **Filet** der Fettgehalt nur bei 3,4 % liegt, beträgt er in der **Keule** 18 % und im **Kotelett** sogar 32 %. Die **Eiweißgehalte** schwanken zwischen 14,9 % (Kotelett) und 20,4 % (Filet). Die Keule nimmt mit 18 % Eiweiß wiederum eine Mittelstellung ein. Honikel et al. (2001) fanden in Lammfleisch einen durchschnittlichen Eiweißgehalt von 19,9 % sowie einen Fettgehalt von 7,4 %. Das Untersuchungsmaterial bestand allerdings aus anonymen Stichproben, die aus dem Einzelhandel stammten. Bellof et al. (2003c) legten für die wichtigste deutsche Schafrasse, dem Merinolandschaf, ebenfalls Untersuchungsergebnisse zu den Nährstoffgehalten im Lammfleisch vor. Die wichtigsten Ergebnisse sind in der Tabelle 3.10 zusammengefasst.

Diese Ergebnisse zeigen, dass sich für deutsches Lammfleisch deutlich geringere Fettgehalte ergeben als bislang unterstellt wurde. Für Schweinefleisch, Rindfleisch (Färse) und Putenfleisch geben Honikel et al. (2001) mittlere Fettgehalte von 10,5 %, 9,3 % sowie 6,0 % an. Somit nimmt Lammfleisch eine überraschend günstige Position ein.

Lammfleisch enthält weniger Fett als bislang angenommen.

Der **intramuskuläre Fettgehalt** (IMF, entspricht dem Begriff der „Marmorierung“) hat im Hinblick auf die sensorische Bewertung von Fleisch eine Bedeutung. Süss und Altmann (2003) fordern für Lammfleisch einen Wert von mindestens 3 % Fett im Rückenmuskel. Der IMF-Gehalt wird von der Rasse, dem Mastendgewicht sowie dem Geschlecht beeinflusst. Der erhöhte Fettansatz weiblicher Lämmer geht mit einem höheren Anteil an intramuskulärem Fett (IMF) einher (Bellof et al. 2003a).

Fettsäurenmuster im Lammfleisch

Das Körperfett ist aus Glyzerin sowie verschiedenen Fettsäuren aufgebaut (Triglyzerid). Die Fettsäurenzusammensetzung (Fettsäurenmuster) bestimmt entscheidend die Eigenschaften eines Fettes, wie zum Beispiel den **Schmelzpunkt**. Auch hier ergibt sich ein sensorischer Aspekt. Für die Humanernährung wird das Fettsäurenmuster von Lammfleisch sogar im Zusammenhang mit gesundheitlichen Aspekten diskutiert (Schöne et al. 2011). Im Vergleich mit anderen Tierarten weisen die Fette im Lammfleisch den höchsten Schmelzpunkt auf. Dies ist auf den höheren Anteil an sogenannten gesättigten Fettsäuren zurückzuführen. Besonders ein hoher Anteil an **Stearinsäure** führt zur Talgigkeit, die beim Verzehr als unangenehm empfunden wird. Der Stearinsäuregehalt steigt mit zunehmendem Schlachtalter an. Somit ergibt sich ein weiteres Argument für eine intensivere Mast sowie eine Begrenzung des Mastendgewichtes. Über die Fütterung der Lämmer lässt sich ebenfalls Einfluss auf das Fettsäurenmuster nehmen (z.B. Bellof et al. 1997).

Verzehrsqualität von Lammfleisch

Die Verzehrsqualität von Fleisch lässt sich über standardisierte sensorische Prüfungen erfassen. Diese beinhalten die Kriterien Zartheit, Saftigkeit, Geschmack/Aroma sowie Gesamteindruck. Quanz (1995) untersuchte für Lammfleisch den Einfluss von Rasse und Geschlecht auf die genannten Kriterien. Es zeigten sich deutliche **Geschlechtsunterschiede** für die Merkmale Zartheit und Geschmack/Aroma und somit für den sensorischen Gesamteindruck.

Das Fleisch von weiblichen Lämmern im Allgemeinen und das von Heidschnucken im Speziellen ist fettreicher und somit besonders zart.

Wie bereits dargelegt, ist das Fleisch von weiblichen Lämmern fettreicher und damit zarter und intensiver im Geschmack als das von männlichen Tieren. Auch zwischen den Rassen bestehen gewisse Unterschiede. So ist das Fleisch von Heidschnucken besonders zart, was wiederum mit der erhöhten Fetteinlagerung zu erklären ist. Süss und Altmann (2003) betonen aber, dass eine geschmackliche Ausnahmestellung des Fleisches einzelner Rassen, wie sie teilweise für Landschafrassen (insbesondere Heidschnucken) behauptet wird, sich bei einheitlicher Fütterung nicht feststellen lässt.

Aus den vorgestellten Qualitätsaspekten lässt sich die Schlussfolgerung ableiten, dass für die Lämmermast eine mittlere bis hohe Fütterungsintensität zu fordern ist.

3.3.3 Grundlegende Betrachtungen für die Lämmermast

Energie- versus Proteinversorgung

Die Fütterungsintensität wird durch die Höhe der täglichen Energie- und Proteinversorgung bestimmt. Wie eigene Versuche mit wachsenden Schafen der Rasse Merinolandschaf bestätigen, nimmt hierbei die Energieversorgung die entscheidende Rolle ein – unter der Voraussetzung, dass der Rohproteingehalt in der Rationstrockenmasse mindestens 15 % beträgt (Bellof et al. 2003a).

Fütterungsintensität

Ein Anstieg der Fütterungsintensität führt zu erhöhtem Lebendmassezuwachs und somit zu einer Vorverlegung der Schlachtreife. Eine höhere Fütterungsintensität kann zu einer **verstärkten Fettauflage** sowie Fetteinlagerung führen (Bellof et al. 2003b). Hierbei ist allerdings darauf hinzuweisen, dass für männliche Lämmer mit hoher Wachstumskapazität und hohem Fleischansatzvermögen, selbst bei Ausschöpfung des Wachstumspotenzials, keine gravierende Erhöhung des Fettanteils im Schlachtkörper eintreten muss.

Praxis-Tipp

Auch wenn die Energieversorgung bei der Fütterung am wichtigsten ist, müssen Sie sicherstellen, dass der Rohproteingehalt in der Rationstrockenmasse mindestens 15 % ausmacht.

Kraftfutter- und Heuanteile

In einem weiteren Mastversuch (Bellof 2003) mit Bocklämmern wurde überprüft, wie sich unterschiedliche Kraftfutter- / Heuanteile in der Tagesration auf die Futteraufnahme sowie die Mast- und Schlachtleistung der Tiere auswirken. Bocklämmer (Rasse: Merinolandschaf) wurden in 2 Fütterungsgruppen gemästet und bei einem Mastendgewicht von 46 kg geschlachtet. Die Fütterung der Tiere in der Gruppe 1 folgte den Vorgaben der Nachkommenprüfung auf Station (in Bayern): **Kraftfutter zur freien Verfügung**, max. 100–200 g Heu pro Tier und Tag. Für die Gruppe 2 wurde dagegen das **Kraftfutter begrenzt** (restriktiv) vorgelegt (70 % der Kraftfuttermenge der Vergleichsgruppe). Heu konnten die Tiere dieser Gruppe in beliebiger Menge verzehren. Die Fütterung der Tiere an speziellen Abrufstationen ermöglichte die individuelle tägliche Futtermengenerfassung bei gleichzeitiger Gruppenhaltung.

Bei freiem Zugang zum Futter weisen die Lämmer eine hohe Futteraufnahme auf. Insbesondere die tägliche Kraftfutteraufnahme steigt im Verlauf der Mastperiode an. Dies verdeutlicht die Abbildung 3.8. Fasst man die dort aufgeführte Kraftfutteraufnahme und den Heuverzehr (150 g pro Tier und Tag) zusammen, so zeigt sich, dass Bocklämmer der Rasse Merinolandschaf (45 kg LM) bei intensiver Fütterung eine tägliche Futteraufnahme von bis zu 1,7 kg Trockenmasse erzielen können.

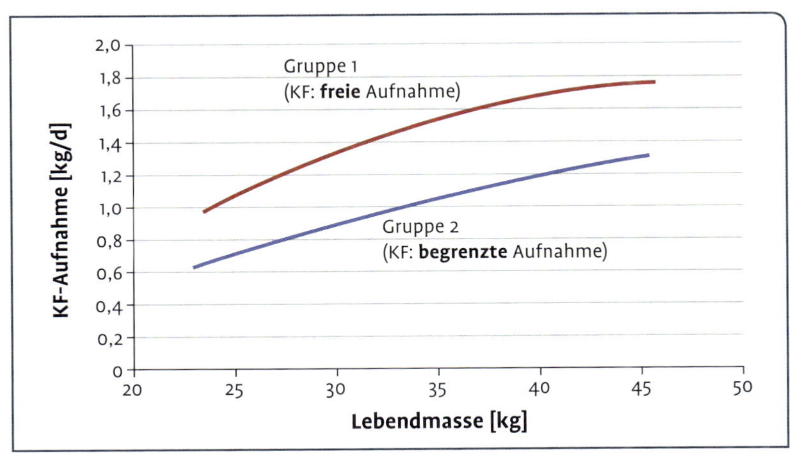

Abb. 3.8 Mittlere tägliche Kraftfutteraufnahme (KF) von männlichen Lämmern im Verlauf der Mastperiode bei unterschiedlichem Kraftfutterangebot (freie Aufnahme gegen begrenzte Aufnahme) (Quelle: Bellof 2003).

Fazit für die Praxis

Ist das Futter frei verfügbar, steigt vor allem die Kraftfutteraufnahme an. Bocklämmer (Merinolandschaf) können bis zu 1,7 kg TM pro Tag fressen.

Die Bocklämmer, die unter den Bedingungen einer Stationsprüfung gemästet wurden, können ihr Wachstumsvermögen ausschöpfen. Gegenüber restriktiv mit Kraftfutter versorgten Tieren zeigte sich eine hohe Überlegenheit in der Mastleistung (Gruppe 1: 401 g Tageszunahmen, Gruppe 2: 328 g). Die Tiere, die auf höchster Intensitätsstufe gemästet wurden, wiesen günstigere Schlachtkörperwerte auf (höhere Schlachtausbeute, höheres Pistolengewicht bei gleicher Handelsklasseneinstufung). Die Wachstumskurve sowie die Schlachtkörperwerte der verhalten ernährten Tiere deuten an, dass diese auf ein höheres Endgewicht gemästet werden können. Diese Schlussfolgerung sollte für die praktische Mast genutzt werden.

Eine geschlechtsgetrennte Mast von Schafen ist bei hoher Fütterungsintensität sinnvoll, da die Gewichtsentwicklung sehr unterschiedlich ist.

Bei hoher Fütterungsintensität sollte eine **geschlechtsgetrennte Mast** erfolgen, da bei Schafen ein ausgeprägter Geschlechtsunterschied besteht. Dieser zeigt sich bereits bei wachsenden Schafen in der Körperentwicklung und Schlachtkörperzusammensetzung (s. Kapitel 3.3.1).

Mit zunehmendem Mastendgewicht verstärkt sich der Geschlechtseinfluss, was sich insbesondere in einem erhöhten Fettansatz der weiblichen Lämmer ab 30 kg zeigt. Somit erreichen weibliche Lämmer bei niedrigerem Gewicht die Schlachtreife. Bellof et al. (2003b) schlagen für intensiv gemästete Bocklämmer der Rasse Merinolandschaf eine Schlachtreife bei einer Lebendmasse von 45–50 kg vor. Für weibliche Lämmer empfehlen sie ein um 10 kg niedrigeres Mastendgewicht.

Fazit für die Praxis

Studien zeigen, dass Bocklämmer, die freien Zugang zum Futter haben, ihr Wachstumsvermögen ausschöpfen und eine überlegene Mastleistung gegenüber restriktiv gefütterten Tieren zeigen. Lämmer, die am intensivsten gemästet werden, weisen günstigere Schlachtkörperwerte auf. Die Wachstumskurve und die Schlachtkörperwerte der restriktiv ernährten Tiere deuten jedoch an, dass man diese auf ein höheres Endgewicht mästen kann. Dies sollte man vor allem für die praktische Mast nutzen.

Praxis-Tipp

Bei hoher Fütterungsintensität sollte man weibliche und männliche Lämmer getrennt mästen, da ein großer Geschlechtseinfluss bei der Körperentwicklung und bei der Schlachtkörperzusammensetzung besteht. Weibliche Lämmer sind bei niedrigerem Endgewicht aufgrund des höheren Fettansatzes früher schlachtreif.

Intensiv gemästete Bocklämmer (Merinolandschaf) sollten bei 45–50 kg LM schlachtreif sein, weibliche Lämmer schon bei 35–40 kg LM (Bellof et al. 2003b).

3.3.4 Praktische Durchführung der Lämmermast

3.3.4.1 Richtwerte zur Futteraufnahme, Energie-, Protein- und Mineralstoffversorgung

Die Empfehlungen der GfE (1996) zur täglichen Energie- und Proteinversorgung von Mastlämmern zeigen die Tabellen 3.11a und 3.11b beispielhaft für die Intensivmast bzw. die Wirtschaftsmast von Lämmern. Eine umfassende Darstellung zur Energie- und Proteinversorgung von wachsenden Lämmern findet sich in Tabelle 3.11c. Dort werden auch Hinweise zur Futteraufnahme von Lämmern angegeben. Nach eigenen Untersuchungen (Bellof et al. 2003a) mit wachsenden Lämmern der Rasse Merinolandschaf beeinflussen insbesondere die Lebendmasse und die Fütterungsintensität (MJ ME/kg TM) die tägliche Futteraufnahme (s. auch Abb. 3.8). Geschlechtsunterschiede zeigen sich erst bei hoher Fütterungsintensität zugunsten der Bocklämmer. Die von dem NRC (2007) in Tabelle 3.11c übernommenen Daten zur Futteraufnahme berücksichtigen diese Einflussgrößen. Die Angaben (nach NRC 2007) zur Mineralstoffversorgung (Mengenelemente) von wachsenden Schafen, differenziert nach Lebendmassen und Tageszunahmen, sind

Tab. 3.11a Empfehlungen für die Energie- und Proteinversorgung von Mastlämmern in der Intensivmast (Tagesbedarf für ein männliches Lamm).

Lebendmasse (kg)	Tageszunahmen (g)	Energie ME (MJ)	Protein XP (g)
20	300	11,4	160
30	400	16,8	228
40	400	18,4	255
(50)[1]	300	16,6	213

[1] großrahmige Rassen (z. B. Merinolandschaf) Quellen: DLG 1997; vgl. Tab. 3.11c

Tab. 3.11b Empfehlungen für die Energie- und Proteinversorgung von Mastlämmern in der Wirtschaftsmast (Tagesbedarf für weibliche und männliche Lämmer).

Lebendmasse (kg)	Tageszunahmen (g)	Energie ME (MJ)	Protein XP (g)
25	200	9,3	130
35	250	10,8	150
45	300	15,8	210
55	200	14,0	160

Quellen: DLG 1997; vgl. Tab. 3.11c

der Tabelle 3.12a zu entnehmen. Die entsprechende Darstellung der Spurenelemente findet sich in Tabelle 3.12b.

Fazit für die Praxis

Vor allem Lebendmasse und Fütterungsintensität beeinflussen die Futteraufnahme. Geschlechtsunterschiede zeigen sich erst bei hoher Fütterungsintensität zugunsten der Bocklämmer (Bellof et al. 2003a).

Tab. 3.11c Tägliche Futteraufnahme sowie Empfehlungen für die tägliche Energie- und Proteinversorgung von Schaflämmern (Aufzucht und Mast) in Abhängigkeit von Lebendmasse und Tageszunahmen.

Lebendmasse (kg)	Futteraufnahme (kg TM / Tier u. Tag)	Tageszunahmen (g)	ME (MJ)	Rohprotein (g)
15		200	7,6	110
		300	10,4	150
20	0,6[1] / 0,8[1]	200	8,5	120
	0,6 / 1,2	300	11,4	160
25		200	9,3	130
		300	12,3	170
		400	15,8	210
30	1,1 / 1,2	200	10,2	140
	0,9[2] / 1,3	300	13,2	183
	1,1 / 1,6	400	16,8	228
35		200	11,0	145
		300	14,1	195
		400	17,7	245
		500	21,0	295
40	1,3 / 1,4	200	11,8	150
	1,5 / 1,3[2]	300	15,0	203
	1,2[2] / 1,7	400	18,4	255
45		200	12,5	155
		300	15,8	210
		400	19,1	265
50	1,3 / 1,4	200	13,3	158
	1,4 / 1,6	250	15,0	186
55		200	14,0	160
		250	15,7	188

[1] 0,6 / 0,8: Die erste Angabe steht für spätreife, die zweite Angabe für frühreife Rassen.
[2] Die Energiekonzentration (MJ ME/kg TM) in der Ration wird angehoben.

Quellen: NRC 2007, GfE 1996; ergänzt

Tab. 3.12a Empfehlungen zur täglichen Mengenelementversorgung von wachsenden Schaflämmern (Angaben in g).

Leistungsstadium (Lebendmasse)	Kalzium Ca	Phosphor P	Magnesium Mg	Natrium Na	Kalium K	Schwefel S
20 kg LM; 200 g TZ	3,41	2,71	0,8	0,5	3,6	1,5
20 kg LM; 300 g TZ	4,9	4,0	1,1	0,6	4,6	2,0
30 kg LM; 300 g TZ	3,7	3,0	1,3	0,7	5,4	2,2
30 kg LM; 400 g TZ	4,9	4,0	1,5	0,8	6,5	2,8
40 kg LM; 300 g TZ	5,0	4,1	1,4	0,8	6,7	2,8
40 kg LM; 400 g TZ	6,4	5,4	1,7	1,0	7,2	2,9
50 kg LM; 250 g TZ	4,6	3,8	1,5	0,9	7,0	2,7
50 kg LM; 300 g TZ	5,4	4,6	1,6	1,0	7,7	3,1
55 kg LM; 250 g TZ	4,7	3,9	1,6	1,0	7,7	3,0

LM = Lebendmasse TZ = Tageszunahmen (im Gewichtsbereich)

[1] Hinweis: Für die Intensivmast von Bocklämmern sowie die Aufzucht von Jungböcken sollte die Kraftfuttermischung ein Ca-P-Verhältnis von 3 : 1 haben.

Quelle: NRC 2007; ergänzt

Tab. 3.12b Empfehlungen zur täglichen Spurenelementversorgung von wachsenden Schaflämmern (Angaben in mg).

Leistungsstadium (Lebendmasse)	Eisen Fe	Zink Zn	Mangan Mn	Kupfer Cu	Jod J	Selen Se
20 kg LM; 200 g TZ	61	21	18	4,9	0,4	0,35
20 kg LM; 300 g TZ	90	29	24	6,6	0,5	0,52
30 kg LM; 300 g TZ	91	32	27	7,3	0,6	0,53
30 kg LM; 400 g TZ	120	40	33	9,1	0,8	0,69
40 kg LM; 300 g TZ	92	51	29	8,0	0,8	0,53
40 kg LM; 400 g TZ	121	63	36	9,7	0,8	0,7
50 kg LM; 250 g TZ	79	49	29	7,8	0,8	0,46
50 kg LM; 300 g TZ	94	55	32	8,6	0,9	0,54
55 kg LM; 250 g TZ	80	51	31	8,1	0,9	0,47

LM = Lebendmasse TZ = Tageszunahmen (im Gewichtsbereich)

Quelle: NRC 2007; ergänzt

Der Forderung nach einer hohen Fütterungsintensität zur Erzeugung fleischbetonter Schlachtkörper mit moderater Fettauflage muss in der praktischen Fütterung mit dem Einsatz von Futtermitteln hoher Energiekonzentration entsprochen werden. Hierbei kommt dem Kraftfutter eine hohe Bedeutung zu. Die intensive Lämmermast erfolgt häufig als

Kraftfuttermast (Kraftfutter ad libitum, begrenzte Heumenge). Für diese Situation lässt sich die Fütterungsintensität über die Energieausstattung in der Kraftfuttermischung steuern. Folgende ME-Gehalte sind dabei erforderlich:

- Anfangsphase (Ø 300 g Tageszuwachs): 10,7 MJ ME/kg Frischmasse
- Mittelphase (Ø 400 g Tageszuwachs): 10,6 MJ ME/kg Frischmasse
- Endphase (Ø 300 g Tageszuwachs): 10,0 MJ ME/kg Frischmasse

Eine hohe Fütterungsintensität für fleischbetonte Schlachtkörper mit moderater Fettauflage setzt Futtermittel mit hoher Energiekonzentration voraus.

Unter Berücksichtigung der Proteinbedarfswerte sollte man auch das Protein-Energie-Verhältnis in der Kraftfuttermischung beachten:

- Anfangs- und Mittelphase: 14,0 g XP/MJ ME
- Endphase: 13,3 g XP/MJ ME

In Zeiten steigender Kraftfutterpreise wird der Einsatz hoher Kraftfuttermengen auch in der Lämmermast kritisch hinterfragt. Am Beispiel des von Bellof (2003) durchgeführten Lämmermastversuches soll auf diesen Aspekt nachfolgend eingegangen werden. Ein Anstieg der Kosten pro dt Kraftfuttermischung um 5 € bzw. 10 € führt zu einer Erhöhung der Gesamtfutterkosten. Die Unterschiede zwischen den Vergleichsgruppen „Kraftfutter satt" (Gruppe 1) gegenüber „Kraftfutter begrenzt" (Gruppe 2) verschieben sich aber lediglich um 2,1 € bzw. 2,8 € pro Lamm zugunsten der Gruppe 2. Damit lässt sich der für diese Gruppe niedrigere Erlös aufgrund des geringeren Schlachtkörpergewichtes (1,6 kg) nicht ausgleichen.

3.3.4.2 Mastmethoden

Intensive Mastmethoden

Die intensive Mast schließt sich häufig an die Frühentwöhnung an. Die Tiere werden mit einem Alter von 4–5 Monaten und 40–50 kg Endgewicht geschlachtet. Dabei erreichen die Tiere in der Mastperiode Tageszunahmen von 350–400 g. Die Haltung erfolgt in der Regel in eingestreuten Ställen. Die Mastlämmer erhalten hohe Tagesgaben an Kraftfutter, ergänzt durch Raufutter (Heu oder Stroh). Eine Kraftfuttermischung für die intensive Lämmermast sollte pro kg Frischmasse (88 % TS) 160 g Rohprotein und 10,8 MJ ME aufweisen.

Praxis-Tipp

Für die intensive Lämmermast sollte die Kraftfuttermischung pro kg Frischmasse (88 % TS) 160 g Rohprotein und 10,8 MJ ME aufweisen. Sie können bei Lämmermastmischungen, die Proteinträger mit niedriger Proteinlöslichkeit enthalten (entsprechend höherem UDP-Anteil), den Rohproteingehalt ohne Leistungseinbußen auf 16 % senken. Diese Absenkung entlastet den Stoffwechsel der Lämmer.

Aus den oben genannten Zahlenwerten ergibt sich ein Protein-Energie-Verhältnis von 14,8 g XP/MJ ME. Mit einer solchen Kraftfuttermischung lässt sich in der **1. Hälfte der Mast** der Protein- und Energiebedarf gut abdecken.

In dem **2. Mastabschnitt** kann diese Mischung mit steigenden Anteilen Hafer (10,6 MJ ME/kg), Trockenschnitzeln (10,7 MJ ME/kg) oder auch energieliefernden Grobfuttermitteln „verschnitten" werden.

In jüngerer Zeit werden aufgrund spezieller Betrachtungen bzw. Vorgaben („gentechnikfreie Fütterung", „regionale Erzeugung") vermehrt heimische Eiweißfuttermittel in Lämmermastmischungen eingesetzt. Hierbei kommen folgende Futtermittel infrage:

- Erbsen
- Ackerbohnen
- Süßlupinen
- Sojabohnen
- Sojakuchen
- Rapsextraktionsschrot

Insbesondere in der ökologischen Schaffütterung kommt dem Einsatz heimischer Körnerleguminosen eine erhöhte Bedeutung zu. Zupp et al. (2004) untersuchten daher, ob ökokonforme Kraftfuttermischungen auf der Basis von **Erbsen** (Mischungsanteil 50 %), **Blauen Lupinen** (34 %) oder einer Kombination dieser Körnerleguminosen (jeweils 20 %) im Vergleich zu einer konventionellen Mischung (20 % Sojaextraktionsschrot, SES) in der Lämmermast eingesetzt werden können. Die genannten Kraftfuttermischungen wiesen jeweils 11,1 MJ ME/kg auf; die Rohproteingehalte der Mischungen mit Körnerleguminosen lagen bei 16 %, die der SES-Mischung bei 17 %. In der sogenannten „intensiven Fütterung" wurden die jeweiligen Kraftfuttermischungen zur freien Aufnahme vorgelegt und mit durchschnittlich 100 g Heu pro Tier und Tag ergänzt. Die mit SES versorgten männlichen Tiere zeigten sich sowohl in der Mastleistung (428 g Tageszunahmen) als auch im Schlachtkörperwert den Bocklämmern der Versuchsgruppen deutlich überlegen. Die Gruppe mit der Kombination aus Erbsen und Lupinen rangierte in diesem Vergleich an zweiter Stelle (408 g), während die Erbsen-Gruppe den letzten Platz einnahm (320 g). Hierbei fiel auf, dass die Tiere dieser Gruppe durchschnittlich am wenigsten Kraftfutter pro Tag aufnahmen. Erbsen weisen einen hohen Anteil an im Pansen schnell abbaubarer Stärke auf. Somit lässt sich unter den genannten Fütterungsbedingungen eine subklinische Pansen-Azidose (s. Kapitel 1.3) für die Lämmer nicht ausschließen.

Aufgrund vorliegender Versuche und Erfahrungen können für die Fütterung der Aufzucht- und Mastlämmer die bereits in Tabelle 3.8 dargestellten Mischungsanteile für Körnerleguminosen in Kraftfuttermischungen empfohlen werden.

Fazit für die Praxis

Setzen Sie Erbsen aufgrund ihres hohen Anteils an schnell abbaubarer Stärke nicht als alleinige Eiweißquelle ein. Lupinen lassen sich hingegen aufgrund ihrer Nährstoffausstattung als alleinige Eiweißquelle nutzen. Bei den Sojabohnen wirken die hohen Fettgehalte einsatzbegrenzend. Für Sojaprodukte ist eine ausreichende Wärmebehandlung zur Erhöhung der UDP-Anteile zu empfehlen. Grundsätzlich können Sie Sojaextraktionsschrot durch die genannten Futtermittel vollständig austauschen.
Aus Gründen der Risikominderung sollten Sie aber sinnvolle Kombinationen der genannten Futtermittel einsetzen.

Die Zusammensetzung des Kraftfutters ist essenziell und muss den hohen Protein- und Energie-Bedarf der schnell wachsenden Schafe abdecken.

Geeignete Beispiele für **Kraftfuttermischungen** für Mastlämmer zeigt Tabelle 3.13. Die dort aufgeführten Mischungsbeispiele III–V erfüllen die Anforderungen an eine gentechnikfreie Fütterung. Die Mischung IV ist als ökokonform zu betrachten, da insbesondere auch die beiden Eiweißfuttermittel in der ökologischen Landwirtschaft erzeugt werden können.

Die Aufzucht und die Mast von Lämmern erfolgt in Deutschland meist in einem **geschlossenen System**. Das heißt, dass die Schafhaltungsbetriebe, die aus der eigenen Mutterschafherde stammenden Lämmer nach der Aufzucht (Säugezeit) im Betrieb ausmästen. Die Mast erfolgt überwiegend als Kraftfuttermast. Unter den genannten

Tab. 3.13 Kraftfuttermischungen[1] für die Lämmeraufzucht und intensive Lämmermast (Angaben in %).

Futtermittel	Mischung I	Mischung II	Mischung III	Mischung IV	Mischung V
Sojaextraktionsschrot	17	10	–	–	–
Sojakuchen	–	–	–	14	–
Rapsextraktionsschrot	–	–	18	–	24
Rapskuchen	–	12	–	–	–
Ackerbohnen	–	–	10	11	–
Melasseschnitzel	15	10	10	11,5	10
Hafer	30	40	9	35	15
Gerste	20	25	30	25	33
Triticale	14,5		20		15
Mineralfutter[2]	2,0	1,5	1,0	2,0	1,0
Kohlensaurer Futterkalk/Viehsalz	1,5	1,5	1,75 / 0,25	1,5	1,75 / 0,25

[1] Zielwerte: 16 % Rohprotein und 10,8 MJ ME/kg Kraftfuttermischung
[2] Typ 1 Gehaltswerte: 16 % Ca, 4 % P; Typ 2 (zu Rapsextraktionsschrot): 18 % Ca, 1 % P

Fütterungsbedingungen kommt der **Zusammensetzung der Kraftfuttermischung** eine entscheidende Bedeutung zu. Das Kraftfutter muss den hohen Protein- und ME-Bedarf der schnell wachsenden Tiere abdecken. Gleichzeitig müssen Komponenten verwendet werden, die geschmacklich unbedenklich sind, um eine hohe Futteraufnahme zu erzielen. In der Praxis wird für die Aufzucht und die eigentliche Mast meist nur eine Kraftfuttermischung eingesetzt. Diese Vorgehensweise entspricht durchaus dem im Laufe der Wachstumsperiode sich verändernden Proteinbedarf bzw. dem oben beschriebenen sich ausweitenden XP/ME-Verhältnis.

Die **Milch** als wesentlicher Nährstofflieferant (insbesondere hochverdauliches Protein) tritt mit zunehmendem Alter in den Hintergrund, während Kraftfutter als Nährstoff- und Energielieferant immer wichtiger wird. Der beschriebene Sachverhalt soll am Beispiel des Einsatzes von **Rapsextraktionsschrot (RES)** aufgezeigt werden. Vorhergehende Studien (Koch und Romberg 2009; Martin 2012) zeigten, dass der RES-Einsatz in der Lämmermast mit einem Rückgang der Futteraufnahme und somit einer verringerten Wachstumsleistung einherging. Diese Ergebnisse basierten allerdings auf Versuchen mit zugekauften Lämmern, die in ihrer Aufzucht mit Kraftfuttermischungen versorgt wurden, die **Sojaextraktionsschrot (SES)** als maßgebliches Eiweißfuttermittel enthielten.

In einer aktuellen Untersuchung (Bellof et al. 2016) in einem Praxisbetrieb wurde RES als alleiniges Eiweißfuttermittel bereits in der Aufzucht eingesetzt und mit einer Gruppe verglichen, die eine Kraftfuttermischung mit SES als alleinigem Eiweißfuttermittel enthielt. Die Ergebnisse dieses Versuchs zeigen, dass sich RES bereits in der Aufzucht von Bocklämmern als alleiniges Eiweißfuttermittel einsetzen lässt. Der erfasste Kraftfutterverzehr lag in der Aufzuchtphase zwar unter dem der Vergleichsgruppe, die Gewichtsentwicklung der Tiere aus der RES-Gruppe war davon aber nicht beeinflusst. Offenbar konnten die Lämmer das Nährstoffdefizit über eine höhere Muttermilchaufnahme kompensieren. In der anschließenden Mastphase nahmen die Tiere der RES-Gruppe mehr Kraftfutter auf. Dies führte zu leicht erhöhten Tageszunahmen und einem tendenziell höheren Kraftfutteraufwand pro kg Zuwachs.

Die große Bedeutung einer frühen Gewöhnung an Kraftfuttermischungen mit hohem RES-Anteil bzw. der Umstellungseffekt von SES-Mischungen auf RES-Mischungen lässt sich am Beispiel der Studie von Martin (2012) aufzeigen. Während der Eingewöhnungsphase (Einstallung bis Mastbeginn) erzielten die Lämmer der SES-Gruppe einen Zuwachs von 166 g pro Tag, während die Tiere der RES-Gruppe lediglich 101 g pro Tag erreichten. In der anschließenden eigentlichen Mast konnten die RES-Tiere diesen Nachteil nicht mehr kompensieren.

Fazit für die Praxis

Wie Studien zeigen, eignet sich Rapsextraktionsschrot (RES) bei der Aufzucht und Mast von Lämmern als alleiniges Eiweißfutter. Eine frühe Gewöhnung an Kraftfutter mit hohem RES-Anteil ist jedoch nötig, damit es keine Defizite in der Gewichtsentwicklung gibt.

Extensive Mastmethoden

Die eher extensiven Verfahren zur Erzeugung von Lammfleisch – auch als **Wirtschaftsmast** bezeichnet – schließen sich meist an die natürliche Aufzucht (12–16 Wochen) an. Die Tiere werden in einem Alter von 6–7 Monaten und mit Endgewichten von 40–45 kg bei weiblichen Lämmern bzw. 50–55 kg bei Bocklämmern geschlachtet. In der Wirtschaftsmast wird der Einsatz von höheren Tagesmengen an **wirtschaftseigenen Futtermitteln** angestrebt. Der Kraftfuttereinsatz wird auf Tagesgaben von ca. 500 g pro Tier begrenzt. Somit können unter Praxisbedingungen lediglich durchschnittliche Tageszunahmen von 200–320 g erreicht werden.

Im vorangegangen Abschnitt wurde auf den von Zupp et al. (2004) durchgeführten Fütterungsversuch mit **Körnerleguminosen** eingegangen. In einer Variante dieses Versuches erfolgte gemäß der EU-Öko-Verordnung eine **„richtlinienkonforme Fütterung“** (wonach mindestens 60 % der Trockenmasseaufnahme in der Tagesration durch Grobfutter abgedeckt werden müssen). Die Kraftfuttermischung mit 20 % Erbsen und 20 % Lupinen wurde an 2 weitere Bocklämmergruppen jeweils restriktiv verfüttert (maximal 1 kg pro Tier und Tag) und entweder

Abb. 3.9 Weidelämmer benötigen jungen Aufwuchs.

mit Heu oder mit Anwelksilage ergänzt (jeweils zur freien Aufnahme). Die Tiere erreichten hierbei Tageszunahmen von 323 g bzw. 329 g. Die Lämmer dieser beiden Gruppen zeigten außerdem – gegenüber den Tieren aus der Kraftfuttermast – niedrigere Schlachtausbeuten sowie schlechtere Fleischigkeitsklassen. In Tabelle 3.14 sind Rationsbeispiele für die Wirtschaftsmast aufgeführt.

Die sogenannte **Weidelämmermast** kommt hauptsächlich für die Koppelschafhaltung, insbesondere für die zwischen Weihnachten und März geborenen Lämmer in Betracht. In einem Lebensalter von 6–7 Monaten, bei unbefriedigenden Futterverhältnissen auch mit 8–10 Monaten, werden Mastendgewichte von 45–60 kg erreicht. Dabei muss man die Lämmer noch während der Stallperiode an die Aufnahme von Beifutter gewöhnen, damit sie sich bei Weideauftrieb ihr Futter überwiegend oder ausschließlich selbst suchen können. Wenn die Lämmer bei Weideauftrieb noch nicht entwöhnt sind, sollte durch „Kriechgrasen" (creep-grazing) im noch ungenutzten Grasaufwuchs vor den Müttern mithilfe eines Lämmerschlupfes eine Verbesserung des Nährstoffangebotes sichergestellt werden. Dadurch verringert sich auch die Gefahr, dass die Lämmer in der Koppel der Mütter Parasitenlarven aufnehmen. Phosphor- und natriumreiche, aber kupferfreie Minerallecksteine sollten beim Weidegang den Mineralstoffbedarf der Tiere ergänzen.

Gewöhnen Sie Weidemastlämmer noch während der Stallperiode an das Beifutter, damit sie sich später auf der Weide ihr Futter selbst suchen können.

Abb. 3.10 Junge Weidelämmer sollten mit Kraftfutter beigefüttert werden.

Tab. 3.14 Tagesrationen für Mastlämmer in der Wirtschaftsmast (35 kg LM[1], 250 g TZ[2]).

Futtermittel	Rationstyp (Tagesmengen in kg FM/Tier)		
	A	B	C
Heu (1. Aufwuchs, Beginn Blüte)	–	0,4	0,2
Grassilage (1. Aufwuchs, Ähren- oder Rispenschieben)	2,5	–	1,0
Maissilage (350 g TM[3])	–	2,0	1,5
Rapsextraktionsschrot	–	0,2	0,2
Gerste	0,4	–	–
Mineralfutter*	0,02	0,02	0,02
Futteraufnahme (kg TM pro Tier und Tag)	1,2	1,3	1,3

[1] LM = Lebendmasse [2] TZ = Tageszunahmen (im Gewichtsbereich) [3] TM = Trockenmasse
* TM = Trockenmasse; Typ 1 Gehaltswerte: 26 % Ca, 4 % P; Typ 2 (zu Rapsextraktionsschrot): 18 % Ca, 1 % P

3.4 Fütterung der Zuchtlämmer und Zuchtböcke

Die Gewichtsentwicklung hat einen dominierenden Einfluss auf die erste Zuchtbenutzung der weiblichen Schafe (**Zutreter**) und der **Jungböcke**. Mit Unterschieden zwischen den Rassen tritt die Geschlechtsreife der weiblichen Tiere ein, wenn sie etwa 75 % des Reifegewichtes (100 kg) erreicht haben. Um dies im Alter von 7 Monaten – und damit die erste Ablammung mit 12 Monaten – zu realisieren, ist eine Lebenstagszunahme von 230 g erforderlich. Es ist möglich, die Tiere bis zu einem Gewicht von 40 kg (16-wöchige Säugezeit) intensiver aufzuziehen (ca. 325 g Tageszunahmen), ohne die Zuchttauglichkeit einzuschränken. In Tabelle 3.15 sind Empfehlungen zur täglichen Energie- (ME), Rohprotein- (XP) und Mineralstoffversorgung von wachsenden Jungschafen dargestellt. Die beiden in der Tabelle 3.15 gezeigten Zeitabschnitte bis zur Belegung unterstellen jeweils Tageszunahmen von 250 g.

Praxis-Tipp

Vor der Zulassung zum Bock sollte eine Weidephase eingeschaltet oder qualitativ hochwertiges Grobfutter mit etwas Kraftfutter gefüttert werden (Flushing-Effekt). Nach der Belegung kann man die Tageszunahmen auf 150 g zurücknehmen. Somit erreichen die Jungschafe bis zum Zeitpunkt der Ablammung ein Gewicht von etwa 90 kg (einschließlich Föten und Nachgeburt; ca. 81 kg „Nettogewicht“).
Für hochtragende Jungschafe können die Empfehlungen aus Tabelle 3.3 herangezogen werden. Die dort ausgewiesenen ME- und XP-Werte – nach Lebendmasse differenziert – sollten mit einem Zuschlag für das weitere Wachstum der Jungschafe (50 g Zunahme pro Tag) von 1,7 MJ ME bzw. 28 g XP versehen werden.

Tab. 3.15 Empfehlungen zur täglichen Energie- (ME), Rohprotein- (XP) und Mineralstoffversorgung von wachsenden Jungschafen, Jungböcken sowie Zuchtböcken.

Tiergruppe	Futteraufnahme (kg/TM pro Tier und Tag)	Energie ME (MJ)	Protein XP (g)	Kalzium Ca (g)	Phosphor P (g)
Jungschaf (230 g LTZ[1])					
5.–6. Lebensmonat; 55 kg LM[2] (250 g TZ[3] im Abschnitt)	1,6	15,7	188	4,7	3,9
7.–8. Lebensmonat; 70 kg LM (250 g TZ im Abschnitt)	2,0	17,8	194	5,0	4,2
Jungbock (260 g LTZ)					
5.–6. Lebensmonat; 60 kg LM (300 g TZ im Abschnitt)	1,9	19,2	195	5,5*	4,7*
7.–8. Lebensmonat; 75 kg LM (250 g TZ im Abschnitt)	2,5	25,1	206	5,4	4,8
9.–10. Lebensmonat; 88 kg LM (200 g TZ im Abschnitt)	2,7	22,9	189	4,6	4,0
11.–12. Lebensmonat; 100 kg LM (200 g TZ im Abschnitt)	2,8	24,2	193	4,7	4,1
Zuchtbock (150 kg LM)					
Erhaltung	2,4	19,2	175	4,3*	4,3*
Deckzeit	2,6	21,1	197**	4,7	4,7

[1] LTZ = durchschnittliche Lebenstagszunahmen (im Gewichtsbereich) [2] LM = Lebendmasse [3] TZ = Tageszunahmen
* Hinweis: Für die Aufzucht von Jungböcken sowie für Zuchtböcke sollten in der Kraftfuttermischung ein Ca-P-Verhältnis von 3 : 1 eingestellt werden. ** Unterstellung: Proteinträger mit – gegenüber der Erhaltungsperiode – erhöhtem UDP-Anteil

Quellen: GfE 1996, NRC 2007; ergänzt

Wenn **Zuchtböcke** großrahmiger Rassen im Alter von 1 Jahr eine Lebendmasse von ca. 100 kg aufweisen sollen, müssen sie vergleichsweise intensiv aufgezogen werden – mit Lebenstagszunahmen von etwa 260 g. Eine noch höhere Aufzuchtintensität – die an das Niveau der Mast (> 300 g) heranreicht und in Zuchtbetrieben oft praktiziert wird –, ist im Hinblick auf die Nutzungsdauer kritisch zu hinterfragen.

Der Tabelle 3.15 sind Empfehlungen zur täglichen Energie- (ME), Rohprotein- (XP) und Mineralstoffversorgung von moderat wachsenden Jungböcken zu entnehmen. Hierbei wird davon ausgegangen, dass in der vorangehenden Lämmeraufzucht (Säugezeit: 16 Wochen) 350 g Tageszunahmen erreicht werden. Die weitere Aufzucht ist in 4 Zeitabschnitte unterteilt, wobei sich die Fütterungsintensität in diesen Abschnitten schrittweise zurücknehmen lässt. Somit können ab dem 8./9. Lebensmonat vermehrt Grobfuttermittel zum Einsatz kommen.

Deckende Zuchtböcke werden in Anlehnung an die Bedarfswerte säugender Mutterschafe gefüttert. Dabei ist der Protein- und Mineralstoffversorgung mit Bezug auf die Fruchtbarkeit und Spermaqualität besondere Beachtung zu schenken (Tab. 3.15).

3.5 Besonderheiten der Fütterung von Milchschafen

3.5.1 Zielstellung

Eine sachgerechte Ernährung der Milchschafe sollte das genetische Milchleistungspotenzial ausschöpfen und dabei die Gesundheit und Fruchtbarkeit der Tiere stabil halten. Für den Erzeuger von Schafmilch sind besonders unter dem Blickwinkel der Käseherstellung Fütterungsansätze interessant, die zu hohen Milchinhaltsstoffen führen.

3.5.2 Milchinhaltsstoffe und Fütterung

Milchleistungspotenzial

Milchschafe geben zwar weniger Milch als Milchziegen, dafür ist die Käsereiausbeute bei Schafen aufgrund des hohen Caseinanteils deutlich höher.

Das Milchleistungspotenzial von Milchschafen im Vergleich zu Milchziegen lässt sich anhand der Angaben in Tabelle 3.16a abschätzen. Diese Daten beruhen auf Wirtschaftlichkeitsauswertungen in österreichischen Betrieben. Die durchschnittliche Milchmenge liegt beim Milchschaf etwa um ein Drittel unter der von Milchziegen. Die Schafmilch weist gegenüber der Ziegenmilch deutlich höhere Protein- und Fettgehalte auf. Die Proteine der Schafmilch bestehen zu hohen Anteilen aus **Casein**. Das Casein ist als sogenannter Käsestoff besonders interessant. Somit ist die Käsereiausbeute bei Schafmilch deutlich höher als bei Ziegen- oder Kuhmilch. Weitere interessante Inhaltsstoffe für die Milch der genannten Wiederkäuer finden sich in Tabelle 3.16b. Es fällt auf, dass die Schafmilch auch für die wichtigsten **Mineralstoffe und Vitamine** höhere Gehaltswerte aufweist als die Kuh- oder Ziegenmilch.

Milchzusammensetzung

Die durchschnittliche Zusammensetzung von Schafmilch der beiden häufigsten in Mitteleuropa gehaltenen Milchschafrassen – **Ostfriesi-**

Tab. 3.16a Vergleich von Milchleistung und -inhaltsstoffen zwischen Milchschaf und Milchziege.

Kennwert		Milchschaf	Milchziege
erzeugte Milchmenge (je Tier und Jahr)	kg	404	607
verkaufte Milchmenge (je Tier und Jahr)	kg	362	591
Proteingehalt (Molkerei)	%	4,65	3,16
Fettgehalt (Molkerei)	%	5,67	3,54
Milchpreis (Molkereimilch)	Cent/kg	118	67

Quelle: Ringdorfer 2011

Tab. 3.16b Mittlere Zusammensetzung von Schafmilch im Vergleich zu Ziegen- und Kuhmilch (Angaben pro 100 g).

Inhaltsstoff		Schafmilch	Ziegenmilch	Kuhmilch
Wasser	g	83,5	88,1	88,0
Protein	g	5,0	3,2	3,3
Fett	g	6,0	3,5	4,0
Milchzucker	g	4,6	4,3	4,7
Asche	g	0,9	0,9	0,7
Kalzium	mg	183,0	127,0	120,0
Phosphor	mg	115,0	109,0	92,0
Natrium	mg	30,0	42,0	48,0
Magnesium	mg	11,0	11,0	12,0
Kalium	mg	182,0	181,0	15,0
Eisen	µg	70,0	41,0	46,0
Zink	µg	426,0	248,0	380,0
Jod	µg	10,0	4,1	2,7
Kupfer	µg	6,4	5,3	2,4
Mangan	µg	5,5	4,3	2,1
Vitamin A	µg	50	68	32
Vitamin D	µg	160	250	74
Vitamin E	µg	200	100	100
Thiamin (Vit. B_1)	µg	48	49	37
Riboflavin (Vit. B_2)	µg	230	150	180
Niacin (Vit. B_3)	µg	450	320	90
Pyridoxin (Vit. B_6)	µg	80	27	36
Folsäure (Vit. B_9)	µg	5,0	0,8	6,7
Cobalamin (Vit. B_{12})	µg	510	70	420
Vitamin C	mg	4,3	2,0	1,7

Quellen: Souci et al. 2000, Kengeter 2004, Ringdorfer 2011; ergänzt

sches Milchschaf und **Lacaune-Schaf** – ist in der Tabelle 3.17 dargestellt. Die dort aufgeführten Inhaltsstoffe basieren auf Milchleistungsergebnissen aus schweizerischen Betrieben (SMG 2016). Das ausgewiesene Leistungsniveau liegt in diesen Betrieben höher als in den oben genannten österreichischen Milchschafbetrieben. Zwischen den Rassen sind gerichtete Unterschiede erkennbar. Lacaune-Schafe weisen gegen-

Tab. 3.17 Vergleich von Milchleistung und -inhaltsstoffen zwischen Ostfriesischem Milchschaf und Lacaune-Schaf (Milchleistungsprüfung Schweiz, jeweils 1.–6. Laktation).

Merkmal		Ostfriesisches Milchschaf (n = 194)	Lacaune-Schaf (n = 1380)
Milchmenge	kg	449	556
Protein	%	5,11	5,31
Fett	%	6,05	7,01
Milchzucker (Laktose)	%	4,72	4,66
Milchharnstoff	mg/100 ml	29	34

Quelle: SMG 2016

über Ostfriesischen Milchschafen höhere Milchmengenleistungen, Protein- und Fettgehalte in der Milch auf. Für den Milchzucker- und den Milchharnstoffgehalt zeigen sich dagegen keine nennenswerten Rassenunterschiede. Bei einer Laktationsdauer von 240 Tagen ergibt sich eine durchschnittliche tägliche Milchleistung von 2,1 kg. In der Laktationsspitze kann die Tagesleistung auf bis zu 3,5 kg Milch ansteigen.

Die nachfolgenden Ausführungen zeigen die Einflüsse der Fütterung auf die genannten Milchinhaltsstoffe. Hierbei werden die verschiedenen Einflussgrößen systematisch behandelt.

Einfluss der Energieversorgung

Hierunter ist im engeren Sinne die Höhe der täglichen Energieversorgung zu verstehen, in einem weiteren Verständnis auch die Höhe der täglichen Futteraufnahme. Grundsätzlich besteht eine positive Beziehung zwischen dem Energieversorgungsniveau und der Milchleistung. Der Einfluss der Energieversorgung auf die Milchzusammensetzung ist dagegen weniger eindeutig. Hierbei ist zu beachten, dass Überlagerungseffekte durch das Laktationsstadium bestehen. Die Möglichkeiten, die Milchzusammensetzung durch die Fütterung zu beeinflussen, sind für den Inhaltsstoff Fett größer als für Eiweiß bzw. Casein. Der Milchfettgehalt steht in einer gegensätzlichen Beziehung zur Energiebilanz. Somit führt ein hohes Ernährungsniveau zu einem Rückgang des Milchfettgehaltes. Die Beziehung zwischen Milcheiweißgehalt und Ernährungsniveau ist dagegen positiv.

Fazit für die Praxis

- Je höher die Energieversorgung,
- desto höher die Milchleistung,
- desto niedriger der Milchfettgehalt,
- desto höher der Milcheiweißgehalt.

Energieunterversorgung

Milchschafe, die in extensiven Produktionssystemen gehalten werden, sind zumindest phasenweise mit Energie und Protein unterversorgt. Aber auch unter intensiven Bedingungen treten Unterversorgungszustände auf. Beispielsweise zu Beginn der Laktation, wo die hohen Milchleistungen eine hohe Nährstoffversorgung erfordern. Eine negative Energiebilanz, verursacht durch eine Nährstoffunterversorgung, führt zu einem Abfall der Milchleistung und des Milchproteingehaltes und einem Anstieg des Milchfettgehaltes. Dieser Anstieg ist auch eine Folge des Körperfettabbaus, der bei anhaltender Nährstoffunterversorgung einsetzt. Die beschriebenen Vorgänge sind vor allem zu Beginn der Laktation zu beobachten.

Eine anhaltende Unterversorgung in der Mitte und am Ende der Laktation führt ebenfalls zu einem starken Rückgang der Milchleistung (– 31 %) und ansteigenden Milchfettgehalten (+ 16 %), während der Milchproteingehalt unbeeinflusst bleibt.

Eine in der Laktation durchgehend moderate Energieunterversorgung (80 % des Energiebedarfs) – bei gleichzeitig ausreichender Proteinversorgung – führte in einem Versuch mit Lacaune-Schafen zu einem starken Abfall der Milchleistung (– 46 %). Eine starke Zurücknahme der Energieversorgung in der zweiten Hälfte der Laktation wirkt sich in ähnlicher Weise auf die Milchleistung (– 37 %) aus.

Hohe Energieversorgung

Auch eine Nährstoffüberversorgung kann unter praktischen Bedingungen stattfinden – wie z. B. bei Gruppenhaltung. Zu beobachten ist eine Überversorgung insbesondere in der Mitte und am Ende der Laktation. Dieser Effekt führt zu einer **Wiedereinlagerung von Körperreserven**. Der Vorgang geht mit dem **Anstieg des Eiweißgehaltes in der Milch** einher.

Der Wechsel von zunächst niedriger auf hohe Energieversorgung hat vorteilhafte Effekte auf die Persistenz (Durchhaltevermögen) und die Milchzusammensetzung. Versuche haben gezeigt, dass sich die negativen Effekte eines vorübergehenden Energiedefizites vom Milchschaf fast wieder ausgleichen lassen. Die Milchleistung kann annähernd auf das alte Niveau zurückgeführt werden. Allerdings ist hierfür ein zusätzlicher Energieaufwand erforderlich (139 % des Energiebedarfes). Es ist aber zu beachten, dass abrupte Wechsel in der Energieversorgung (von hoch zu niedrig oder umgekehrt) zu einem Extra-Abfall der Milchleistung führen.

Vermeiden Sie plötzliche Futterumstellungen während der Laktation, da es für die Schafe Stress bedeutet und zu einem Abfall der Milchleistung führt.

Einfluss der Proteinversorgung

In einem umfangreichen Fütterungsversuch wurde der Einfluss steigender Proteingehalte in der Tagesration laktierender Milchschafe überprüft. Mit steigendem Proteingehalt (14, 16, 19 oder 21 % XP in der Trockenmasse der Gesamtration) war zunächst (bis 19 % XP) ein Anstieg der Tagesmilchmenge festzustellen. Tiere mit einem Proteingehalt von 21 % XP fielen in ihrer Milchleistung wieder ab. Die Milchinhaltsstoffe (Fett- und Reineiweißgehalt) verringerten sich mit steigendem XP-Gehalt. Der Gehalt an Milchharnstoff stieg dagegen kontinuierlich an.

Fazit für die Praxis

Ein XP-Gehalt von 19 % in Rationen für laktierende Milchschafe ist ausreichend – das ergaben umfangreiche Fütterungsversuche. Bis zu diesem Proteinanteil stieg die Tagesmilchmenge an. XP-Gehalte über 19 % führten hingegen zu einer geringeren Milchmenge.

Auf den Aspekt der Abbaubarkeit des Futterproteins im Pansen wird unter dem Punkt „Geschütztes Protein“ eingegangen.

Effekte von Futterzusätzen

Geschütztes Fett

Fett als energieliefernder Stoff ist grundsätzlich geeignet, die Energieversorgung hochleistender Schafe zu stabilisieren. Aus der Milchkuhfütterung ist allerdings bekannt, dass Futterfette zu Verdauungsdepressionen im Pansen führen können – mit der Folge absinkender Milchfett- und Milchproteingehalte. Offenbar sind diese Zusammenhänge aber für das Milchschaf weniger eindeutig zu beobachten.

Eine Alternative zum einfachen Fettzusatz kann der Einsatz geschützter Fette sein (z. B. **Kalzium-Seifen** oder ganze **Ölsaaten**). Bei Lacaune-Schafen wurden unter den Bedingungen der Stallfütterung der Einsatz von Kalzium-Seifen sowie Kombinationen von Kalzium-Seifen mit ganzer Baumwollsaat bzw. ganzer Sonnenblumen geprüft. Der Rohfettanteil stieg in den Versuchsgruppen von 2,5 % (Kontrollgruppe) auf jeweils 7 % in der Rationstrockenmasse (Versuchsgruppen) an. Die Autoren stellten bei Einsatz von Kalzium-Seifen eine konstante Milchmenge sowie einen Anstieg des Milchfettgehaltes bei gleichzeitig geringem Rückgang des Milcheiweißgehaltes fest. Für laktierende Milchschafe sollte die tägliche Gabe auf 70 g Kalzium-Seifen pro Tier und Tag beschränkt bleiben.

Beim kombinierten Einsatz von Kalzium-Seifen mit ganzen Sonnenblumen waren ähnliche Effekte zu verzeichnen. Lediglich die Kombination aus Kalzium-Seifen mit ganzer Baumwollsaat führte zu einem geringen Abfall der Milchleistung bei ansteigendem Fett- und Eiweißgehalt.

Als optimale Tagesgaben gelten 100–120 g geschütztes Fett (Kalzium-Seifen auf der Basis von Palmöl). Mit der Verringerung des Milcheiweißgehaltes geht beim Einsatz von Kalzium-Seifen eine proportionale Verringerung des Caseinanteils einher. Auch das Fettsäurenmuster des Milchfettes kann sich infolge des Fettsäurenmusters der eingesetzten Kalzium-Seifen verändern. Diese mögliche Beeinflussung muss im Hinblick auf die geschmacklichen Eigenschaften des aus solcher Schafmilch gewonnenen Käses beachtet werden.

Fazit für die Praxis

Der Einsatz von Kalzium-Seifen sowie die Kombination mit ganzen Sonnenblumen führte in Untersuchungen zu

- konstanter Milchmenge,
- Anstieg des Milchfettgehaltes und
- geringem Rückgang des Milcheiweißgehaltes.

Beim Einsatz von Kalzium-Seifen kam es zusätzlich zum geringeren Milcheiweißgehalt zu einer proportionalen Abnahme des Caseinanteils. Auch das Fettsäurenmuster kann sich ändern.
Die Kombination aus Kalzium-Seifen mit ganzer Baumwollsaat führte zu

- einem geringen Abfall der Milchleistung,
- ansteigendem Fettgehalt und
- ansteigendem Eiweißgehalt.

Geschütztes Protein

Der Einsatz von vor dem Abbau im Pansen geschütztem Protein soll die energieabhängige, mikrobielle Proteinbildung im Pansen entlasten und somit Hochleistungstiere stabilisieren. Für laktierende Milchschafe liegen Untersuchungsergebnisse zum Einsatz von pansenstabilen Sojabohnen vor (behandelt mit Lignozellulose). In einem Fütterungsversuch war gegenüber der Kontrollvariante (unbehandelte Sojabohnen) ein Anstieg der Milchmengenleistung bei gleichzeitig konstanten Fett-, Eiweiß- sowie Caseingehalten zu verzeichnen.

Fazit für die Praxis

Der Einsatz von pansenstabilen Sojabohnen in Fütterungsversuchen führte zu

- einem Anstieg der Milchmengenleistung,
- konstantem Fettgehalt,
- konstantem Eiweißgehalt und
- konstantem Caseingehalt.

Geschützte Aminosäuren

Ein weiterer Weg kann der Einsatz geschützter Aminosäuren in Rationen für hochlaktierende Milchschafe sein. Hierbei kommt der für die Milchproteinbildung begrenzenden Aminosäure **Methionin** eine besondere Bedeutung zu. In einem Fütterungsversuch mit Lacaune-Schafen wurde der Einsatz von 3 oder 6 g geschütztem Methionin pro Tier und Tag in der Frühlaktation geprüft. Die Schafe erhielten eine Grundration, die entweder aus Grassilage oder aus Heu bestand. Die Fütterungsgruppen wiesen jeweils eine positive Energie- und Proteinbilanz auf. Der Milcheiweißgehalt stieg gegenüber der Kontrollgruppe an, während die Milchmenge und der Fettgehalt unbeeinflusst blieben. Für die Tiere, welche die Grassilageration erhielten, zeigte sich ein deutlicherer Effekt auf den Milcheiweißgehalt als für die Tiere mit der Heuration.

Fazit für die Praxis

Laut Fütterungsversuch führt der Einsatz von geschützten Aminosäuren zu einem Anstieg des Milcheiweißgehaltes. Milchmenge und Fettgehalt änderten sich nicht.

Einfluss der Fütterungsstrategie

Höhe und Häufigkeit der täglichen Kraftfutterversorgung

Hohe Tageskraftfuttergaben führen zu einer verbesserten Energieversorgung der Tiere. Diese hat – wie oben gezeigt – eine Abnahme des Milchfettgehaltes und einen Anstieg des Milcheiweißgehaltes zur Folge. Bei stark erhöhten Kraftfutteranteilen in der Ration (> 60 % in der Trockenmasse) kommt es zu einem Depressionseffekt in Bezug auf die Milchinhaltsstoffe Fett und Eiweiß.

Kraftfutter besteht in der Regel aus leichtverdaulichen Kohlenhydraten wie Stärke und Zucker. Diese werden im Pansen sehr rasch abgebaut mit der Folge, dass der Pansen-pH-Wert stark absinkt und die mikrobielle Proteinbildung sowie der Abbau der Strukturkohlenhydrate (Rohfaser) gestört ist. Durch die Verteilung der Kraftfuttergaben auf mehrere Portionen lässt sich diese Belastung verringern.

Verteilen Sie die Kraftfuttergabe auf mehrere Portionen.

Nach den bereits genannten Wirtschaftlichkeitsuntersuchungen (Ringdorfer 2011) verursachen die Futterkosten etwa die Hälfte der Direktkosten in der Milchschafhaltung. Hiervon entfällt wiederum die Hälfte auf Kraftfutterkosten. Die Wirtschaftlichkeit lässt sich also entscheidend verbessern, indem diese Futtermittel möglichst effizient eingesetzt werden.

Gruppenfütterung

In größeren Milchschafherden erfolgt in der Regel eine herden- oder gruppenbezogene Fütterung. Insbesondere bei unterschiedlich zusammengesetzten Herden (stark unterschiedliche Tagesmilchleistungen, Lebendmassen) ist es schwierig, bedarfsgerechte Rationen zu bilden. Untersuchungen an Lacaune-Milchschafen zeigen, dass eine anhaltende Überversorgung, insbesondere in der Mitte und am Ende der Laktation, die Milchleistung und die Milchinhaltsstoffe nicht positiv beeinflusst, sondern zu hohen Gewichtszunahmen führt. Die kann Stoffwechselprobleme nach sich ziehen.

Fazit für die Praxis

Eine zeitlich dicht gedrängte Ablammsaison (bzw. Deckperiode) oder die Bildung von Leistungsgruppen kann ein sinnvoller Ansatz sein, die Tiere leistungsgerecht zu versorgen.

3.5.3 Praktische Durchführung der Milchschaffütterung

3.5.3.1 Futteraufnahme

Die Futteraufnahme von Milchschafen unterliegt grundsätzlich den Einflussgrößen, wie sie in den Kapiteln 1.2 und 3.1.2.1 ausführlich beschrieben wurden. Für laktierende Milchschafe wirken folgende begrenzende Faktoren auf die tägliche Futteraufnahme:

- die Lebendmasse
- das Laktationsstadium
- die Höhe der täglichen Milchleistung
- die Energiekonzentration der Ration

In der Tabelle 3.18 ist für relevante Lebendmassebereiche und Leistungsstadien die zu erwartende tägliche Futteraufnahme von laktierenden Milchschafen ausgewiesen.

3.5.3.2 Richtwerte zur Energie-, Protein- und Mineralstoffversorgung laktierender Milchschafe

Für die Milchschaffütterung lassen sich – wie unter Kapitel 1.5.1 erläutert – die **Umsetzbare Energie (ME)**, aber auch die **Nettoenergie-Laktation (NEL)** als Maßstab für die Energieversorgung heranziehen. In den Tabellen 3.19 (a, b, c) werden die Richtwerte für die Energieversorgung von laktierenden Milchschafen auf der Basis von ME und

Tab. 3.18 Tägliche Futteraufnahme (kg Trockenmasse pro Tier und Tag) und Milchleistung (kg Milch/Tag) von laktierenden Milchschafen, differenziert nach Laktationsstadien und Lebendmassen.

Laktationsstadium	Lebendmasse			
	70 kg (kg Milch/Tag)	80 kg (kg Milch/Tag)	90 kg (kg Milch/Tag)	100 kg (kg Milch/Tag)
1. Laktationsdrittel (ca. 80 Tage)	2,3 (2,8)	3,0 (3,0)	3,3(3,2)	3,5 (3,4)
2. Laktationsdrittel (ca. 80 Tage)	2,3 (1,9)	3,1 (2,0)	3,4 (2,1)	3,6 (2,3)
3. Laktationsdrittel (ca. 80 Tage)	2,6 (0,9)	2,8 (1,0)	3,0 (1,1)	3,3 (1,1)

Quelle: NRC 2007

NEL angegeben. Die Angaben für die Proteinversorgung beziehen sich auf die Kenngrößen Rohprotein bzw. nutzbares Protein (nXP). Für die Versorgung leerer bzw. tragender Milchschafe kann man die in der Tabelle 3.19c angegebenen Daten heranziehen.

Am Beispiel der in den Tabellen 3.19a und b dargestellten Richtwerte für laktierende Milchschafe lassen sich die verschiedenen Faktoren zeigen, die den Bedarf dieser Tiere beeinflussen. In Tabelle 3.19a wird von einer Stallfütterung ausgegangen. Es wird zunächst der Erhaltungsbedarf festgelegt, der sich an der Lebendmasse orientiert. Im zweiten Schritt erfolgt die Ableitung des Leistungsbedarfes für das Produkt Milch. Da die Schafmilch – wie in Kapitel 3.5.2 beschrieben – auf hohem Niveau variierende Inhaltsstoffgehalte aufweist, sollte man den Leistungsbedarf auf der Basis der herdenbezogenen Milchinhaltsstoffe (Ergebnisse der monatlichen Milchleistungsprüfung) kalkulieren, um Fehleinschätzungen zu vermeiden.

Praxis-Tipp

Der Energiebedarf für 1 kg Milch lässt sich mit folgenden Formeln berechnen:
ME (MJ/kg) = (0,38 × Fett % + 0,21 × Protein % + 0,95)/0,63
oder
NEL (MJ/kg) = (0,39 × Fett %) + (0,24 × Protein %) + (0,017 × 47)

Für die in der Tabelle 3.19a angegebenen Werte wurde in der Schafmilch ein Proteingehalt von 5,3 % sowie ein Fettgehalt von 6,0 % unterstellt. Somit ergibt sich ein Energiebedarf pro kg Milch in Höhe von 6,7 MJ ME oder 4,4 MJ NEL.

Die in der Tabelle 3.19b dargestellten Richtwerte beziehen sich auf laktierende Milchschafe mit Weidegang (Koppelweide). Diese Haltungsform bedingt für den Erhaltungsbedarf einen ME-Zuschlag von etwa 10 %. Während des Weideganges ist das Weidegras der herausragende Rationsbestandteil.

Fazit für die Praxis

Nimmt ein Milchschaf hochverdauliches Weidegras auf, ist insbesondere ein geringerer Milchfettgehalt zu erwarten. Somit sind geringere Energiegehalte in der Milch und damit ein geringerer Leistungsbedarf zu kalkulieren.

Ein Vergleich des täglichen Energiebedarfes für die Stallhaltung und den Weidegang (Tab. 3.19a und b) – bei gleicher Tagesmilchmenge – zeigt, dass dieser sich praktisch nicht unterscheidet. Die beiden dargestellten unterschiedlichen Effekte heben sich also auf.

Ergänzend zu den Richtwerten für die Energie- und Proteinversorgung sind in Tabelle 3.20 die Empfehlungen zur täglichen Mineralstoffversorgung (Mengenelemente) von Milchschafen angegeben. Angaben für die Spurenelementversorgung dieser Tiere können der Tabelle 3.5b entnommen werden.

Tab. 3.19a Richtwerte für die Energie- (ME; NEL) und Proteinversorgung (XP) von laktierenden Milchschafen (Beispiel Tagesbedarf für Milchschaf mit 80 kg LM; Stallfütterung).

Leistungsstadium	ME (MJ)	NEL (MJ)	Rohprotein [nutzbares XP (g)]
Erhaltungsbedarf (80 kg LM)	9,6	6,9	95
Leistungsbedarf (1 kg Milch)[1]	6,7	4,4	116
Laktierend und Stallfütterung			
2 kg Milch	23,0	15,7	327
3 kg Milch	29,7	20,1	443
4 kg Milch	36,4	24,5	559

[1] unterstellt: 5,3 % Eiweiß; 6,0 % Fett

Tab. 3.19b Richtwerte für die Energie- (ME; NEL) und Proteinversorgung (XP) von laktierenden Milchschafen (Beispiel Tagesbedarf für Milchschaf mit 80 kg LM; Weidegang).

Leistungsstadium	ME (MJ)	NEL (MJ)	Rohprotein [nutzbares XP (g)]
Erhaltungsbedarf (80 kg LM)[1]	10,6	7,6	95
Leistungsbedarf (1 kg Milch)[2]	6,4	4,2	109
Laktierend und Weidegang			
2 kg Milch	23,4	16,0	313
3 kg Milch	29,8	20,2	422
4 kg Milch	36,2	24,4	531

[1] inkl. 10 % Zuschlag für Weidegang [2] unterstellt: 5,0 % Eiweiß; 5,7 % Fett

Tab. 3.19c Empfehlungen zur täglichen Energie- (ME; NEL) und Proteinversorgung (XP) von Milchschafen für den Erhaltungsbedarf (Güstzeit) sowie die niedertragende und hochtragende Zeit unter den Bedingungen der Stallhaltung.

Lebendmasse	Leistungsstadium	ME (MJ)	NEL (MJ)	XP oder nXP (g)
70 kg	Erhaltung	8,0	5,7	75
	niedertragend	8,0	5,7	110
	hochtragend	13,0 / 16,3[1]	9,3 / 11,6	175
80 kg	Erhaltung	9,6	6,9	95
	niedertragend	9,6	6,9	130
	hochtragend	14,6 / 17,9	10,5 / 12,9	195
90 kg	Erhaltung	11,2	8,1	115
	niedertragend	11,2	8,1	150
	hochtragend	16,2 / 19,5	11,7 / 14,1	215

[1] Zwillingsträchtigkeit mit 3 kg / 5 kg Geburtsgewicht pro Lamm

Quelle: GfE 2006, Salewski 1996; ergänzt

Tab. 3.20 Richtwerte für die tägliche Versorgung mit Mengenelementen von laktierenden Milchschafen.

Lebendmasse (kg)	Milchleistung (kg/Tag)	Kalzium (g)	Phosphor (g)	Magnesium (g)	Natrium (g)
–	1,0	3,2	2,2	1,0	0,4
70	2,0	9,7	8,5	3,2	1,7
70	3,0	12,9	10,7	4,2	2,2
80	2,0	10,7	10,0	3,4	1,8
80	3,5	15,4	13,1	4,9	2,5
90	2,0	11,1	10,5	3,6	1,9
90	4,0	17,4	14,7	5,6	2,8

Quelle: NRC 2007; ergänzt

3.5.3.3 Rationsgestaltung für laktierende Milchschafe

Die Tabellen 3.21 bis 3.23 zeigen Beispiele für **Kraftfuttermischungen** und Tagesrationen für die Fütterung laktierender Milchschafe. Die Tagesrationen in der Tabelle 3.22 beziehen sich auf **Futterkonserven**, die im Stall vorgelegt werden (Stallfütterung). Diese Tagesrationen sind für eine tägliche Milchleistung von 3,5 kg ausgelegt, wie sie im 1. Laktationsabschnitt – Lammung im Spätwinter – denkbar sind. Mit den zur Verfügung stehenden hochwertigen Grobfuttermitteln lassen sich hohe Futteraufnahmen realisieren. Allerdings sind zusätzliche Kraftfuttergaben erforderlich, um die hohe Leistung weitgehend zu „erfüttern“. Der Abbau von Körpersubstanz sollte möglichst gering gehalten werden.

Die Rationen bewegen sich hinsichtlich der wiederkäuergerechten Versorgung mit Rohfaser an der Grenze. Nur wenn eine ausgefeilte Fütterungstechnik gegeben ist, kann man einen Rohfaseranteil von 16 % (bezogen auf die Gesamt-Trockenmasseaufnahme) tolerieren. Zur Stabilisierung der Energieversorgung kann auf spezielle Kraftfuttermischungen mit erhöhtem Energiegehalt und UDP-Anteil zurückgegriffen werden (Tab. 3.21, Mischung V bzw. Tab. 3.22, Ration B). Insbesondere mit dem Ziel, hohe Milcheiweißgehalte zu erreichen, gewinnt diese Maßnahme an Bedeutung. Wird auf die energiereiche Maissilage verzichtet, muss man dies mit erhöhten Kraftfuttergaben ausgleichen (Ration C).

Hochleistende Milchschafe benötigen eine gezielte **Mineralstoffversorgung**. Die Rationsbeispiele in der Tabelle 3.22 verdeutlichen diese Aussage. Für alle Rationsbeispiele musste eine zusätzliche Mineralfuttermischung berücksichtigt werden. Hierbei wurde unterstellt, dass die Leistungskraftfuttermischung mineralisch ergänzt ist. Für eine gezielte

Fütterung der laktierenden Milchschafe sind umfassende und exakte Rationsberechnungen unerlässlich.

Weitere Rationsbeispiele für die Sommerfütterung werden in der Tabelle 3.23 gezeigt. In allen Rationen dominiert **(Weide-)Gras als Grobfuttermittel**. Unter den Bedingungen des Weidegangs kann die für die Stallfütterung unterstellte sehr hohe Futteraufnahme nicht erreicht werden. Deshalb wurde eine maximale tägliche Futteraufnahme von 2,8 kg Trockenmasse (TM) unterstellt. Die mit solchen Rationen maximal zu „erfütternde" Leistung liegt unter den genannten Bedingungen ebenfalls bei 3,5 kg Milch.

Wie die Ration D aus Tabelle 3.23 zeigt, lässt sich mit **jungem Gras** aus dem 1. Aufwuchs eine hohe Milchleistung realisieren. Den Proteinüberschuss aus dem Grünfutter muss man aber mit eiweißarmen Futtermitteln wie Getreide (Gerste) oder zuckerarmen Trockenschnitzeln ausgleichen. Alternativ kann auch eine spezielle Kraftfuttermischung mit verringertem Rohproteingehalt zum Einsatz kommen.

Die in der Tabelle 3.21 dargestellte Mischung IV erfüllt mit einem Rohproteingehalt von 14 % diese Anforderung (eiweißarm). Bezogen auf die Tagesration sollte die ruminale Stickstoffbilanz (RNB) einen Wert von + 5 g nicht überschreiten. Dieses Ziel konnte in der Ration D nicht ganz erreicht werden.

Der Energiegehalt ist in älterem Gras bzw. Gras aus dem 2. Aufwuchs meist erniedrigt. Das Rationsbeispiel F verdeutlicht, dass mit überständigem Gras als alleinigem Grobfutter keine hohe Milchleistung möglich ist. Trotz vergleichsweise hohem Kraftfuttereinsatz lassen sich nur etwa 2 kg Milch erfüttern.

Um auch unter den Bedingungen mit älterem bzw. überständigem Gras hohe Milchleistungen und stabile Eiweißgehalte zu realisieren, sollte man gezielt energiereiche Grobfuttermittel beifügen. Hierbei bieten sich insbesondere Pressschnitzelsilage oder Maissilage an (vgl. Tab. 3.23, Rationen G und H).

Gleichzeitig verdeutlichen die Rationsbeispiele mit der definierten Zielleistung von 2 kg Milch, dass mit zunehmender Laktationsdauer und damit zurückgehender Milchleistung die Beifütterung von teurem Kraftfutter konsequent zurückgefahren werden kann. Insgesamt zeigen die Beispiele in Tabelle 3.23, dass sich mit gutem Weidemanagement und daraus resultierenden hohen Futterwerten im Weideaufwuchs bzw. in den Grünlandkonservaten kostengünstig Schafmilch erzeugen lässt.

Tab. 3.21 Kraftfuttermischungen für laktierende Schafe bzw. Ziegen (Angaben in %).

Futtermittel	Mischung I (18/3)[1]	Mischung II (18/3)	Mischung III (18/3)	Mischung IV (14/3)	Mischung V (19/4)[2]
Sojaextraktionsschrot	23	–	–	–	12
Sojaextraktionsschrot (pansengeschützt)	–	–	–	–	10
Sojakuchen	–	13	–	–	–
Rapsextraktionsschrot	–	–	24	18	9
Ackerbohnen	–	22	13	–	–
Melasseschnitzel	14,5	–	10,5	10	9
Hafer	31	39	25	28	–
Gerste	28	20	25	21,5	30
Körnermais	–	–	–	20	27
Mineralfutter	3,0	3,0	1,5	1,0	1,5
Kohlensaurer Futterkalk / Viehsalz	0,5	1,0	1,0 / –	1,3 / 0,2	1,3 / 0,2

[1] 18/3 = 18 % Rohprotein und Energiestufe 3 (6,7 MJ NEL bzw. 10,8 MJ ME/kg Kraftfutter)
[2] 19/4 = 19 % Rohprotein (40 % UDP) und Energiestufe 4 (7,2 MJ NEL bzw. 11,4 MJ ME/kg Kraftfutter)

Tab. 3.22 Rationsbeispiele für laktierende Milchschafe (mit 80 kg LM und 3,5 kg Milch pro Tag, Stallfütterung mit Futterkonserven).

Futtermittel	Rationstypen (Tagesmenge in kg/Schaf)		
	A	B	C
Heu (1. Aufwuchs, Mitte-Ende Blüte)	0,25	0,45	0,35
Grassilage (1. Aufwuchs, Ähren- / Rispenschieben)	2,5	2,0	4,0
Maissilage (Ende Teigreife)	2,5	2,0	–
Kraftfuttermischung (18/3)[1]	1,4	–	–
Kraftfuttermischung (19/4 + UDP)[2]	–	1,5	0,9
Wintergerste	–	–	0,75
Mineralfuttermischung	0,02	0,03	0,02
Futteraufnahme (kg TM)	3,3	3,2	3,2
Rohfaserversorgung (% in der TS der Gesamtration)	17	16	16

[1] 18/3 = 18 % Rohprotein und Energiestufe 3 (6,7 MJ NEL bzw. 10,8 MJ ME/kg Kraftfutter)
[2] 19/4 = 19 % Rohprotein (40 % UDP) und Energiestufe 4 (7,2 MJ NEL bzw. 11,4 MJ ME/kg Kraftfutter)

Tab. 3.23 Rationsbeispiele für laktierende Milchschafe (mit 80 kg LM und 3,5 kg bzw. 2 kg Milch pro Tag, Weidegang).

Futtermittel	Rationstypen (Tagesmengen in kg/Schaf)				
	D	E	F	G	H
	3,5 kg / 2 kg	3,5 kg / 2 kg	2 kg	3,5 kg / 2 kg	2 kg
Gras (1. Aufwuchs, Ähren-/Rispenschieben)	10,0	–	–	–	–
Gras (2. Aufwuchs 7–9 Wochen)	–	8,0	–	6,0	–
Gras (1. Aufwuchs, spät)	–	–	8,0	–	6,0
Maissilage (Ende Teigreife)	–	–	–	2,0	2,0
Kraftfuttermischung (18/3)[1]	–	0,2 / –	0,25	0,9 / –	–
Ackerbohnen	–	–	–	– / 0,2	0,15
Wintergerste	0,85 / 0,25	1,0 / 0,6	0,3		–
Mineralfutter	0,05 / 0,03	0,03 / 0,02	0,02	0,04 / 0,03	0,03
Futteraufnahme (kg TM)	2,6 / 2,1	2,7 / 2,2	2,1	2,8 / 2,1	2,1
Rohfaserversorgung (% in der TS der Gesamtration)	18 / 21	19 / 22	23	20 / 22	23
Bemerkungen	RNB > 5 g[2]	–	–	–	RNB < 0 g

[1] 18/3 = 18 % Rohprotein und Energiestufe 3 (6,7 MJ NEL bzw. 10,8 MJ ME/kg Kraftfutter)
[2] RNB = Ruminale Stickstoffbilanz (anzustreben: 0 bis max. 5 g in der Tagesration)

Fazit für die Praxis

Mit gutem Weidemanagement und dadurch hohen Futterwerten im Weideaufwuchs bzw. in den Grünlandkonservaten lässt sich kostengünstig Schafmilch erzeugen.
Zusammenfassend sind bei der Rationsgestaltung für laktierende Milchschafe folgende Eckpunkte zu beachten:

- Rohfasergehalt in der Gesamtration: > 160 g/kg TM („Struktur" beachten)
- Anteil an Stärke und Zucker in der Gesamtration: < 250 g/kg TM
- RNB in der Gesamtration: 0–5 g

3.5.3.4 Fütterungscontrolling

Die vorangegangenen Kapitel zeigen, dass laktierende Milchschafe besonders hochleistende Tiere sind. Somit kommt dem Herdenmanagement und hier dem Fütterungscontrolling eine wichtige Bedeutung zu. Unter Fütterungscontrolling versteht man eine **produktionsbegleitende und proaktive Überprüfung** der Kette „Futtermittel – Futtervorlage – Futteraufnahme – Tiergesundheit – Tierleistung". Konkrete Vorschläge für ein solches Fütterungscontrolling in Milchschafherden sind in Tabelle 3.24 zusammengestellt. Die dort vorgeschlagenen Maßnahmen

Tab. 3.24 Fütterungscontrolling für laktierende Milchschafe (Stallhaltung oder Weidegang).

Zeitraum	Bereich	Stall oder Weide	Zielgrößen, Beispiele
täglich			
	Milchschafe		Leistungsgruppe „hoch“: 3,5 kg Milch pro Tier/Tag Leistungsgruppe „mittel“: 2,0 kg Milch pro Tier/Tag
	Futteraufnahme	Stall	z. B. „hoch“ > 3 kg TM pro Tier/Tag
		Weide	z. B. „hoch“ > 2,5 kg T; pro Tier/Tag
	Futtervorlage	Stall	Liegt immer Futter bereit? Findet starke Futterselektion statt?
		Weide	Steht eine ausreichende Fläche an weidereifem Aufwuchs zur Verfügung?
wöchentlich			
	Milchinhaltsstoffe (Molkerei: Herde)	Stall	Fett > 5,5 % Protein > 5,0 %
		Weide	Fett > 5,0 % Protein > 4,7 %
	Grundration	Stall	Futteraufnahme in kg TM pro Tier/Tag hygienischen Zustand, physikalische Struktur (ggf. Mischqualität, Homogenität) prüfen
	Silagen	Stall	Nacherwärmung Sauberkeit überprüfen
	Kraftfuttermengen	Stall	„hoch“: max. 450 g Kraftfutter pro kg Milch „mittel“: max. 200 g Kraftfutter pro kg Milch
	Kraftfutter: Einzelfuttermittel, Mischung	Stall	Lagerbestand: Mengen feststellen Hygienezustand prüfen
	Weidefuttermenge Weidefläche	Weide	Futteraufnahme pro Tier/Tag: 2 kg TM Zuteilung der Weidefläche an Aufwuchshöhe orientieren
	Beifütterung	Weide	Höhe der täglichen Beifuttermenge (Silage, Kraftfutter) anpassen
	Kraftfuttermengen	Weide	„hoch“: max. 350 g Kraftfutter pro kg Milch „mittel“: max. 200 g Kraftfutter pro kg Milch
monatlich			
	Milchschafe, Milchinhaltsstoffe (Milchleistungsprüfung: Einzeltiere, Leistungsgruppen)		Körperkondition (stichprobenartige Rückenfettdickenmessung) beurteilen Klauengesundheit prüfen; Fett > 5,5 % Protein > 4,7 % Milchharnstoff 35–50 mg/100 ml Milch
ständig			
	Milchschafe (Leistungsgruppen)		Fressverhalten, Wiederkauaktivität stichprobenartig prüfen

sind nach zeitlichen Gesichtspunkten differenziert. Die Zahlenbeispiele korrespondieren mit den vorgestellten Rationsbeispielen (Tab. 3.22 und 3.23).

Eine besondere Bedeutung innerhalb des Fütterungscontrollings nimmt die Beurteilung der im Rahmen der monatlichen Milchleistungsprüfung erhobenen **tierindividuellen Milchinhaltsstoffe** ein. Neben dem Protein- und Fettgehalt wird hier auch der Harnstoffgehalt der Milch ermittelt. Während der Fettgehalt Rückschlüsse auf eine wiederkäuergerechte Fütterung zulässt (s. Kapitel 1.3), kann der Milcheiweißgehalt für die Energieversorgung und der Milchharnstoffgehalt für die Proteinversorgung herangezogen werden. Eine stark positive ruminale Stickstoffbilanz (RNB) belastet das Tier mit Stickstoff. Dieser muss in der Leber zu Harnstoff umgebaut und mit dem Harn ausgeschieden werden. Der Belastungsgrad der Tiere kann über den Milchharnstoffgehalt abgelesen werden. Bei Milchschafen ist diese **Grenze bei 50 mg Harnstoff pro 100 ml Milch** erreicht (Bellof und Heindl 1997). Die Untergrenze dürfte bei den hiesigen Milchschafrassen bei 35 mg Harnstoff pro 100 ml Milch liegen.

Zu viel Rohprotein ist ungesund und verbraucht Energie!

Nimmt das Schaf Rohprotein im Überschuss auf, entsteht mehr Ammoniak. Die energieaufwendige Harnstoffsynthese in der Leber muss folglich gesteigert werden. Somit bedeutet Rohproteinüberhang in der Ration immer eine Belastung des Energiehaushaltes.

Auch die Proteinneubildung im Stoffwechsel läuft unter hohem Energieverbrauch ab. Eine gute Energieversorgung hat somit einen positiven Einfluss auf den Eiweißgehalt der Milch. Im Umkehrschluss kann die Abschätzung der Energieversorgung über den **Milcheiweißgehalt** vorgenommen werden. Der mittlere Milcheiweißgehalt in der Schafmilch wurde in Tabellen 3.19a und b mit 5–5,3 % angegeben. Milcheiweißgehalte unter 4,7 % dürften nach eigenen Untersuchungen einen Energiemangel, Gehalte von mehr 6,2 % eine Energieüberversorgung anzeigen. Aus der Kombination der genannten „Grenzwerte" lässt sich die Versorgung mit Energie und Protein schlüssig beurteilen.

Es ergeben sich 9 Kombinationsmöglichkeiten. Somit kann das in Abbildung 3.11 dargestellte **Neun-Felder-Schema** herangezogen werden.

Ergänzend ist zu beachten, dass der Milchharnstoffgehalt (HS) folgenden **nicht fütterungsbedingten Einflüssen** unterliegt:

- Rassenunterschiede
- Höhe der täglichen Milchleistung (HS steigt mit zunehmender Leistung an)
- Laktationsstadium (HS am Anfang der Laktation erhöht)

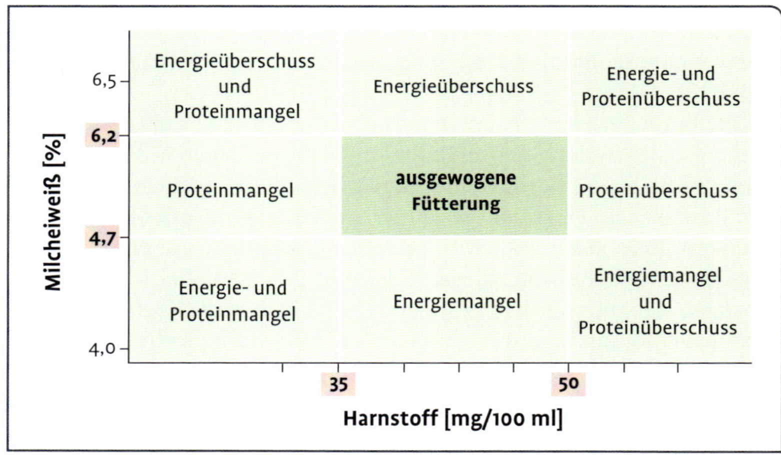

Abb. 3.11 Harnstoff- und Eiweißgehalt in der Milch als Maßstab für die Energie- und Proteinversorgung bei Milchschafen (Quelle: Bellof und Heindl 1997; ergänzt).

Fazit für die Praxis

Eine fundierte Fütterung der Milchschafe beinhaltet folgende Maßnahmen:

- regelmäßige Futtermitteluntersuchungen der wichtigsten Rationskomponenten
- herden- bzw. gruppenbezogene Rationsberechnungen
- Fütterungscontrolling (u. a. monatliche Überprüfung der Milchinhaltsstoffe, stichprobenartige Messung der Rückenfettdicken)

3.6 Fütterungsstrategien für verschiedene Betriebsmodelle

Das nachstehende Schlusskapitel zur Schaffütterung zeigt für konkrete Betriebsbeispiele sinnvolle Fütterungsstrategien auf. Diese wurden im Rahmen von studentischen Beratungsprojekten unter Anleitung des Autors für verschiedene Betriebstypen erstellt. Die in diesem Kapitel vorgestellten Betriebsmodelle können auf Praxisbetriebe entsprechender Wirtschaftsweise übertragen bzw. anhand der in den einzelnen Buchkapiteln enthaltenen Kalkulationshilfen betriebsindividuell angepasst werden. Damit erfährt das Gesamtkapitel eine anschauliche Zusammenfassung und praxisnahe Abrundung.

3.6.1 Lammfleischerzeugung mit Hütehaltung in der Landschaftspflege

Das nachfolgende Kapitel stellt am Beispiel eines Schäfereibetriebes den Betriebstyp „Lammfleischerzeugung mit Hütehaltung in der Landschaftspflege“ vor. Hierbei wird insbesondere auf die Futterbereitstellung, die Fütterung der Mutterschafe sowie die Aufzucht und Mast der Lämmer in diesem Betriebszweig eingegangen.

Betriebsbeschreibung

Die Familie Schmidt bewirtschaftet in Niederbayern einen Schäfereibetrieb, der eine Fläche von 24 ha Ackerland (Gerste, Weizen, Hafer, Ackerbohnen, Silomais) hat. Zudem stehen 150 ha Naturschutzgebiet als Sommerweide (z. T. als Mähweide) per Pflegevertrag zur Verfügung. Der Betrieb wird konventionell im Haupterwerb als standortgebundene Hütehaltung bereits in der zweiten Generation betrieben.

Der Schafbestand umfasst 700 Mutterschafe der Rasse Merinolandschaf, 150 Zutreter sowie die Mastlämmer (ca. 1200 pro Jahr). Die erzeugten Lämmer werden im hofeigenen Schlachthaus geschlachtet und direkt vermarktet. Etwa ein Drittel der Tiere wird an muslimische Bürger verkauft – insbesondere zum jährlichen islamischen Opferfest.

Herdenmanagement

Die Belegung der Mutterschafe wird so gesteuert, dass sich jährlich zu 3 Vermarktungsschwerpunkten schlachtreife Lämmer verkaufen lassen: zu Ostern, Weihnachten sowie zum jährlichen islamischen Opferfest. Das islamische Opferfest (Kurban Bayrami) findet immer etwa 3 Monate nach dem Ramadan statt. Zum Opferfest werden von den Muslimen traditionell (männliche, unkastrierte) Lämmer geschlachtet und das Fleisch mit anderen Muslimen geteilt. Da sich das Opferfest von Jahr zu Jahr um ca. 10 Tage verschiebt, ist dies beim Festlegen der Deckzeit zu berücksichtigen. Die Deckperioden werden zeitlich eng gestaltet (Böcke für 2 Zyklen in der Mutterschafherde).

Die Lämmer der ersten Ablammperiode eines Jahres werden im Januar geboren. Die Schlachtkörper dieser Tiere lassen sich zu Ostern vermarkten. Fällt das Opferfest auf die Zeit Anfang Juli, lammen die Mutterschafe der zweiten Ablammperiode im März ab. Die dritte Ablammperiode liegt im Juli/August. Solche Lämmer können bis Ende Dezember ihre Schlachtreife erreichen und lassen sich zu Weihnachten verkaufen.

Futterwerbung und -bereitstellung

Für die Flächen im Naturschutzgebiet (NSG) besteht ein Pflege- und Entwicklungsplan. Dieser Plan, der Bestandteil der Verordnung des NSG ist, sieht ein Beweidungskonzept mit Schafen als Grünlandpflege vor. Mit der Beweidung ist der Schafhaltungsbetrieb Schmidt beauftragt. In einem Beweidungsplan – als einer Art Pflichtenheft – sind die Vorgaben für die Herdenführung auf der Fläche dokumentiert. Auf einigen Teilflächen ist eine Mähnutzung erlaubt und möglich. Diese werden folglich zur Heuwerbung herangezogen. Bei dem Großteil der Flächen handelt es sich um extensiv zu beweidendes Grünland (Abb. 3.12). Die Futterqualität solcher Flächen ist in Tabelle 2.4 (Kapitel 2) dokumentiert.

Während die oben genannten Grünlandflächen mit den leeren und tragenden Mutterschafen in Form der stationären Hütehaltung genutzt

Abb. 3.12 Landschaftspflege mit Schafen.

werden, erfolgt die Ablammung und die anschließende Säugezeit im Stall. Die Mast der Lämmer geschieht auf Basis einer intensiven Kraftfuttermast oder einer Wirtschaftsmast ebenfalls im Stall.

Die Ackerflächen bewirtschaftet der Betrieb selbst. Das wirtschaftseigene Getreide (Wintergerste, Hafer) und die Ackerbohnen werden überwiegend für die Schaffütterung verwendet. Die Maissilage wird ebenfalls an die Schafe verfüttert.

Fütterung der Mutterschafe

Die leeren und niedertragenden Mutterschafe lassen sich während der Vegetationszeit (wie dargelegt) in der Landschaftspflege einsetzen. Mithilfe eines Scannerdienstes wird über eine Ultraschalluntersuchung festgestellt, ob die Schafe tragend sind und, falls ja, ob mit Zwillingen (Drillingen) oder Einlingen. Die Tiere werden als hochtragende Tiere entsprechend getrennt aufgestallt und die hochtragenden Mutterschafe mit Mehrlingsträchtigkeit im Stall intensiv gefüttert. Tabelle 3.6 zeigt Rationen für solche hochtragenden Mutterschafe. Das Beispiel B entspricht der Rationsgestaltung im Betrieb Schmidt. Die Grobfutterration – bestehend aus Futterstroh und Maissilage – wird mit dem eiweißliefernden Rapsextraktionsschrot ergänzt.

In der anschließenden Laktation wird für diese Tiere die Grobfutterration beibehalten, aber mit erhöhten Kraftfuttergaben ergänzt (Tab. 3.7, Ration E). Zur Deckung des hohen Proteinbedarfes während der Säugeperiode kommen Ackerbohnen zum Einsatz. Zusätzlich erhalten die Mutterschafe, die Zwillinge säugen, in den ersten 4 Wochen der Säugezeit eine hofeigene Kraftfuttermischung, die 18 % Rohprotein und 10,8 MJ ME/kg aufweist (Typ 18/3, vgl. Tab. 3.21). Diese Mischung enthält als Eiweißfuttermittel Rapsextraktionsschrot (RES) und Ackerbohnen. Die genaue Zusammensetzung zeigt Tabelle 3.21 (Mischung III). Kraftfuttermischungen mit hohen RES-Anteilen benötigen eine spezielle Mineralfutterergänzung, die einen geringen Phosphorgehalt sowie eine erhöhte Ausstattung an Jod, Selen und Vitamin E aufweisen sollte. Säugende Mutterschafe mit Einlingen erhalten Ackerbohnen als Kraftfutter. Diese werden durch eine Mineralfuttermischung (16 % Kalzium; 4 % Phosphor) ergänzt.

Lämmeraufzucht und -mast

Die hochtragenden Mutterschafe werden kurz vor dem Geburtstermin in Ablammboxen eingestallt. Dort bleiben sie nach dem Ablammen gemeinsam mit ihren Lämmern für eine Woche. Anschließend werden die Mutterschafe mit ihren Lämmern in Gruppenbuchten gehalten. Die Säugezeit begrenzt der Betrieb Schmidt normalerweise auf 8 Wochen. Dies setzt aber eine frühzeitige Beifütterung der Lämmer ab der 2./3. Lebenswoche mit Heu und Kraftfutter voraus. Die Lämmer bekommen eine hofeigene Kraftfuttermischung. Diese enthält ebenfalls RES als Eiweißfuttermittel. Die Zusammensetzung ist der Tabelle 3.13 (Mischung V) zu entnehmen. Diese Mischung wird auch in der anschließenden Intensivmast eingesetzt.

Die intensiv gemästeten Lämmer werden in einem Alter von 4–5 Monaten und mit einem Endgewicht von 40 kg (weibliche Lämmer) bis 50 kg (männliche Lämmer) geschlachtet. Dabei erreichen die Tiere in der Mastperiode Tageszunahmen von 350–400 g. Die Mastlämmer erhalten Kraftfutter zur freien Aufnahme, ergänzt durch Heu.

Mit einem Teil der Lämmer erfolgt im Betrieb Schmidt die weniger intensive Wirtschaftsmast. Wenn zum Beispiel der Vermarktungsweg „islamisches Opferfest“ zeitlich dichter an das Osterfest fällt, kann es sinnvoll sein, die Lämmer aus der Januarlammung weniger intensiv zu füttern, um diese Tiere für den genannten Vermarktungszeitpunkt zur Schlachtreife zu führen. Die in Tabelle 3.14 dargestellte Ration B entspricht dieser Form der Wirtschaftsmast. Diese Ration besteht ebenfalls aus der hochwertigen Maissilage und einer Eiweißergänzung durch RES, den der Betriebsleiter – zusammen mit Ackerbohnen – durchgängig anstelle des üblichen Sojaextraktionsschrotes einsetzt. Der Betrieb kann auf diese Weise eine gentechnikfreie Fütterung ohne erhöhte Futterkosten sicherstellen und dies bei der Vermarktung des Lammfleisches zusätzlich hervorheben.

3.6.2 Lammfleischerzeugung mit Koppel- und Stallhaltung

Nachfolgendes Beispiel einer Schäferei stellt den Betriebstyp „Lammfleischerzeugung mit Koppel- und Stallhaltung“ vor. Auch hier wird insbesondere auf die Futterbereitstellung, die Fütterung der Mutterschafe sowie die Aufzucht und Mast der Lämmer in diesem Betriebszweig eingegangen.

Betriebsbeschreibung

Die Familie Bauer bewirtschaftet im nördlichen Oberbayern einen Betrieb mit 50 ha Ackerland (Gerste, Triticale, Ackerbohnen, Kleegras) sowie 20 ha Dauergrünland (Mähweiden). Der Betrieb wird ökologisch und im Haupterwerb bewirtschaftet. Neben den Schafen hält der Hof Fleischrinder. Der Schafbestand umfasst 350 Mutterschafe der Rasse Merinolandschaf, 70 Zutreter sowie ca. 530 Mastlämmer (pro Jahr). Es erfolgt eine Koppel- und Stallhaltung. Die erzeugten Lämmer werden überwiegend im hofeigenen Schlachthaus geschlachtet und das Fleisch über Bauernmärkte verkauft. Eine im Jahresverlauf nahezu gleichmäßige Bedienung des Marktes mit frischem Lammfleisch ist für den Betriebserfolg von wesentlicher Bedeutung. Gleichzeitig liegt ein Vermarktungsschwerpunkt in der Zeit vor Ostern.

Herdenmanagement

Es werden Zwillingsträchtigkeiten angestrebt, aber nicht durchgängig erreicht (die Produktivitätszahl liegt in der Herde bei 1,7). Vor dem Hintergrund der skizzierten Vermarktung und unter Beachtung arbeitswirtschaftlicher Aspekte, hat sich der Betrieb für 2 Ablammperioden entschieden. Die Mutterschafherde ist spiegelbildlich geteilt. Eine Teilherde (Gruppe 1) lammt im Dezember/Januar. Damit kann zu Ostern Lammfleisch verkauft werden. Die zweite Gruppe lammt im Zeitraum April–Juni. Das im Jahresverlauf vom Betriebsleiter praktizierte Herdenmanagement wird in der Abbildung 3.13 verdeutlicht.

Futterwerbung und -bereitstellung

Der Betrieb Bauer verfügt über hofnahe, arrondierte Grünlandflächen. Somit bekommen die Mutterschafe in der Vegetationszeit Weidegang.

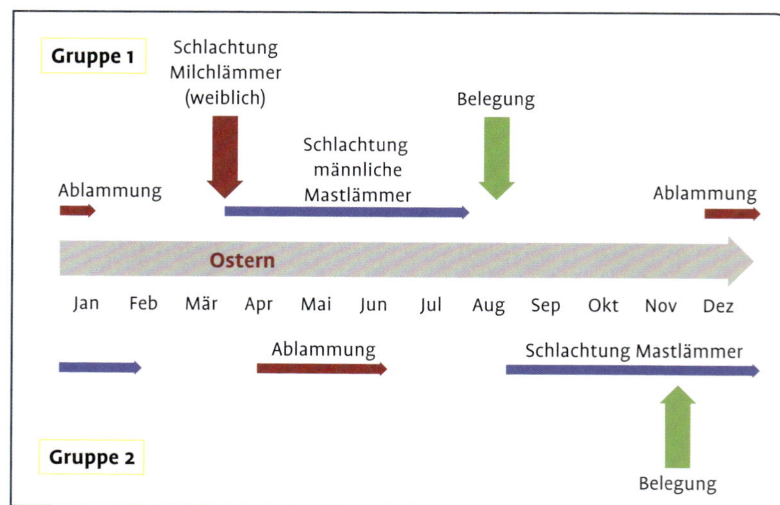

Abb. 3.13 Herdenmanagement im Jahresverlauf für den Betriebstyp „Lammfleischerzeugung mit Koppel- und Stallhaltung“, Betrieb Bauer.

Vom Grünland lassen sich durchschnittlich 4 Aufwüchse nutzen. Die Mähweiden sind in Koppeln unterteilt und werden im Wechsel beweidet und gemäht. Die zu mähenden Flächen des Dauergrünlandes werden zur Silage- oder Heuwerbung genutzt. Das Gras wird jung geschnitten und ausschließlich als Ballensilage geworben. Silageballen bieten den Vorteil einer guten Portionierbarkeit. Somit lassen sich Futterverluste gering halten. Die Heuwerbung erfolgt in Form der Bodentrocknung.

Der Betrieb bewirtschaftet die Ackerflächen selbst. Das erzeugte Getreide (Wintergerste, Triticale) und die Ackerbohnen verwendet man teilweise für die Schaffütterung. Das anfallende Kleegras wird als Ballensilage geworben und an die Rinder verfüttert.

Fütterung der Mutterschafe

Die leeren und niedertragenden Mutterschafe der Gruppe 1 sind während der Vegetationszeit bis Anfang November auf den Koppeln. Diese Tiere kommen anschließend – als hochtragende Mutterschafe – in den Stall, wo sie eine intensive Fütterung erhalten. Tabelle 3.6 zeigt Rationen für solche hochtragenden Mutterschafe. Das Beispiel C entspricht der Rationsgestaltung im Betrieb Bauer. Die Grobfutterration – bestehend aus Heu und Grassilage – wird mit der energieliefernden Gerste ergänzt.

In der anschließenden Laktation wird für diese Tiere die Grobfutterration beibehalten, aber mengenmäßig erhöht und mit zusätzlichen Kraftfuttergaben ergänzt (Tab. 3.7, Ration F). Zum Energieausgleich kommt Gerste zum Einsatz. Zusätzlich erhalten die Mutterschafe, die Zwillinge säugen, in den ersten 4 Wochen der Säugezeit eine hofeigene Kraftfuttermischung, die dem Typ 18/3 entspricht. Diese Mischung enthält als Eiweißfuttermittel Sojakuchen und Ackerbohnen. Die genaue Zusammensetzung lässt sich der Tabelle 3.21 (Mischung II) entnehmen.

Die leeren Schafe der Gruppe 2 werden ebenfalls Anfang November eingestallt und mit Heu gefüttert. Je nach Körperkondition erhalten diese Schafe in Vorbereitung auf die Deckperiode gezielte Kraftfuttergaben (Flushing-Effekt, s. Kapitel 3.1.1). In der hochtragenden Zeit werden diese Mutterschafe mit der oben beschriebenen Ration C gefüttert. Die Mutterschafe lammen im Stall ab. Nach ca. einer Woche – je nach Witterung – gehen die Mutterschafe mit ihren Lämmern auf die Weide. Der Weidegang erfolgt zunächst nur stundenweise und wird dann langsam zeitlich ausgedehnt. Hierbei werden die lammführenden Mutterschafe auf unterschiedliche Koppeln verteilt.

Auf einer Koppel werden Mütter mit Einlingen gehalten. Die Mütter mit Zwillingslämmern weiden auf einer weiteren Koppel. Diese Mutterschafe erhalten ein energiereiches Weidebeifutter (Gerste mit Mineralfuttermischung; ca. 0,5 kg pro Tier und Tag). Die Zwillingslämmer haben dort über einen Lämmerschlupf Zugang zu einer Kraftfuttermischung (s. Tab. 3.13, Mischung IV).

Lämmeraufzucht und -mast

Die hochtragenden Mutterschafe werden kurz vor dem Geburtstermin in Ablammboxen eingestallt. Dort bleiben sie nach dem Ablammen gemeinsam mit ihren Lämmern für eine Woche. Anschließend kommen die Mutterschafe der Gruppe 1 mit ihren Lämmern in Gruppenbuchten. Die Säugezeit beträgt für die Lämmer dieser Gruppe 10–12 Wochen. Die weiblichen Lämmer sowie – je nach Vermarktungsmöglichkeiten – einige männliche Einlingslämmer werden als Milchlämmer zum Osterfest verkauft.

Die sonstigen Bocklämmer werden nach dem Absetzen im Stall weitergemästet. Die Mast erfolgt als Wirtschaftsmast. Die Rationsgestaltung ist der Tabelle 3.14 (Beispiel A) zu entnehmen. Mit dieser verhaltenen Fütterung lassen sich die Bocklämmer auf ein Endgewicht von bis zu 55 kg Lebendmasse mästen, ohne zu verfetten. Damit kann bis Ende Juli Lammfleisch aus der Winterlammung angeboten werden (Abb. 3.13).

Die aus der Frühjahrslammung (April/Mai) stammenden Einlingslämmer werden mit 12–16 Wochen von ihren Müttern abgesetzt. Sie können ab Ende August ohne weitere Mast geschlachtet werden. Auch hier werden zunächst die weiblichen Weidelämmer geschlachtet. Die Zwillingslämmer sowie die im Juni geborenen Einlingslämmer werden bereits mit 10–12 Wochen abgesetzt. Diese Tiere werden aufgestallt und ebenfalls einer Wirtschaftsmast unterzogen (siehe oben). Damit lässt sich aus der Frühjahrslammung (Gruppe 2) frisches Lammfleisch bis in den Monat Februar verkaufen (Abb. 3.13).

3.6.3 Schafmilcherzeugung und -verarbeitung mit Direktvermarktung

Das folgende Beispiel eines Milchschafbetriebes zeigt den Betriebstyp „Schafmilcherzeugung und -verarbeitung mit Direktvermarktung". Hierbei wird insbesondere auf die Futterbereitstellung, die Fütterung der Milchschafe sowie die Aufzucht der Lämmer für die Bestandsergänzung in diesem Betriebszweig eingegangen.

Betriebsbeschreibung

Die Familie Müller bewirtschaftet in Niederbayern einen landwirtschaftlichen Betrieb, der eine Fläche von 20 ha Ackerland (Gerste, Weizen, Körnermais, Kleegras) sowie 12 ha Dauergrünland (Mähweiden) aufweist. Der Betrieb wird konventionell und im Haupterwerb bewirtschaftet. Der Schafbestand umfasst 150 Milchschafe der Rasse „Lacaune" sowie die Jungschafe zur Bestandsergänzung. Die Familie Müller hat vor 6 Jahren mit der Milchschafhaltung begonnen. Hierzu wurde eine Herde von 55 Lacaune-Schafen zugekauft. Zuvor lag der Betriebsschwerpunkt auf der Fleischschafhaltung. Von Beginn an hat man die erzeugte Milch selbst verarbeitet (Joghurt, Käse) und die Erzeugnisse direkt vermarktet (Beschickung von Bauernmärkten). Kontinuierlich dehnte der Betrieb die Milchschafhaltung auf den heutigen Bestand aus. Die Herdendurchschnittsleistung beträgt aktuell 490 kg Milch pro Milchschaf und Jahr. Die Milchinhaltsstoffe liegen bei durchschnittlich 5,25 % Eiweiß und 6,45 % Fett.

Herdenmanagement

Die Ablammung der Schafe erfolgt in 2 Perioden. Die sogenannte Frühlingsgruppe (100 Tiere) lammt im März, die Herbstgruppe (50 Tiere) im Oktober. Die Trockenstehzeit beträgt jeweils 10–12 Wochen. Somit ist ein ganzjähriges Milchaufkommen – mit Schwerpunkt im Frühjahr – gegeben. Die Deckperioden werden zeitlich eng gestaltet. Aufgrund der unterschiedlichen Laktationsstadien hält man die Milchschafe im Stall und auf der Weide in verschiedenen Gruppen.

Alle anfallenden Lämmer werden im Betrieb aufgezogen. Die männlichen Lämmer werden teilweise als Milchlämmer an Endkunden vermarktet werden. Hierbei wird versucht, Vermarktungsschwerpunkte auf den Sommer (Grillsaison) sowie die Weihnachtsfeiertage zu legen.

Futterwerbung und -bereitstellung

Der Betrieb Müller verfügt über hofnahe, arrondierte Grünlandflächen. Somit erfolgt in der Vegetationszeit für die Milchschafe Weidegang. Vom Grünland lassen sich durchschnittlich 3–4 Aufwüchse nutzen. Die Mähweiden werden im Wechsel beweidet und gemäht. Die zu mähenden Flächen des Dauergrünlands dienen der Silage- oder Heuwerbung. Das Gras wird früh geschnitten und ausschließlich als Ballensilage geworben. Die Heuwerbung erfolgt in Form einer Ballentrocknung.

Die Ackerflächen bewirtschaftet der Betrieb selbst; er verwendet das wirtschaftseigene Getreide (Wintergerste, -weizen, Körnermais) teilweise für die Schaffütterung. Das anfallende Kleegras wird als Ballensilage geworben und ebenfalls an die Schafe verfüttert.

Fütterung der Milchschafe

Die Milchschafe werden in einem Altgebäude gehalten. Im Sommer erfolgt Weidegang. Der Betriebsleiter praktiziert eine Portionsweide. Die hochlaktierenden Schafe aus der Frühlingsgruppe werden in einer Weidegruppe gehalten. Diese Tiere erhalten im Melkstand eine Beifütterung mit Kraftfutter. Die Fütterung dieser Tiergruppe entspricht den Rationsbeispielen aus der Tabelle 3.23 (Rationstypen D bis F).

Hochlaktierende Schafe (3,5 kg Milch pro Tag) erhalten – je nach Weidequalität – zwischen 0,9 kg und 1,2 kg Kraftfutter pro Tier und Tag. Die altmelkenden Schafe (Herbstlammung) weiden den hochleistenden Tieren nach. Im Melkstand erhalten diese Tiere zwischen 0,3 kg und maximal 0,6 kg Kraftfutter. Es werden Tagesleistungen von bis zu 2 kg Milch erreicht.

Die Winterration für die laktierenden Schafe besteht aus Gras- oder Kleegrassilage und Heu. Tabelle 3.22 zeigt den entsprechenden

Rationstyp C. Der Betriebsleiter füttert an seine Schafe maximal 1,5 kg Kraftfutter (Gerste, Kraftfuttermischung 18/3), um eine Tagesleistung von ca. 3 kg Milch zu erreichen.

Die trockenstehenden Milchschafe (Frühlingsgruppe) werden im Winter mit Grassilage und Heu versorgt. In der hochtragenden Zeit erhalten die Tiere zusätzlich eine hofeigene Kraftfuttermischung (Gerste, Mineralfutter). Die trockenstehenden Tiere der Herbstgruppe gehen auf die Weide. Etwa 3 Wochen vor der Lammung im Oktober werden sie eingestallt und wie oben beschrieben versorgt.

Lämmeraufzucht und -mast

Alle Lämmer bleiben zunächst am 1./2. Lebenstag bei den Müttern, um die Aufnahme der mütterlichen Biestmilch sicherzustellen. Anschließend werden sie von den Müttern getrennt und in Gruppen von jeweils 10 Tieren über einen Zeitraum von 4 Tagen mit Sammelkolostrum aus dem Eimer (mit je 5 Nuckeln) getränkt. Vom 6.–40. Lebenstag nehmen die Lämmer eine Milchaustauschertränke (mit 50 % Magermilchpulver) auf (Steigerung der täglichen Tränkemenge von 1,5 l auf 2 l pro Tier und Tag). Die Tränke wird über einen Tränkeautomaten verabreicht. Ab der 3. Lebenswoche erhalten die Lämmer festes Beifutter in Form von Kraftfutter und Heu.

Die männlichen Lämmer sowie die nicht zur Bestandsergänzung benötigten weiblichen Lämmer werden bereits ab der 10. Woche geschlachtet. Sie werden nach dem Absetzen einer halb-intensiven Kraftfuttermast unterzogen und spätestens mit 16 Wochen geschlachtet. Dies ist bedeutsam, um eine Verfettung zu vermeiden.

Die Jungschafe sollen im Betrieb Müller prinzipiell ein Erstlammalter von 12 Monaten erreichen. Weniger gut entwickelte Jungschafe bzw. in der Deckperiode nicht aufnehmende Tiere lassen sich aber auch – aufgrund der zweigeteilten Ablammperioden – ohne Probleme in die spätere Periode integrieren.

4 Fütterung der Ziegen

G. BELLOF

4.1 Milchziegen

4.1.1 Zielstellung

Der Betriebszweig Milchziegenhaltung eröffnet zunehmend interessante Einkommensperspektiven. Die Professionalisierung führt zu größeren Herden und einer stärkeren Nutzung des Leistungspotenzials der Tiere auf der einen Seite. Andererseits muss sich die Produktionstechnik diesen veränderten Ansprüchen anpassen.

Der Fütterung kommt hier eine besondere Bedeutung zu. Eine schnelle Verbesserung der Einzeltierleistungen, insbesondere die Erhöhung von Milchmenge und Milcheiweißgehalt, ist vorrangig über eine ausgewogene, bedarfsgerechte Fütterung erreichbar. In größeren Herden ist aber eine tierindividuelle Fütterung häufig nicht praktikabel. Unter diesen Bedingungen nehmen Analyse und Interpretation der Milchinhaltsstoffe Schlüsselrollen ein. Die folgenden Kapitel sollen daher zunächst die Zusammenhänge zwischen der Fütterung und den wichtigsten Milchinhaltsstoffen erläutern.

4.1.2 Fütterungseinflüsse auf Milchleistung und -inhaltsstoffe

Ziege versus Schaf

Das Milchleistungspotenzial von Milchziegen im Vergleich zu Milchschafen lässt sich anhand der Angaben in Tabelle 3.16a (Kapitel 3.5.2) abschätzen. Diese Daten beruhen auf Wirtschaftlichkeitsauswertungen in österreichischen Betrieben. Die durchschnittliche Milchmenge liegt bei der Milchziege etwa um ein Drittel über der des Milchschafes. Die Ziegenmilch weist gegenüber der Schafmilch deutlich niedrigere Protein- und Fettgehalte auf. Weitere interessante Inhaltsstoffe für die Milch von Ziege, Schaf und Rind finden sich in Tabelle 3.16b.

Milchziegen geben mehr Milch als Milchschafe.

Milchziegenrassen im Vergleich

Tabelle 4.1 zeigt die durchschnittliche Zusammensetzung von Ziegenmilch der beiden häufigsten in Deutschland gehaltenen Milchziegenrassen – das sind die **Bunte Deutsche Edelziege** und die **Weiße Deutsche Edelziege**. Die aufgeführten Inhaltsstoffe basieren auf Milchleistungsergebnissen aus bayerischen Betrieben (LKV 2016). Das ausgewiesene Leistungsniveau liegt hier höher als in den oben genannten österreichischen Milchziegenbetrieben.

Zwischen den Rassen sind gerichtete Unterschiede erkennbar. Bunte Deutsche Edelziegen weisen – gegenüber der Weißen Deutschen Edelziege – höhere Milchmengenleistungen, aber geringere Protein- und Fettgehalte in der Milch auf. Bei einer Laktationsdauer von ca. 240 Tagen ergibt sich eine durchschnittliche tägliche Milchleistung von 2,9 kg.

Tab. 4.1 Vergleich der Milchleistung und der Milchinhaltsstoffe zwischen Bunter Deutscher Edelziege und Weißer Deutscher Edelziege (Milchleistungsprüfung Bayern, jeweils Vollabschlüsse).

Merkmal	Bunte Deutsche Edelziege (n = 1580)	Weiße Deutsche Edelziege (n = 749)
Milchmenge (kg)	733	665
Protein (%)	3,18	3,22
Fett (%)	3,28	3,45

Quelle: LKV 2016

In der Laktationsspitze kann die Tagesleistung auf bis zu 5 kg Milch ansteigen. Die nachfolgenden Ausführungen zeigen die Einflüsse der Fütterung auf die genannten Milchinhaltsstoffe.

Einflüsse auf den Milchfettgehalt

Die Milchfettgehalte sowie die Milchmengenleistung können bei laktierenden Wiederkäuern grundsätzlich von verschiedenen ernährungsbedingten Faktoren beeinflusst werden:

- Konzentration, Aufnahme und Herkunft von Nicht-Strukturkohlenhydraten (vor allem Stärke)
- Partikelgröße von Futterbestandteilen (insbesondere der faserhaltigen Futtermittel)
- Einsatz von Futterfetten (vor allem deren Fettsäurenzusammensetzung)
- Angebot von Fettsäuren mit spezieller Wirkung

Rohfaser und Struktur

Anders als bei Milchschafen besteht bei Milchziegen zwischen der Versorgung mit Strukturkohlenhydraten (Zellulose, Hemizellulose) und dem Milchfettgehalt keine enge Beziehung. Auch der Zusammenhang zwischen steigenden Kraftfutteranteilen (Stärke) in der Tagesration und einem abfallenden Milchfettgehalt ist bei Milchziegen weniger deutlich ausgeprägt. Dies zeigt auch ein Fütterungsversuch, der von Min et al. (2005) mit weidenden Milchziegen erfolgte. Steigende Kraftfutteranteile (0 g, 330 g oder 660 g pro Tier und Tag) zu einem Weideangebot mit hoher oder niedriger Qualität führten zu keiner gerichteten Veränderung des Milchfettgehaltes, aber zu einem Anstieg der täglichen Milchmengenleistung (Tab. 4.2).

Auch der Zusammenhang zwischen der Partikelgröße der Futterbestandteile (Struktur) und dem Milchfettgehalt ist bei Milchziegen weniger ausgeprägt. Es fällt auf, dass sich die Ziegenmilch – im Gegensatz zur Schaf- oder Kuhmilch – durch ein engeres Verhältnis von Fett- zu Proteingehalt auszeichnet. Teilweise liegt der Proteingehalt sogar über

Tab. 4.2 Einfluss von Weidefutterqualität und Kraftfutterbeifütterung auf die Futteraufnahme und die Milchleistung von Milchziegen.

Weidetyp (Qualität)	Kraftfutterzuteilung	Futteraufnahme (gesamt)	Milchleistung		
	(g pro Tier und Tag)	(g OM[1] pro Tier und Tag)	Milchmenge (g/Tag)	Fett (%)	Protein (%)
Aufwuchs (niedrige Qualität)	660	1800[a]	2950[a]	3,1	3,07[a]
	330	1400[b]	2480[b]	3,1	3,02[b]
	0	1200[bc]	2090[b]	3,0	2,80[b]
Aufwuchs (hohe Qualität)	660	2100	4120	3,0	3,06[b]
	330	2100	4270	3,0	3,10[a]
	0	2500	3770	2,9	3,00[b]

[1] OM = organische Masse
[a b c] = ungleiche Hochbuchstaben kennzeichnen statistisch gesicherte Unterschiede zwischen den Fütterungsgruppen

Quelle: Min et al. 2005

dem Fettgehalt. Letzteres ist insbesondere bei hohen Kraftfutteranteilen in der Gesamtration zu beobachten.

Fazit für die Praxis

Steigende Kraftfutteranteile erhöhen die Milchmenge, wie Studien zeigen. Außerdem ermöglicht ein hoher Kraftfutteranteil, dass der Proteingehalt über dem des Milchfettgehaltes liegt.

Futterfette

Fett als energieliefernder Nährstoff ist grundsätzlich geeignet, die Energieversorgung hochleistender Milchziegen zu stabilisieren. Ähnlich wie Milchschafe, reagieren auch Milchziegen bei der Gabe von Futterfetten weniger mit Verdauungsdepressionen im Pansen – mit der Folge absinkender Milchfett- und Milchproteingehalte. Neuere Studien mit Milchziegen zeigen, dass steigende tägliche Fettaufnahmen sogar mit einer steigenden Milchfettbildung einhergehen (Mele et al. 2008). Der positive Zusammenhang ist insbesondere zu Laktationsbeginn ausgeprägt. Dieser Sachverhalt kann mit der kürzeren Verweildauer der flüssigen und festen Bestandteile im Vormagensystem begründet werden. Damit findet die bei Milchkühen zu beobachtende Beeinträchtigung der Pansenfermentation durch Fettzusätze nicht oder nur in geringem Ausmaß statt.

Die Zusammensetzung des Milchfettes wird auch bei der Milchziege durch die Zusammensetzung des Futterfettes beeinflusst. So führt die

Zugabe von Sojaöl zur Ration von Milchziegen in deren Milchfett zu einer Abnahme der mittelkettigen Fettsäuren und zu einer Zunahme der langkettigen Fettsäuren. Hiervon sind insbesondere die Ölsäure sowie die sogenannte konjugierte Linolsäure (CLA) betroffen. Eine Erhöhung des CLA-Gehaltes ist aus der Sicht der Humanernährung positiv zu bewerten. Eine Steigerung des CLA-Gehaltes in der Ziegenmilch lässt sich auch durch die Aufnahme von **Gräsern und sonstigen grünen Pflanzen** erzielen. Insbesondere bei Weidegang können die Gehaltswerte erhöht sein. Für die Humanernährung sind auch die sogenannten Omega-3-Fettsäuren von großem Interesse. Diese wertvollen Fettsäuren können ebenfalls durch die Fütterung bzw. den Weidegang im Milchfett angereichert werden.

Fazit für die Praxis

Futterfette beeinträchtigen die Pansenfermentation nicht oder kaum. Sie senken den Fett- und Proteingehalt in der Ziegenmilch. Mit der Gabe von Sojaöl lässt sich der langkettige Anteil der Fettsäuren in der Milch erhöhen (vor allem Ölsäure und CLA). Durch Weidegang kann man den CLA-Gehalt und den Omega-3-Fettsäuregehalt steigern.

Einflüsse auf den Proteingehalt

Kohlenhydrate

Auch der Proteingehalt in der Ziegenmilch wird von vielen Ernährungsfaktoren beeinflusst. Allerdings schwankt dieser nicht so stark wie der Milchfettgehalt. Eine ausreichende Bereitstellung von Kohlenhydraten in Verbindung mit pansenabbaubaren Proteinen fördert die Entwicklung der Pansenmikroben bzw. deren Proteinbildung. Außerdem fördert eine hohe Versorgung mit **leichtlöslichen Kohlenhydraten** die Bildung von Propionsäure im Pansen. Diese steht als wichtige energieliefernde Substanz im Stoffwechsel der Ziege zur Verfügung (s. Kapitel 1.3). Somit kann dort die energetische Nutzung von Aminosäuren reduziert werden. Es stehen mehr Aminosäuren für die Milcheiweißbildung zur Verfügung. Dieser Sachverhalt erklärt, weshalb der Milcheiweißgehalt durch eine gute Energieversorgung stabilisiert werden kann.

Fazit für die Praxis

Durch leichtlösliche Kohlenhydrate lässt sich die Bildung von Propionsäure im Pansen steigern. Diese liefert wichtige Energie für die Stabilisierung des Milcheiweißgehaltes.

Proteine

Steigendende Proteingehalte in der Tagesration von Milchziegen (im Bereich 14–17 % **Rohprotein** in der TS der Gesamtration) führen zwar zu einem Anstieg der Tagesmilchleistung, nicht aber zu einer Steigerung des Milcheiweißgehaltes. Die Herkunft und Vorbehandlung des Futterproteins kann dagegen den Milcheiweißgehalt beeinflussen. Die Abbaubarkeit des Futterproteins im Pansen (bzw. der **UDP-Anteil**) ist hierbei eine wichtige Größe. Allerdings zeigen Fütterungsversuche mit Milchziegen eine weniger ausgeprägte Beziehung zwischen dem UDP-Anteil und der Milchmenge bzw. dem Milcheiweißgehalt. Der Zusammenhang, dass mit steigenden Milchleistungen der UDP-Anteil ansteigen muss, scheint für die Milchziegenfütterung weniger bedeutsam zu sein. Dies kann mit der höheren Passagerate der Futterpartikel durch den Pansen erklärt werden. Aufgrund des raschen Transportes liegt – im Vergleich zu Milchkühen – auch der Anteil des im Pansen abgebauten Proteins auf einem niedrigeren Niveau. Die Notwendigkeit, überschüssigen Stickstoff aus dem Pansen in der Leber zu Harnstoff umzubauen, ist daher verringert. Die unter Kapitel 1.3 dargestellte Rückführung von Harnstoff in den Pansen – unter den Bedingungen eines dortigen Stickstoffmangels – scheint bei Milchziegen effizienter abzulaufen als bei Milchschafen.

Fazit für die Praxis

Steigende Rohproteingehalte in der Gesamtration steigern die Tagesmilchleistung – nicht aber den Milcheiweißgehalt. Bei Ziegen gibt es nur einen schwachen Zusammenhang zwischen UDP-Anteil, Milchmenge und Milcheiweißgehalt.

Fette

Fettzusätze können den Milcheiweißgehalt beeinflussen. Allerdings zeigt sich auch hier für die Milchziege ein gegenüber Milchschaf und -kuh leicht unterschiedliches Bild. So reagierten in Fütterungsversuchen mit Fettzusätzen (z. B. **Kalzium verseiftes Palmöl**) Milchziegen mit einer verringerten Milchproteinleistung. Diese war aber auf die reduzierte Milchmengenleistung zurückzuführen. Diese Beobachtungen stehen im Widerspruch zu ähnlichen Versuchen bei Milchschafen und -kühen. Fütterungsversuche mit ganzen **Ölsaaten** beeinflussten dagegen den Milcheiweißgehalt nicht. Eine schlüssige Erklärung für diese unterschiedlichen Effekte steht noch aus.

Tannine

Ziegen nehmen insbesondere bei Weidegang im verbuschten Gelände tanninhaltige Pflanzen auf. Die Tannine (**Gerbstoffe**) können die Abbaubarkeit der Proteine derart verändern, dass deren Verdaulichkeit insgesamt herabgesetzt ist. Auch die Verwertung des Mikrobenproteins im Dünndarm ist dann vermindert. Somit können die Milchleistung und der -eiweißgehalt verringert sein. Der Zusatz des Stoffes Polyethylenglykol (PEG) in Kraftfuttermischungen kann diesen Effekt verhindern, da PEG Tannine binden kann. Verschiedene Fütterungsversuche mit Milchziegen belegen diesen Effekt.

Fütterung und Milchharnstoffgehalt

Haben Ziegen die Wahl, nehmen sie vermehrt tanninhaltige Pflanzen auf, die die Proteinverdaulichkeit und Milchharnstoffbildung beeinflussen.

Die für Milchkühe und -schafe aufgezeigte positive Beziehung zwischen **Rohproteingehalt** in der Tagesration (bzw. Rohproteinmenge pro Tier und Tag) und Milchharnstoffgehalt (mg Harnstoff/100 ml Milch; s. Kapitel 3.5.3) lässt sich grundsätzlich auch für Milchziegen beobachten. Während für Milchschafe eine enge Beziehung zwischen diesen beiden Größen festzustellen ist, besteht für Milchziegen eine weniger straffe Beziehung. Auch hier nimmt die Milchziege eine Sonderrolle ein. Diese Aussage lässt sich an folgendem Beispiel verdeutlichen: Ziegen nehmen bei freier Futterwahl vermehrt tanninhaltige Pflanzen auf. Diese beeinflussen die Abbaubarkeit bzw. die Verdaulichkeit der Futterproteine. Damit wird auch die Milchharnstoffbildung beeinflusst (Abb. 4.1). In einem Versuch mit weidenden Milchziegen wurde die Beziehung zwischen täglicher Rohproteinaufnahme und Milchharnstoffgehalt untersucht. Für die Tiere, die das tanninhaltige Weidefutter verzehrten, ergab sich nur eine lose Beziehung. Wurde dem beigefütterten Kraftfutter PEG (50 g/Tier und Tag) zugesetzt, zeigte sich eine deutlich straffere Beziehung: Mit einem Anstieg der Proteinaufnahme von 50 g auf 150 g

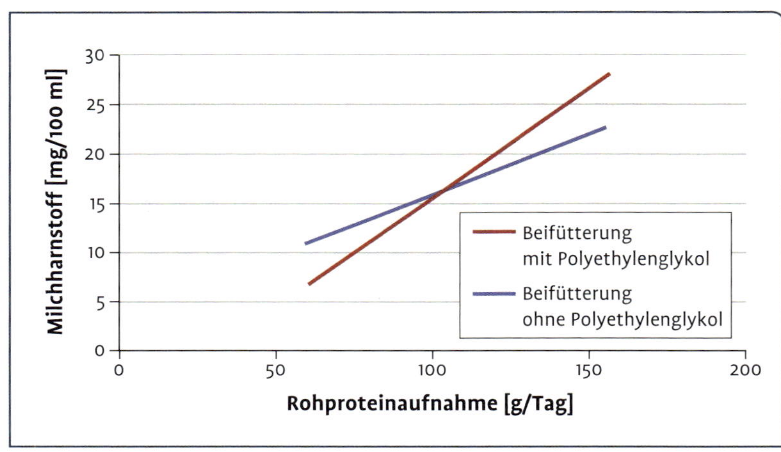

Abb. 4.1 Zusammenhang zwischen der täglichen Rohproteinaufnahme (XP) und dem Milchharnstoffgehalt von weidenden Milchziegen bei unterschiedlicher Beifütterung: mit Polyethylenglykol (rote Linie) oder ohne Polyethylenglykol (blaue Linie)
(Quelle: Decandia et al. 2008; modifiziert).

pro Tier und Tag erhöhte sich der Milchharnstoffgehalt von etwa 10 auf 30 mg/100 ml Milch.

Fazit für die Praxis

Grundsätzlich besteht ein positiver Zusammenhang zwischen Rohproteingehalt in der Tagesration und dem Milchharnstoffgehalt – allerdings nicht so ausgeprägt wie beim Milchschaf.

Einfluss der Fütterungsstrategie

Rationstyp

Milchziegen können mit unterschiedlichen Futtermitteln versorgt werden. Die Besonderheiten bei der Futteraufnahme und der Verdauung verleihen der Ziege eine hohe Flexibilität (s. Kapitel 1.3). Dies lässt sich am Beispiel des nachfolgenden Fütterungsversuches zeigen: Rapetti et al. (2005) verglichen Rationen für laktierende Saanen-Ziegen, die entweder auf Frischgras, Heu oder Kraftfutter basierten. Die beiden Grobfutterrationen wiesen jeweils einen Anteil von 55 % Gras bzw. Heu in der Rationstrockenmasse auf. Die Kraftfutterration beinhaltete gegenüber den Grobfutterrationen Maiskörner und Baumwollsaat (jeweils in unzerkleinerter Form) sowie Presspülpe und Johannisbrotkernmehl (beides getrocknet). Die 3 Rationen wiesen vergleichbare Fasergehalte (NDF, ADF) auf. Der Ligningehalt lag in der Kraftfutterration mit 5,4 % (in der TS) doppelt so hoch wie in den jeweiligen Grobfutterrationen. Die Rohproteingehalte schwankten in den 3 Rationstypen zwischen 17 % und 19 % (in der TS).

Tabelle 4.3 zeigt die Ergebnisse des Rationsvergleiches. Ein gerichteter Einfluss des Rationstyps auf die Futteraufnahme der Milchziegen ließ sich nicht beobachten. Die kraftfutterbasierte Ration wies zwar die höchste Verdaulichkeit (der Trockensubstanz) auf. Dies führte aber nicht zu einer höheren Futteraufnahme und damit Nährstoffaufnahme.

Tab. 4.3 Einfluss des Rationstyps auf die Futteraufnahme und die Milchleistung von Milchziegen.

Merkmal	Grasbasierte Ration	Heubasierte Ration	Kraftfutterbasierte Ration
Futteraufnahme (g TM/Tag)	2054	2354	2101
Verdaulichkeit der TS (%)	69,7	70,5	74,1
Milchmenge (g/Tag)	3011[b]	3688[a]	3212[ab]
Milchfett (%)	3,37[a]	3,24[ab]	2,96[b]
Milchprotein (%)	3,11	3,32	3,29

a b c = ungleiche Hochbuchstaben kennzeichnen statistisch gesicherte Unterschiede zwischen den Fütterungsgruppen

Quelle: Rapetti et al. 2005; ergänzt

Folglich unterschied sich die Tagesmilchmenge nicht von den grobfutterbasierten Rationen. Die Futteraufnahme lag für die heubasierte Ration am höchsten, obwohl die Verdaulichkeitswerte unter denen der kraftfutterbasierten Ration lagen. Die heubasiert ernährten Ziegen erzielten auch die höchste Milchmenge. Beim Vergleich der Milchinhaltsstoffe zeigt sich, dass die Milch der Tiere, die kein Grobfutter erhielten, einen Fettgehalt von unter 3 % aufwies. Auch die erzeugte Milchfettmenge war in dieser Gruppe am geringsten. Es deutet sich an, dass diese Gruppe nicht mehr wiederkäuergerecht versorgt war.

Fazit für die Praxis

Untersuchungen zeigen, dass Milchziegen, die heubasiert ernährt werden, eine höhere Futteraufnahme haben und die meiste Milch erzeugen, verglichen mit Tieren, die kraftfutterbasierte Rationen erhalten. Die Milch von Ziegen, die kein Grobfutter bekommen, enthält weniger Milchfett. Eine Fütterung ohne Grobfutter scheint nicht wiederkäuergerecht zu sein.

Höhe der täglichen Kraftfutterversorgung

Passen Sie die Menge des Kraftfutters an die Tagesmilchleistung an, sonst setzen die Ziegen zu viel Fett an.

Steigende Kraftfutteranteile in Rationen für Milchziegen können sich positiv auf die Futteraufnahme und die Milchleistung auswirken. Dies verdeutlicht der Fütterungsversuch von Rapetti et al. (1997). Sie erhöhten den Kraftfutteranteil in Tagesrationen planmäßig von 30 %, 50 % bis auf 70 % (in der Trockensubstanz). Für die 3. Stufe bedeutete dies eine tägliche Kraftfutteraufnahme von ca. 2 kg pro Tier. Wie Tabelle 4.4 zeigt, stieg die tägliche Milchmenge insbesondere von der 1. zur 2. Steigerungsstufe deutlich an. Die Milchinhaltsstoffgehalte reagierten auf den erhöhten Kraftfutteranteil nur geringfügig. Die Autoren betonen, dass insbesondere bei abfallenden Laktationskurven der Kraftfuttereinsatz gezielt an die Tagesmilchleistung angepasst werden sollte, ansonsten drohen die Tiere zu verfetten.

Die Wirtschaftlichkeit lässt sich entscheidend verbessern, indem man das Kraftfutter möglichst effizient einsetzt.

Die Kraftfuttereffizienz – also der Kraftfutteraufwand (in g) zur Erzeugung von 1 kg Milch – verschlechterte sich im vorgestellten Versuch mit steigendem Kraftfutteranteil von 249 g/kg auf 405 g/kg bis zu 575 g/kg. Auch in der Milchziegenhaltung verursachen die Futterkosten etwa die Hälfte der Direktkosten. Hiervon entfällt wiederum die Hälfte auf Kraftfutterkosten.

Weidegang

Eine völlig andere Fütterungsstrategie zur Ziegenmilcherzeugung ist die Weidenutzung. Tabelle 4.2 zeigt einen interessanten Weideversuch von Min et al. (2005). Sie untersuchten den Einfluss der Weidefutterqualität und der Höhe der täglichen Kraftfutterbeifütterung auf die Futteraufnahme und die Milchleistung von Milchziegen.

Tab. 4.4 Einfluss steigender Kraftfutteranteile in der Tagesration auf die Futteraufnahme und die Milchleistung von Milchziegen.

Merkmal	Rationstyp (Kraftfutteranteil (% in der TS))		
	30	50	70
Futteraufnahme (g TM/Tag)	2091[a]	2318[b]	2535[c]
Milchmenge (g/Tag)	2868[a]	3248[ab]	3508[b]
Milchfettgehalt (%)	2,55	2,66	2,62
Milchfettmenge (g/Tag)	69,5[a]	78,7[ab]	85,0[b]
Milchproteingehalt (%)	2,80	2,81	2,90
Milchproteinmenge (g/Tag)	75,6[a]	85,6[ab]	92,5[b]

[a], [b], [c] = ungleiche Hochbuchstaben kennzeichnen statistisch gesicherte Unterschiede zwischen den Fütterungsgruppen

Quelle: Rapetti et al. 1997; ergänzt

Bei geringer Qualität des Weideaufwuchses liegt die Futteraufnahme der Tiere auf einem niedrigen Niveau. Durch den Einsatz steigender Kraftfuttermengen (0 g, 330 g, 660 g pro Tier und Tag) lässt sich die Nährstoffversorgung der Tiere verbessern. Das zusätzlich aufgenommene Kraftfutter beeinträchtigt noch nicht die Grasaufnahme. **Die Milchleistung wird gegenüber der Gruppe ohne Kraftfutteraufnahme deutlich gesteigert.** Bei hoher Qualität des Weideaufwuchses verdoppelt sich die tägliche Futteraufnahme der Tiere gegenüber der Vergleichsgruppe mit geringer Weidequalität. Folglich steigt die Milchleistung deutlich an. Hier führt eine Beifütterung mit Kraftfutter zu einem Verdrängungseffekt. Insbesondere bei hohen Kraftfuttergaben (660 g pro Tier und Tag) ergeben sich keine Vorteile bezüglich der Milchleistung. Die Kraftfuttereffizienz beträgt unter solchen Bedingungen 77 g/kg (330 g Kraftfutter) bzw. 160 g/kg (660 g Kraftfutter).

Fazit für die Praxis

Die Beispiele aus obigem Weideversuch verdeutlichen, dass mit einem ausgefeilten Weidemanagement eine hohe Weidequalität bereitgestellt werden kann. Diese führt zu einer hohen Weidefutteraufnahme und somit Milchleistung. Die Beifütterung mit Kraftfutter sollte begrenzt sein. Damit eröffnet sich – insbesondere für ökologisch wirtschaftende Betriebe – ein interessanter Weg für die Erzeugung von Ziegenmilch.

Die vielschichtigen Zusammenhänge zwischen der Weide und deren Aufwuchsangebot sowie dem Futteraufnahmeverhalten und der Futteraufnahme von weidenden Ziegen zeigt Abbildung 4.2.

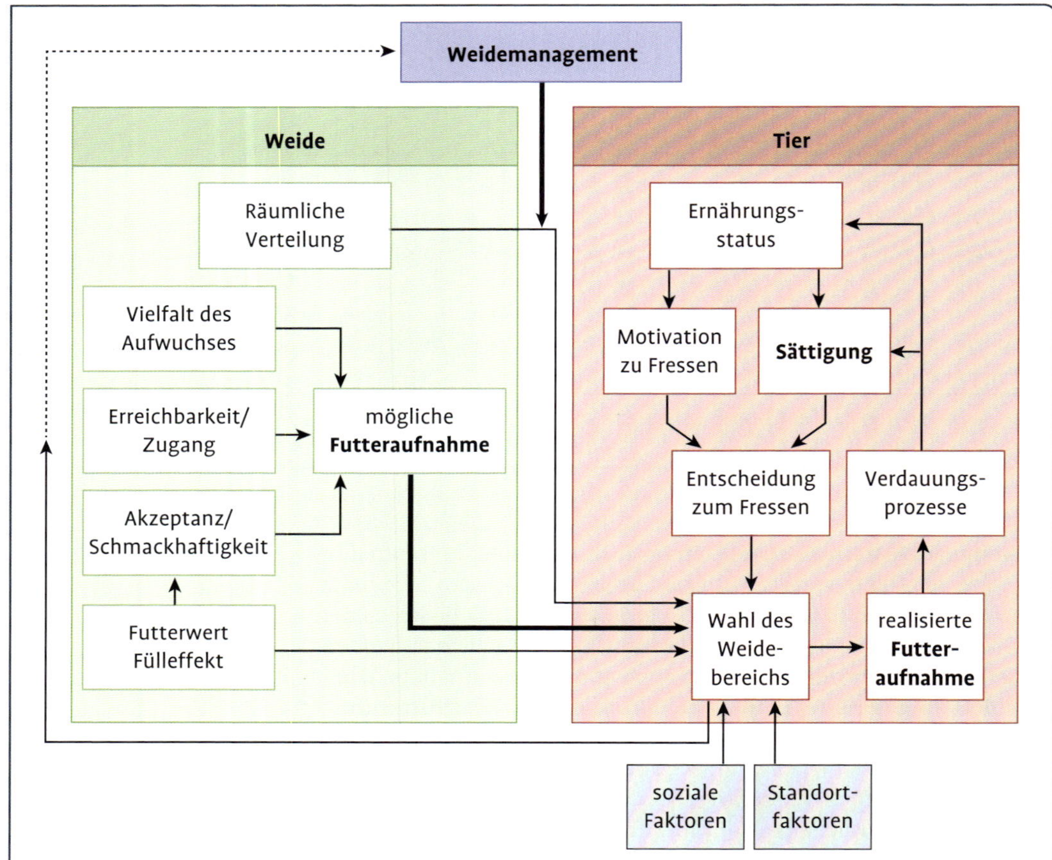

Abb. 4.2 Einflussgrößen auf das Futteraufnahmeverhalten und die Futteraufnahme von Milchziegen beim Weidegang (Quelle: Baumont et al. 2000; ergänzt).

4.1.3 Praktische Durchführung der Milchziegenfütterung

4.1.3.1 Futteraufnahme

Die Futteraufnahme von Milchziegen unterliegt grundsätzlich den Einflussgrößen, wie sie in den Kapiteln 1.2 und 3.1.2 ausführlich beschrieben wurden. Für laktierende Milchziegen wirken auf die tägliche Futteraufnahme insbesondere folgende begrenzende Faktoren:

- die Lebendmasse (LM)
- das Laktationsstadium
- die Höhe der täglichen Milchleistung
- die Energiekonzentration der Ration

Nach schweizerischen Empfehlungen (Arrigo 2013) lässt sich die tägliche Futteraufnahme laktierender Milchziegen mit nachfolgender Formel einschätzen:

Futteraufnahme (kg TM/Tag) = 0,9 + kg LM/100 + 0,27 × kg energiekorrigierte Milch.

Für eine Milchziege mit 65 kg LM und einer Tagesleistung von 5 kg Milch (energiekorrigiert) ergibt sich somit eine tägliche Futteraufnahme von 2,9 kg TM.

In Tabelle 4.5 ist für relevante Lebendmassebereiche und Leistungsstadien die mögliche tägliche Futteraufnahme von laktierenden Milchziegen nach Angaben des NRC (2007) ausgewiesen. Hierbei werden die Laktationsstadien in 3 gleich lange Abschnitte von jeweils etwa 80 Tagen unterteilt. Diese Werte liegen über den vergleichbaren schweizerischen Angaben. So ist für das oben dargestellte Rechenbeispiel (65 kg LM, 5 kg Milch) nach NRC (2007) eine tägliche Futteraufnahme von etwa 3,5 kg TM möglich (Tab. 4.5). In den nachfolgenden Kapiteln wird für die Rationsbeispiele (Kapitel 4.1.3) mit Futteraufnahmen kalkuliert, die zwischen diesen Werten liegen.

4.1.3.2 Richtwerte zur Energie-, Protein- und Mineralstoffversorgung

Für die Milchziegenfütterung lassen sich – wie unter Kapitel 1.5.1 erläutert – die Umsetzbare Energie (ME) und die Nettoenergie-Laktation

Tab. 4.5 Tägliche Futteraufnahme (kg Trockenmasse pro Tier und Tag) von laktierenden Milchziegen differenziert nach Laktationsstadium und Lebendmasse.

Laktationsstadium	Lebendmasse				
	55 kg (kg Milch/Tag)	60 kg (kg Milch/Tag)	65 kg (kg Milch/Tag)	70 kg (kg Milch/Tag)	75 kg (kg Milch/Tag)
1. Laktationsdrittel (ca. 80 Tage)	2,8 (4,7)	3,1 (5,1)	3,6 (5,3)	4,1 (5,6)	4,3 (5,8)
2. Laktationsdrittel (ca. 80 Tage)	2,9 (3,5)	3,0 (3,7)	3,5 (3,9)	4,1 (4,0)	4,3 (4,2)
3. Laktationsdrittel (ca. 80 Tage)	2,6 (2,1)	2,8 (2,2)	2,9 (2,3)	3,1 (2,4)	3,3 (2,5)

Quelle: NRC 2007

Tab. 4.6a Richtwerte für die Energie- und Proteinversorgung von laktierenden Milchziegen (Beispiel: Tagesbedarf für Milchziege mit 65 kg LM; Stallfütterung).

Leistungsstadium	ME (MJ)	NEL (MJ)	Rohprotein (nutzbares XP) (g)
Erhaltungsbedarf (65 kg LM)	10,3	6,3	123
Leistungsbedarf (1 kg Milch)[1]	4,6	2,9	53
Laktierend und Stallfütterung			
2 kg Milch	19,5	12,1	229
3 kg Milch	24,1	15,0	282
4 kg Milch	28,7	17,9	335
5 kg Milch	33,3	20,8	388

[1] unterstellt: 3,2 % Eiweiß; 3,4 % Fett

Tab. 4.6b Richtwerte für die Energie- und Proteinversorgung von laktierenden Milchziegen (Beispiel: Tagesbedarf für Milchziege mit 60 kg LM; Weidegang).

Leistungsstadium	ME (MJ)	NEL (MJ)	Rohprotein (nutzbares XP) (g)
Erhaltungsbedarf (60 kg LM)[1]	10,7	6,5	105
Leistungsbedarf (1 kg Milch)[2]	4,4	2,8	53
Laktierend und Weidegang			
2 kg Milch	19,6	12,1	211
3 kg Milch	24,0	14,9	264
4 kg Milch	28,4	17,7	317

[1] inkl. 10 % Zuschlag für Weidegang [2] unterstellt: 3,1 % Eiweiß; 3,2 % Fett

(NEL) als Maßstab für die Energieversorgung heranziehen. Die Tabellen 4.6a und b geben die Richtwerte für die Energieversorgung von laktierenden Milchziegen auf der Basis ME und NEL an. Die Angaben für die Proteinversorgung beziehen sich auf die Kenngröße nutzbares Protein (nXP). Für die Versorgung tragender Milchziegen können die in der Tabelle 4.6c angegebenen Daten herangezogen werden. Am Beispiel der in den Tabellen 4.6a und b dargestellten Richtwerte für laktierende Milchziegen lassen sich die verschiedenen Faktoren aufzeigen, die den Bedarf dieser Tiere beeinflussen. In Tabelle 4.6a wird von einer Stallfütterung ausgegangen. Es wird zunächst der Erhaltungsbedarf festgelegt, der sich an der Lebendmasse orientiert. Im zweiten Schritt erfolgt die Ableitung des Leistungsbedarfes für das Produkt Milch.

Der Energiebedarf für 1 kg Milch lässt sich mit folgenden Formeln berechnen:

$$\text{ME (MJ/kg)} = (0{,}38 \times \text{Fett \%} + 0{,}21 \times \text{Protein \%} + 0{,}95)/0{,}63$$

oder

$$\text{NEL (MJ/kg)} = (0{,}39 \times \text{Fett \%}) + (0{,}24 \times \text{Protein \%}) + (0{,}017 \times 47)$$

Für die in der Tabelle 4.6a angegebenen Werte wurde in der Ziegenmilch ein Proteingehalt von 3,2 % sowie ein Fettgehalt von 3,4 % unterstellt. Somit ergibt sich ein Energiebedarf pro kg Milch in Höhe von 4,6 MJ ME oder 2,9 MJ NEL.

Milchziegen mit Weidegang benötigen 10 % mehr umsetzbare Energie.

Die in der Tabelle 4.6b dargestellten Richtwerte beziehen sich auf laktierende Milchziegen mit Weidegang (Koppelweide). Diese Haltungssituation erfordert für den Erhaltungsbedarf einen ME-Zuschlag (10 %). Ergänzend zu den Richtwerten für die Energie- und Proteinversorgung sind in Tabelle 4.7a die Empfehlungen zur täglichen Mineralstoffversorgung (Mengenelemente) von Milchziegen angegeben. Angaben für die Spurenelementversorgung dieser Tiere können der Tabelle 4.7b entnommen werden.

Tab. 4.6c Empfehlungen zur täglichen Energie- (ME; NEL) und Proteinversorgung (nXP) von Milchziegen für die niedertragende und hochtragende Zeit unter den Bedingungen der Stallhaltung.

Lebendmasse (kg)	Leistungsstadium	ME (MJ)	NEL (MJ)	nXP (g)
55	niedertragend[1]	9,1	5,5	84
	hochtragend[2]	12,3	7,4	113
60	niedertragend	9,7	5,9	89
	hochtragend	13	7,9	120
65	niedertragend	10,3	6,3	95
	hochtragend	13,8	8,4	127
70	niedertragend	10,9	6,7	100
	hochtragend	14,6	9,0	134
75	niedertragend	11,5	7,1	106
	hochtragend	15,3	9,4	141

[1] bis einschließlich 4. Monat;
[2] 5. Trächtigkeitsmonat; Zwillingsträchtigkeit, unterstellt: 3,5 kg Geburtsgewicht pro Kitz

Quelle: GfE 2003; ergänzt

Tab. 4.7a Richtwerte für die tägliche Versorgung mit Mengenelementen von laktierenden Milchziegen.

Lebendmasse (kg)	Milchleistung (kg/Tag)	Kalzium (g)	Phosphor (g)	Magnesium (g)	Natrium (g)
–	1	1,85	1,13	0,6	0,42
55	2	7,0	4,8	2,2	1,8
	3	9,1	5,9	2,8	2,3
60	2	7,2	5,1	2,3	1,9
	3,5	10,2	6,8	3,3	2,6
65	2	7,5	5,3	2,4	2,0
	4	11,2	7,6	3,6	2,9
70	2	7,7	5,6	2,4	2,1
	4,5	12,3	8,4	3,9	3,2
75	3	9,8	6,9	3,1	2,7
	5	13,5	9,2	4,3	3,5

Quelle: GfE 2003

Tab. 4.7b Richtwerte für die Versorgung mit Spurenelementen in Rationen für Ziegen (in mg/kg TM).

Spurenelement	Konzentration (mg/kg TM)
Mangan (Mn)	60–80
Zink (Zn)	50–80
Eisen (Fe)	40–50
Kupfer (Cu)	10–15
Jod (J)	0,30–0,50
Kobalt (Co)	0,15–0,20
Selen (Se)	0,10–0,20

Quelle: GfE 2003

4.1.3.3 Rationsgestaltung für Milchziegen

Hochtragende Milchziegen

Bedenken Sie, dass das Pansenvolumen am Ende einer Zwillingsträchtigkeit stark eingeschränkt ist und deshalb die Futteraufnahmekapazität sinkt.

Milchziegen mit Zwillingsträchtigkeit benötigen insbesondere im letzten Trächtigkeitsmonat eine intensive Fütterung (z. B. Stallfütterung mit Futterkonserven). Als Faustregel für diesen Leistungsabschnitt kann gelten: Energie- und Proteinversorgung für Erhaltung und eine theoretische Tagesleistung von 2 kg Milch. Hierbei muss man aber bedenken, dass am Ende der Tragezeit durch die stark wachsenden Föten das Pansenvolumen eingeschränkt ist. Damit sinkt die Futteraufnahmekapazität. Somit muss die Energiekonzentration in den Tagesrationen auf dem Niveau hochlaktierender Ziegen liegen. Beispiele für solche Tagesrationen sind in Tabelle 4.8 angegeben. Die dort aufgeführten Futtermittel werden auch in den Rationen für die nachfolgende Laktation verwendet (Tab. 4.9). Diese Vorgehensweise sollte man grundsätzlich beachten, um einen möglichst gleitenden Übergang zur Laktation herzustellen.

Laktierende Milchziegen

Tabelle 4.9 zeigt Rationsbeispiele für die Fütterung laktierender Milchziegen. Die Tagesrationen mit Futterkonserven (Stallfütterung) sind für eine tägliche Milchleistung von 5 kg ausgelegt, wie sie im 1. Laktationsabschnitt – Lammung im Spätwinter – denkbar sind.

Mit den zur Verfügung stehenden hochwertigen Grobfuttermitteln lassen sich hohe Futteraufnahmen realisieren. Insbesondere der Einsatz von Maissilage mit hohem Energiegehalt kann hierzu beitragen. Steht diese nicht oder nur in geringem Umfang zur Verfügung, sind zusätzliche Kraftfuttergaben nötig, um die hohe Leistung weitgehend zu „erfüttern" (Ration C). Die erforderliche Energiekonzentration solcher Rationen (Zielleistung 5 kg Milch pro Tag) muss mindestens

6,5 MJ NEL/kg TM betragen. Der Abbau von Körpersubstanz sollte möglichst gering gehalten werden.

Hochleistende Milchziegen benötigen eine gezielte **Mineralstoffversorgung**. Die Rationsbeispiele in der Tabelle 4.9 verdeutlichen diese Aussage. Für diese Rationsbeispiele musste eine zusätzliche Mineralfuttermischung berücksichtigt werden. Hierbei wurde unterstellt, dass die Leistungskraftfuttermischung mineralisch ergänzt ist. Es lassen sich die in Tabelle 3.21 dargestellten Kraftfuttermischungen für laktierende Schafe auch für Milchziegen heranziehen. Hierbei sollten aber statt kupferfreien Mineralfuttermischungen solche mit normalen Kupfergehalten zum Einsatz kommen (z. B. 600–800 mg Cu/kg Mineralfutter). Auf den Rationstyp „H." in der Tabelle 4.9 wird in Kapitel 4.5.2 eingegangen.

Die dargestellten Zusammenhänge verdeutlichen, dass für eine gezielte Fütterung der laktierenden Milchziegen umfassende und exakte Rationsberechnungen unerlässlich sind. Untersuchungen von Arrigo (2013) mit einer Heu-Kraftfutter-Ration an laktierenden Milchziegen zeigen, dass die **tolerierbaren Futterreste** in der Größenordnung von 10–20 % liegen können. Darüber hinausgehende Futtergaben beeinflussen die Milchleistung der Ziegen nicht. Sie zeigen zwar tendenziell eine höhere Futteraufnahme und die Selektionsneigung geht zurück. Dabei lassen sie aber Futterreste mit beachtlichen Nährstoffgehalten zurück.

Tab. 4.8 Rationsbeispiele für hochtragende Milchziegen (Zwillingsträchtigkeit, Stallfütterung mit Futterkonserven).

Futtermittel	Rationstypen (Tagesmengen in kg/Ziege)	
	Jungziege (60 kg LM[1])	Altziege (75 kg LM)
Heu (1. Aufwuchs, Blüte)	0,2	0,4
Grassilage (1. Aufwuchs, Ähren- / Rispenschieben)	2,0	3,0
Maissilage (Ende Teigreife)	1,5	1,5
Kraftfuttermischung (18/3)[2]	0,35	–
Wintergerste	–	0,1
Mineralfuttermischung	–	0,01
Futteraufnahme (kg TM)	1,7	2,0
Rohfaserversorgung (% in der TS der Gesamtration)	20	22
Energiekonzentration (MJ NEL/kg TM)	6,6	6,4

[1] Gewicht vor der Lammung [2] 18/3 = 18 % Rohprotein und Energiestufe 3 (6,7 MJ NEL bzw. 10,8 MJ ME/kg Kraftfutter)

Tab. 4.9 Rationsbeispiele für laktierende Milchziegen (mit 65 kg LM und 5 kg bzw. 3 kg Milch pro Tag, Stallfütterung mit Futterkonserven).

Futtermittel	**Rationstyp (Tagesmengen in kg/Ziege)**			
	A	**B**	**C**	**H.**
	5 kg	**3 kg**	**5 kg/3 kg**	**4 kg/3 kg**
Heu (1. Aufwuchs, Blüte)	0,4	0,4	0,6	–
Heu (1. Aufwuchs, früh, Unterdachtrocknung)	–	–	–	1,5
Heu (2. Aufwuchs, Unterdachtrocknung)	–	–	–	1,5
Grassilage (1. Aufwuchs, Ähren- / Rispenschieben)	4,5	4,5	5,0	–
Maissilage (Ende Teigreife)	3,0	1,5	–	–
Kraftfuttermischung (18/3)[1]	0,25	–	0,15 / –	0,30 / –
Wintergerste	–	–	0,85 / 0,15	–
Mineralfuttermischung	0,01	0,01	0,01 / 0,01	– / 0,01
Futteraufnahme (kg TM)	3,2	2,5	3,2 / 2,4	2,9 / 2,6
Rohfaserversorgung (% in der TS der Gesamtration)	22	23	19 / 23	23 / 25
Energiekonzentration (MJ NEL/kg TM)	6,5	6,3	6,7 / 6,3	6,0 / 5,9

[1] 18/3 = 18 % Rohprotein und Energiestufe 3 (6,7 MJ NEL bzw. 10,8 MJ ME/kg Kraftfutter)

Weitere Rationsbeispiele für die Sommerfütterung werden in der Tabelle 4.10 gezeigt. In allen Rationen dominiert **(Weide-)Gras als Grobfuttermittel**. Unter den Bedingungen des Weidegangs lässt sich die für die Stallfütterung unterstellte sehr hohe Futteraufnahme nicht erreichen. Deshalb wurde eine maximale tägliche Futteraufnahme von 2,9 kg Trockenmasse (TM) unterstellt. Die mit solchen Rationen maximal zu „erfütternde" Leistung liegt unter den genannten Bedingungen bei 4 kg Milch.

Wie die Ration D zeigt, lässt sich mit **jungem Gras** aus dem 1. Aufwuchs eine hohe Milchleistung realisieren. Der Proteinüberschuss aus dem Grünfutter muss aber mit eiweißarmen Futtermitteln wie Getreide (Gerste) oder zuckerarmen Trockenschnitzeln ausgeglichen werden. Bezogen auf die Tagesration, sollte die **ruminale Stickstoffbilanz** (RNB) einen Wert von + 5 g nicht überschreiten. Der Energiegehalt in **älterem Gras** bzw. Gras aus dem 2. Aufwuchs ist meist erniedrigt.

Das Rationsbeispiel F verdeutlicht, dass mit **überständigem Gras** als alleinigem Grobfutter keine hohe Milchleistung möglich ist. Nur mit hohem Kraftfuttereinsatz lässt sich die Zielleistung von 4 kg Milch erfüttern. Um auch unter diesen Bedingungen hohe Milchleistungen und stabile Eiweißgehalte zu realisieren, müssen gezielt energiereiche Grobfuttermittel beigefüttert werden. Hierbei bieten sich insbesondere Pressschnitzelsilage oder Maissilage an (vgl. Tab. 4.10, Ration G).

Tab. 4.10 Rationsbeispiele für laktierende Milchziegen (mit 60 kg LM und 4 kg bzw. 2 kg Milch pro Tag, Weidegang).

Futtermittel	**Rationstypen (Tagesmengen in kg/Ziege)**			
	D	**E**	**F**	**G**
	4 kg	**4 kg**	**4 kg/2 kg**	**4 kg/2 kg**
Gras (1. Aufwuchs, Ähren- / Rispenschieben)	10,0	–	–	–
Gras (2. Aufwuchs, 7–9 Wochen)	–	10,0	–	8,0
Gras (1. Aufwuchs, extensiv, spät)	–	–	8,0	–
Heu (1. Aufwuchs, Blüte)	0,3	–	–	–
Maissilage (Ende Teigreife)	–	–	–	2,0 / 1,0
Kraftfuttermischung (18/3)[1]	–	–	0,5 / –	–
Ackerbohnen	–	–	–	0,5 / 0,1
Wintergerste	0,7	0,9	0,6 / 0,25	–
Mineralfuttermischung	0,01	0,01	0,01 / 0,01	0,01 / 0,01
Futteraufnahme (kg TM)	2,7	2,8	2,9 / 2,2	2,8 / 2,1
Rohfaserversorgung (% in der TS der Gesamtration)	20	21	21 / 25	22 / 25
Energiekonzentration (MJ NEL/kg TM)	6,7	6,4	6,2 / 5,6	6,4 / 6,0

[1] 18/3 = 18 % Rohprotein und Energiestufe 3 (6,7 MJ NEL bzw. 10,8 MJ ME/kg Kraftfutter)

Gleichzeitig verdeutlichen die Rationsbeispiele mit der definierten Zielleistung von 2 kg Milch, dass mit zunehmender Laktationsdauer und damit zurückgehender Milchleistung die Beifütterung von teurem Kraftfutter konsequent zurückgefahren werden kann. Insgesamt zeigen die Beispiele in Tabelle 4.10, dass sich mit gutem Weidemanagement kostengünstig Ziegenmilch erzeugen lässt.

Fazit für die Praxis

Mit überständigem Gras als alleinigem Grobfutter können Sie keine hohe Milchleistung erreichen. Hierzu ist ein hoher Kraftfuttereinsatz nötig, um 4 kg Milch zu erfüttern. Es müssen gezielt energiereiche Grobfuttermittel beigefüttert werden wie Pressschnitzelsilage oder Maissilage.

Mit zunehmender Laktationsdauer und damit zurückgehender Milchleistung kann man die Beifütterung von teurem Kraftfutter konsequent zurückfahren.

Mit gutem Weidemanagement lässt sich kostengünstig Ziegenmilch erzeugen.

Fütterungstechnik

Mischrationen

In der Milchkuhfütterung wird zunehmend mit gemischten Rationen aus Grob- und Kraftfutter gearbeitet. Diese lassen sich als **aufgewertete Mischrationen (aMR)** oder **totale Mischrationen (tMR)** einsetzen. Während in der aMR nur eine Teilmenge des Kraftfutters in die Grobfutterration eingemischt wird, enthält eine tMR die gesamte Tageskraftfuttermenge. Ziel dieser Fütterungstechnik ist es, eine gleichförmige Futteraufnahme zu erreichen – ohne Selektion von Kraft- oder Grobfutter. Diese Fütterungstechnik lässt sich auch für die Milchziegenfütterung anwenden.

Da die Ziege, wie beschrieben, zu einer ausgeprägten Futterselektion neigt, sind an die Mischgenauigkeit besonders hohe Ansprüche zu stellen. In eigenen Untersuchungen konnte festgestellt werden, dass Milchziegen eine aMR stark selektierten, die aus den Komponenten Heu, Grassilage, Maissilage, Biertreber, Maiskolbenschrot, Eiweißkonzentrat und Ausgleichskraftfuttermischung bestand. So wiesen die analysierten Futterreste gegenüber der vorgelegten aMR höhere Rohfasergehalte und niedrigere Gehalte an stickstofffreien Extraktstoffen (XX, Stärke) auf. Dies kann als Beleg dafür gelten, dass faserreiche Futterbestandteile zurückgelassen und Kraftfuttermittel bevorzugt aufgenommen wurden. Eine nach Alter differenzierte Auswertung (Jungziegen: 1 Laktation, Altziegen: 2 und mehr Laktationen), zeigte außerdem, dass Jungziegen stärker selektieren als Altziegen. Gleichzeitig wiesen die Jungziegen erwartungsgemäß eine niedrigere Futteraufnahme auf (1,75 kg zu 2,0 kg TM pro Tier und Tag).

Fazit für die Praxis

Auch in der Ziegenfütterung lassen sich aufgewertete Mischrationen (aMR) oder totale Mischrationen (tMR) einsetzen.
Ziegen neigen zu ausgeprägter Futterselektion: Untersuchungen haben gezeigt, dass faserreiche Futterbestandteile der aMR eher aussortiert und Kraftfuttermittel bevorzugt werden. Außerdem selektieren Jungziegen stärker als ältere Ziegen.

Capriscope-System

Die Grundidee dieses in den Niederlanden entwickelten Systems ist es, dass Fütterung, Melkarbeit und Management der Milchziegen weitgehend **automatisiert** werden. Im Capriscope-System besteht die Tagesration für die Milchziegen zu 80 % aus einer speziellen Kraftfuttermischung. Über das Kraftfutter wird nahezu der gesamte Erhaltungs- und Leistungsbedarf der Milchziege abgedeckt. Das Grobfutter besteht aus Heu und Stroh. Dieses trägt nur in geringem Umfang zur Nährstoffversorgung der Tiere bei. Es liefert hauptsächlich strukturwirksame

Rohfaser. Auch die Kraftfuttermischung ist mit faserreichen Komponenten ausgestattet, sodass der Rohfasergehalt mindestens 14 % beträgt.

Basis für eine hohe Milchleistung ist immer das Erreichen der maximalen Futteraufnahme. Das **Melkkarussell** dient nicht nur zum 2-maligen Melken pro Tag, sondern steht auch zur tierindividuellen und leistungsabhängigen Fütterung zwischen den beiden Melkzeiten zur Verfügung. Beim Melken werden die Tiere erkannt und die Milchmenge wird täglich 2-mal gemessen. Auf der Basis dieser Daten weist das System jeder Ziege die tägliche Kraftfuttermenge zu. Das Grobfutter nehmen die Tiere frei aus Raufen auf. Der durchschnittliche Heu- und Strohverzehr liegt bei ca. 600–800 g pro Ziege und Tag. Somit ergibt sich eine tägliche Gesamtfutteraufnahme von ca. 3,5 kg TM. Mit diesem System lassen sich hohe Einzeltierleistungen erzielen (> 1000 kg pro Ziege und Laktation). Der durchschnittliche Kraftfutteraufwand pro kg Milch beträgt ca. 750 g.

Fazit für die Praxis

Die Wirtschaftlichkeit des Capriscope-Verfahrens hängt entscheidend von den Kraftfutterkosten und dem Milcherlös ab.

4.1.3.4 Fütterungscontrolling

Die vorangegangenen Kapitel zeigen, dass man laktierende Milchziegen als hochleistende Tiere betrachten muss. Somit kommt dem Herdenmanagement und hier dem Fütterungscontrolling eine besondere Bedeutung zu (s. auch Kapitel 3.5.3). Konkrete Vorschläge für ein solches Fütterungscontrolling in Milchziegenherden sind in Tabelle 4.11 zusammengestellt. Die dort vorgeschlagenen Maßnahmen sind nach zeitlichen Gesichtspunkten differenziert. Die Zahlenbeispiele korrespondieren mit den vorgestellten Rationsbeispielen (Tab. 4.9 und 4.10).

Eine besondere Bedeutung innerhalb des Fütterungscontrollings nimmt die **Beurteilung der tierindividuellen Milchinhaltsstoffe** ein, die im Rahmen der monatlichen Milchleistungsprüfung erhoben werden. Neben dem Protein- und Fettgehalt wird hier auch der Harnstoffgehalt der Milch ermittelt. Der Milcheiweißgehalt lässt sich für die Energieversorgung und der Milchharnstoffgehalt für die Proteinversorgung heranziehen. Eine stark positive ruminale Stickstoffbilanz (RNB) belastet das Tier mit Stickstoff. Dieser muss in der Leber zu Harnstoff umgebaut und mit den Körperflüssigkeiten ausgeschieden werden. Den Belastungsgrad kann man über den Milchharnstoffgehalt ablesen. Bei Milchziegen ist diese **Grenze bei 40 mg Harnstoff pro 100 ml** Milch erreicht (Bellof und Weppert 1997). Die Untergrenze dürfte bei 20 mg Harnstoff pro 100 ml Milch liegen (vgl. Tab. 4.11).

Haben die Ziegen freie Futterwahl (Weidegang), sollte man das Neun-Felder-Schema nicht anwenden.

Eine hohe Energieversorgung hat einen positiven Einfluss auf den Eiweißgehalt der Ziegenmilch (s. Kapitel 4.1.2). Im Umkehrschluss

Tab. 4.11 Fütterungscontrolling für laktierende Milchziegen (Stallhaltung).

Zeitraum	Bereich	Zielgrößen, Beispiele
täglich		
	Milchziegen	Leistungsgruppe „hoch“: 5 kg Milch pro Tier/Tag Leistungsgruppe „mittel“: 3 kg Milch pro Tier/Tag
	Futteraufnahme	z. B. „hoch“ > 3 kg TM pro Tier/Tag
	Futtervorlage (Stall)	Liegt immer Futter bereit? Findet starke Futterselektion statt? Liegen die Futterreste bei 10–20 % (bezogen auf TS)?
wöchentlich		
	Milchinhaltsstoffe (Molkerei: Herde)	Protein > 3,0 %
	Grundration	Futteraufnahme in kg TM pro Tier/Tag hygienischen Zustand, physikalische Struktur (ggf. Mischqualität, Homogenität) prüfen
	Silagen	Nacherwärmung, Sauberkeit überprüfen
	Kraftfuttermengen	„hoch“: max. 200 g Kraftfutter pro kg Milch „mittel“: max. 100 g Kraftfutter pro kg Milch
	Kraftfutter: Einzelfuttermittel, Mischung	Lagerbestand: Mengen feststellen Hygienezustand prüfen
monatlich		
	Milchziegen, Milchinhaltsstoffe (Milchleistungsprüfung: Einzeltiere, Leistungsgruppen)	Körperkondition beurteilen, Klauengesundheit prüfen; Protein > 3,0 % Milchharnstoff 20–40 mg/100 ml Milch
ständig		
	Milchziegen (Leistungsgruppen)	Fressverhalten, Wiederkauaktivität stichprobenartig prüfen

lässt sich die Abschätzung der Energieversorgung über den Milcheiweißgehalt vornehmen. Der mittlere Milcheiweißgehalt in der Ziegenmilch wurde in den Tabellen 4.6a und b mit 3,1–3,2 % angegeben. **Milcheiweißgehalte** unter 2,9 % dürften nach eigenen Untersuchungen einen Energiemangel, Gehalte von mehr 3,4 % eine Energieüberversorgung anzeigen. Aus der Kombination der genannten „Grenzwerte“ lässt sich die Versorgung mit Energie und Protein beurteilen. Es ergeben sich 9 Kombinationsmöglichkeiten. Somit kann das in Abbildung 4.3 dargestellte **Neun-Felder-Schema** herangezogen werden. Im Kapitel 4.1.2 wurde darauf hingewiesen, dass bei Ziegen die Aussagekraft des Milchharnstoffgehaltes hinsichtlich Proteinversorgung weniger klar ist als bei Milchschafen. So sollte bei freier Futterwahl (Weidegang) das vorgestellte Neun-Felder-Schema nicht angewandt werden.

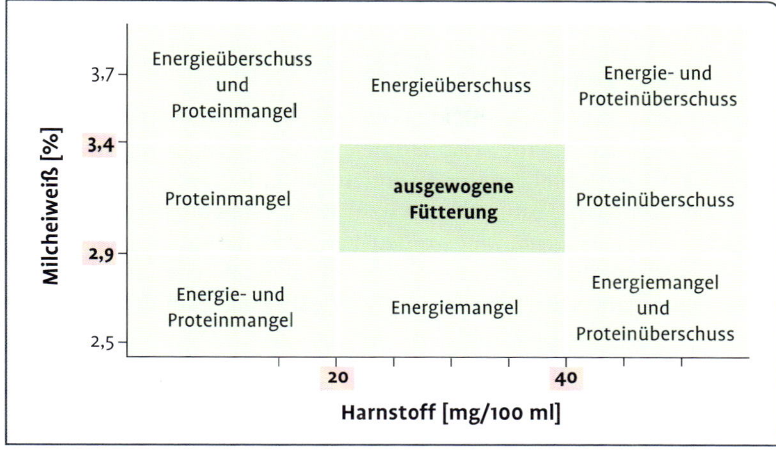

Abb. 4.3 Harnstoff- und Eiweißgehalt in der Milch als Maßstab für die Energie- und Proteinversorgung bei Milchziegen (Quelle: Bellof und Weppert 1997).

Fazit für die Praxis

Eine planmäßige Fütterung der Milchziegen beinhaltet folgende Maßnahmen:

- regelmäßige Nährstoffuntersuchungen der eingesetzten Futtermittel
- herden- bzw. gruppenbezogene Rationsberechnungen
- Fütterungscontrolling (u. a. periodische Erhebung und Prüfung der Futterreste, monatliche Überprüfung der Milchinhaltsstoffe)

4.2 Kitz- und Jungziegenaufzucht

4.2.1 Zielstellung

Ziegen werden überwiegend für die Milcherzeugung genutzt. Die vorherrschenden Ziegenrassen bringen jährlich meist Zwillinge zur Welt. Nur ein geringer Teil der weiblichen Ziegenlämmer wird für die Remontierung benötigt. Die nicht zur Remontierung benötigten weiblichen und männlichen Jungtiere – also die große Mehrzahl – können somit zur Fleischnutzung verwendet werden (s. Kapitel 4.3).

Die Aufzucht verfolgt das Ziel – ähnlich wie in der Milchschafhaltung –, die für die Nachzucht vorgesehenen Tiere möglichst optimal auf die spätere Nutzung als milchgebendes Tier vorzubereiten. Angestrebt wird für die meisten intensiven Milchziegenrassen in Mitteleuropa ein Erstlammalter von 12 Monaten. Bei einem Geburtsgewicht von 4 kg und einer Lebendmasse zum Zeitpunkt der ersten Lammung von 50 kg (Gewicht nach der Lammung) sind durchschnittliche Tageszunahmen von ca. 150 g anzustreben.

4.2.2 Praktische Durchführung der Kitzaufzucht

4.2.2.1 Richtwerte zur Futteraufnahme, Energie- und Proteinversorgung

Ziegenlämmer sollten die Biestmilch der ersten 5 Tage erhalten.

Für die Aufzucht von Ziegenlämmern gelten die gleichen physiologischen Grundsätze wie für Schaflämmer. Diese werden ausführlich in Kapitel 3.2.1 behandelt. In der Kitzaufzucht der Milchziegenbetriebe werden überwiegend mutterlose Aufzuchtverfahren angewandt, da das Zielprodukt Milch vermarktet werden soll. Es ist darauf zu achten, dass die neugeborenen Lämmer in den ersten 24 h die Kolostralmilch der Mutter aufnehmen können (Kapitel 3.2.1). Da die Biestmilch in den ersten 5 Tagen aufgrund ihrer Zusammensetzung nicht verkehrsfähig ist bzw. nicht verarbeitet werden kann, sollte diese Milch vertränkt werden (s. auch Kapitel 4.2.2.2).

In Tabelle 4.12a sind die Empfehlungen für die Energie- und Proteinversorgung von milchernährten Ziegenlämmern zusammengefasst. Hierbei wird keine Differenzierung nach Geschlecht vorgenommen. Ein Vergleich mit den entsprechenden Empfehlungen für **wiederkäuende Ziegenlämmer** (Tab. 4.13) zeigt, dass bei einer milchbasierten Ernährung der tägliche ME- und Rohproteinbedarf – bei gleichem Tageszuwachs – auf einem niedrigeren Niveau liegt. So benötigt ein überwiegend **milchernährtes Kitz** mit 15 kg Lebendmasse und einer Tageszunahme von 200 g täglich 7,5 MJ ME und 60 g Rohprotein. Ein vergleichbares Tier (weiblich), was bereits abgesetzt ist – also vollständig wiederkäut –, benötigt 8,4 MJ ME und 97 g Rohprotein pro Tag. Die Unterschiede betreffen somit insbesondere den Proteinbedarf (s. auch Kapitel 1.3). Empfehlungen für die Versorgung mit Mengenelementen von wiederkäuenden Ziegenlämmern zeigt Tabelle 4.14.

Hinweise zur Futteraufnahme von Ziegenlämmern ab einer Lebendmasse von 10 kg sind in Tabelle 4.12b dargestellt. Es wird nach Nutzungsrichtung (Milch oder Fleisch) und Geschlecht unterschieden. In

Tab. 4.12a Empfehlungen für die Energie- und Proteinversorgung von milchernährten Ziegenlämmern (Tagesbedarf für ein weibliches oder männliches Lamm).

Lebendmasse (kg)	Tageszunahmen (g)	Energie ME (MJ)	Protein XP (g)
5	100	2,8	29
10	150	4,9	45
15	200	7,5	60
	250	9,0	71
20	200	9,0	63
	250	10,9	75

Quelle: GfE 2003

Tab. 4.12b Tägliche Futteraufnahme (kg Trockenmasse pro Tier und Tag) von Ziegenlämmern, differenziert nach Nutzungsrichtung (Milch-, Fleischrassen), Geschlecht und Leistungsniveau (Tageszunahmen).

Lebendmasse (kg)	Tageszunahmen (g)	Milch		Fleisch	
		weiblich	männlich	weiblich	männlich
10	100	0,40	0,44	0,36	0,40
	150	0,48	0,52	0,44	0,48
15	150	0,57	0,62	0,52	0,56
	200	0,65	0,70	0,59	0,64
20	150	0,65	0,71	0,77[1]	0,64
	200	0,73	0,79	0,66[2]	0,72
25	150	0,94[1]	0,80	0,85	0,93[1]
	200	0,80[2]	0,88	0,96[1]	0,79[2]
	250	0,88	0,96	0,80[2]	0,87
30	200	1,14[1]	0,96	1,04	1,13[1]
	250	0,95[2]	1,04	1,15[1]	0,94[2]
	300	1,03	1,12	0,94[2]	1,02
35	200	1,22	1,35[1]	1,10	1,21
	250	1,34	1,12[2]	1,22	1,33[1]
	300	–	1,20	1,34	1,09[2]
40	150	1,19	1,32	1,46[1]	1,17
	200	1,30	1,44	1,17[2]	1,29
	250	–	–	1,29	1,41

[1, 2] Die Energiekonzentration (MJ ME/kg TM) in der Ration wird angehoben.

Quelle: NRC 2007

der milchbasierten Aufzuchtperiode (bis ca. 15 kg LM) sind die Unterschiede in der täglichen Futteraufnahme noch gering. Mit zunehmendem Alter und damit ansteigender Lebendmasse entwickelt sich die Futteraufnahme auseinander. Lämmer von **Fleischrassen** (z. B. Burenziege) nehmen geringere tägliche Futtermengen auf als **Milchrassenlämmer**. Innerhalb einer Nutzungsrichtung fressen männliche Tiere mehr Futter als weibliche Tiere – bei gleicher Zuwachsleistung und Fütterungsintensität (definiert als MJ ME/kg TM).

Fazit für die Praxis

Ein überwiegend milchernährtes Kitz hat einen geringeren ME- und Rohproteinbedarf als wiederkäuende Ziegenlämmer – besonders groß sind die Unterschiede im Proteinbedarf (Tab. 4.13). Lämmer von Fleischrassen nehmen täglich geringere Futtermengen auf als Milchrassenlämmer.

Tab. 4.13 Empfehlungen für die Energie- und Proteinversorgung von wiederkäuenden Ziegenlämmern (Tagesbedarf für weibliche oder männliche Lämmer, Milchrassen).

Lebendmasse	Tageszunahmen	weiblich		männlich	
		Energie	Protein	Energie	Protein
(kg)	(g)	(MJ ME)	(g nXP)	(MJ ME)	(g nXP)
15	150	7,1	76	6,8	83
	200	8,4	97	7,8	106
	250	9,6	115	9,0	126
20	150	8,7	92	8,5	99
	200	10,2	113	9,8	124
	250	11,6	131	11,1	147
25	200	11,8	126	11,1	133
	250	13,6	147	12,6	156
	300	–	–	14,2	179
30	200	13,6	138	13,0	145
	250	15,6	156	14,8	168
	300	–	–	16,6	193
35	250	18,0	170	16,6	179
	300	–	–	18,7	202
40	150	15,0	131	13,8	133
	200	17,5	156	15,8	161
	250	–	–	18,0	184

Quelle: GfE 2003

4.2.2.2 Aufzuchtmethoden

Die Kitzaufzucht erfolgt in Milchziegenbetrieben in der Regel als mutterlose Aufzucht. Die Dauer der Tränkeperiode beträgt normalerweise 12 Wochen. Bei intensiver Aufzucht und zur Kosteneinsparung kann auch bereits nach 8 Wochen abgesetzt werden (Frühentwöhnung). Folgende **Tränkemittel** können zum Einsatz kommen:

- Ziegenmilch (überschüssige Biestmilch)
- Kuhmilch
- Milchaustauscher
- Vollmilchpulver (Kuh)

Nach der Art der Tränkezubereitung kann man zwischen Warm- und Sauer-(Kalt-)tränke unterscheiden. Bei der Tränkeverabreichung gibt es die begrenzte und die freie Aufnahme. Nachfolgend soll auf einige übliche Verfahren näher eingegangen werden.

Tab. 4.14 Empfehlungen für die Versorgung mit Mengenelementen von wiederkäuenden Ziegenlämmern (Tagesbedarf für weibliche und männliche Lämmer).

Lebendmasse (kg)	Tageszunahmen (g)	Kalzium Ca (g)	Phosphor P (g)	Magnesium Mg (g)	Natrium Na (g)	Kalium K (g)	Chlor Cl (g)
15	150	3,4	2,0	1,0	0,4	2,6	0,5
	200	4,3	2,5	1,2	0,5	3,0	0,6
	250	5,2	3,0	1,4	0,6	3,4	0,7
20	150	3,6	2,2	1,1	0,5	3,1	0,6
	200	4,6	2,8	1,3	0,6	3,6	0,7
	250	5,6	3,3	1,6	0,7	4,1	0,8
25	200	4,9	3,0	1,5	0,6	4,2	0,8
	250	5,9	3,6	1,8	0,7	4,8	1,0
	300	6,9	4,1	2,0	0,8	5,3	1,1
30	200	5,1	3,2	1,7	0,7	4,6	1,0
	250	6,2	3,8	2,0	0,8	5,4	1,1
	300	7,2	4,4	2,2	0,9	6,0	1,2
35	200	5,4	3,4	1,9	0,7	5,4	1,0
	250	6,5	4,2	2,2	0,9	6,2	1,2
	300	7,4	4,6	2,4	1,0	6,5	1,3
40	150	4,4	2,9	1,6	0,6	4,8	0,9
	200	5,5	3,5	2,0	0,8	5,6	1,1
	250	6,6	4,2	2,3	0,9	6,5	1,2

Quelle: GfE 2003

In Milchziegenbetrieben mit streng saisonaler Ablammung und hoher Einzeltierleistung fallen in einem Zeitraum von 6 Wochen nennenswerte Mengen an überschüssiger **Biestmilch** an (pro laktierende Ziege 10–12 kg). Untersuchungen mit Kälbern haben gezeigt, dass diese nährstoffreiche Milch auch nach der Kolostralmilchperiode gerne aufgenommen und gut verwertet wird. Diese Milch kann über mehrere Tage gesammelt und zur Konservierung mit Ameisensäure angesäuert werden. Sie wird dann zur freien Aufnahme an die Lämmer ab dem 2. oder 3. Lebenstag vertränkt. Somit kann man rechnerisch ein Kitz mit der Vertränkung überschüssiger Biestmilch über einen Zeitraum von 9–10 Tagen vollständig versorgen. Die Biestmilch lässt sich durch zugekaufte Kuhmilch variabel ergänzen und kann ebenfalls in angesäuerter Form vertränkt werden. Diese Vorgehensweise ist insbesondere für ökologisch wirtschaftende Betriebe interessant.

Der sogenannte **Milchaustauscher (MAT)** stellt ebenfalls ein geeignetes Tränkemittel dar. Mittlerweile sind spezielle Milchaustauscher für Schaf- und Ziegenlämmer im Handel erhältlich.

MATs sollten einen Magermilchpulveranteil von mindestens 50 % aufweisen. Damit wird eine hohe Verdaulichkeit der Nährstoffe gesichert.

Praxis-Tipp

Hochwertige Milchaustauscher (MAT) weisen einen **Rohproteingehalt** von 22,5 % auf; als wertbestimmender Anteil kann der **Lysingehalt** herangezogen werden und sollte mindestens 1,7 % betragen. Der **Fettgehalt** eines geeigneten MAT liegt bei 22 %.
Ziegenlämmer, die für die Bestandsergänzung vorgesehen sind, sollten Tränken erhalten, die eine **Tränkekonzentration** von 200 g MAT pro Liter Wasser aufweisen.
Die MAT-Tränke wird in der rationierten Fütterung mit einer Temperatur von ca. 38 °C vertränkt. Die Anrührtemperatur sollte zwischen 35 °C und 45 °C liegen, damit sich das Pulver gut auflöst.
Für Lämmer sollten bereits ab dem 11. Lebenstag **Kraftfutter**, gutes **Heu** und frisches Wasser zur freien Aufnahme verfügbar sein.

Vor allem in den ersten 3–5 Lebenswochen ist eine optimale Nährstoffversorgung für die spätere Entwicklung und Leistungsfähigkeit sehr wichtig.

Ein beispielhafter Tränke- und Fütterungsplan kann der Tabelle 4.15 entnommen werden. Es wird deutlich, dass die Tränke besonders in den ersten 10 Lebenstagen mehrmals täglich verabreicht werden muss, um eine hohe Aufnahme und damit Nährstoffversorgung zu erzielen.

Neuere wissenschaftliche Erkenntnisse aus der Kälberaufzucht zeigen die hohe Bedeutung einer optimalen Nährstoffversorgung in den ersten 3–5 Lebenswochen für die spätere Entwicklung und Leistungsfähigkeit der Tiere. Der beschriebene Sachverhalt wird als „metabolische Programmierung" bezeichnet. Somit bleibt festzuhalten, dass insbesondere für die Tiere, die zur Bestandsergänzung genutzt werden sollen, die Aufzucht in der Tränkeperiode optimal gestaltet sein muss. Eine kürzere, aber sehr intensive Tränkeperiode (8 Wochen mit hoher Trän-

Tab. 4.15 Tränke- und Fütterungsplan für die mutterlose Aufzucht von Ziegenlämmern.

Alter (Tag)	**Tränkemenge (ml Tränke pro Tier und Mahlzeit)**	**Tränkezeiten (-intervalle)**	**Futtermittel**
erste 24 h	50	alle 2 h	Kolostrum
2. / 3.	70	alle 3 h	Milchaustauscher
4. / 5.	100–130	alle 4 h	Milchaustauscher
6.–10.	200 → 300[1]	alle 5 h	Milchaustauscher
11.–24.	400 → 500[1]	3-mal täglich (morgens, mittags, abends)	Milchaustauscher, Heu und Kraftfutter anbieten
25. – 56.	500 → 800[1]	3-mal täglich (morgens, mittags, abends)	Milchaustauscher, Heu und Kraftfutter anbieten
ab 56.	≤ 800	2-mal täglich	Milchaustauscher, Heu und Kraftfutter anbieten

[1] Steigerung der Tränkemengen in angegebenem Zeitraum

kemenge und Tränkequalität) ist einer langen Tränkezeit (12 Wochen und eventuell nachlässigem Tränkemanagement) vorzuziehen. Ziel sollte es sein, am Ende der 8-wöchigen Tränkezeit ein Absetzgewicht von 15 kg zu erreichen. Dies entspricht durchschnittlichen Tagezunahmen von ca. 200 g. Falls eine längere Aufzucht vorgesehen ist, kann die Tränkemenge bzw. -konzentration ab der 9. Woche zurückgenommen werden.

4.2.2.3 Weitere Jungziegenaufzucht

Sollen die Ziegen ein Erstlammalter von 12 Monaten erreichen, muss die weitere Aufzucht **intensiv** gestaltet werden. Die Tiere (Milchziegenrassen) sollten mit 12 Wochen eine Lebendmasse von 20 kg erreichen. Danach kann man die Fütterungsintensität etwas zurücknehmen (ca. 150 g Tageszunahmen). Bis zum ersten Belegen mit 7 Monaten wiegen die Jungziegen ca. 40 kg. Im weiteren Verlauf der Aufzucht sollte ein Zunahme-Niveau von 150 g nicht unterschritten werden. Damit kann die Jungziege beim Lammen ein Bruttogewicht von etwa 60 kg erreichen (Austragung von Zwillingen). Dies entspricht einer Lebendmasse nach der Ablammung von gut 50 kg.

Tabelle 4.16 zeigt Rationsbeispiele für die skizzierte intensive Aufzucht. Aufgrund der noch geringen Futteraufnahmekapazität müssen die Rationen eine vergleichsweise hohe Energiekonzentration haben. Dies erfordert den Einsatz von hochwertigen Futtermitteln.

Achten Sie darauf, dass die in der Aufzucht einzusetzenden Kraftfuttermittel Energiegehalte von 11,3–11,7 MJ ME/kg haben (Tab. 4.17).

Die in der Schaflämmeraufzucht und -mast verwendeten Kraftfuttermischungen (10,8 MJ ME/kg) sollten für diese Tiergruppe nicht eingesetzt werden (vgl. Tab. 3.13).

Hochtragende Jungziegen sind besonders sorgsam zu füttern. Insbesondere wenn diese bereits eine Zwillingsträchtigkeit austragen, ist die Futteraufnahmekapazität stark eingeschränkt. Somit muss die Energiekonzentration im Vergleich zu entsprechenden Rationen für hochtragende Altziegen nochmals erhöht werden (s. Tab. 4.9).

4.3 Mast von Ziegenkitzen

4.3.1 Einordnung

Wie bereits unter Kapitel 4.2.1 dargestellt, wird in Milchziegenbetrieben mit Zwillingsgeburten die Mehrzahl der jährlich anfallenden Lämmer nicht für die Bestandsergänzung benötigt. Diese Tiere können zur Mast herangezogen werden. Allerdings besteht nur **eine geringe Nachfrage** deutscher Verbraucher nach Fleisch von Zicklein oder jungen Mastziegen. So betrug 2012 der Pro-Kopf-Verbrauch in Deutschland lediglich 8 g. Aus dem schleppenden Absatz im Handel resultiert ein niedriger Erlös für den Erzeuger. Dies erschwert die Kostendeckung. Somit stellt die wirtschaftliche Erzeugung von Kitzfleisch ein schwieriges Unterfangen dar. Die geringe Masteignung der Milchziegenrassen, verbunden mit einer ungünstigen Futterverwertung, stellt ein zusätz-

Tab. 4.16 Rationsbeispiele für die Ziegenlämmeraufzucht und -mast.

Futtermittel	**Rationstypen (Tagesmengen in kg/Ziege)**			
	A Aufzucht	**B Aufzucht**	**C Aufzucht / Mast**	**D Mast**
	weibliches Tier (Milch), 20 kg LM, 200 g TZ[1]	**weibliches Tier (Milch), 40 kg LM, 150 g TZ**[1]	**männliches Tier (Milch), 20 kg LM, 200 g TZ**[1]	**männliches Tier (Fleisch), 35 kg LM, 250 g TZ**[1]
Heu (1. Aufwuchs, früh, Unterdachtrocknung)	0,4		0,5	
Heu (1. Aufwuchs, Blüte, Bodentrocknung)		0,4		0,1
Maissilage (Ende Teigreife, Hochschnitt)				1,0
Kraftfuttermischung (11,3 MJ ME/kg)[2]			0,5	
Kraftfuttermischung (11,7 MJ ME/kg)[2]	0,55	0,4		1,0
Körnermais		0,6		
Futteraufnahme (kg TM)	0,83	1,23	0,87	1,33
Energiekonzentration (MJ ME/kg TM)	12,0	12,0	11,5	12,5

[1] vgl. Tabelle 4.13 [2] vgl. Tabelle 4.17 LM = Lebendmasse TZ = Tageszunahme

liches Hindernis dar. Einige Milchziegenbetriebe mit großen Herden und Milchverkauf an die Molkerei versuchen, das Problem mit 2 unterschiedlichen **Strategien** zu lösen:

- Verkauf der nicht für die Remontierung vorzusehenden Kitze innerhalb der ersten Lebenswochen an spezialisierte Mastbetriebe (insbesondere Frankreich) oder wenige Tage nach der Geburt an Schlachtbetriebe (Verarbeitung zu Tiernahrung) oder
- Durchmelken der Milchziegen für 2–3 Jahre. Untersuchungen haben gezeigt, dass sich die Tagesleistung solcher Ziegen auf ein Niveau von 2–3 kg Milch einpendelt.

Für **kleinere Betriebe** mit Weiterverarbeitung und Direktvermarktung der Milchprodukte kann eine Kitzfleischvermarktung an die Endkunden leichter erfolgen. Konzentriert man sich auf das „Ostergeschäft“, lässt sich die natürliche Saisonalität der heimischen Milchziegenrassen zudem sinnvoll nutzen. Hier ist das Produktionsziel die Erzeugung von „**Milchzickleinfleisch**“ (Birnkammer 1993) über die „Milchmast“.

Tab. 4.17 Kraftfuttermischungen für die Ziegenlämmeraufzucht und -mast (Angaben in %).

Futtermittel	Mischung I[1]	Mischung II[2]
Sojaextraktionsschrot	18	–
Sojakuchen	–	18
Ackerbohnen	–	7
Melasseschnitzel	15	11
Hafer	10	–
Gerste	20	35
Körnermais	15	27
Triticale	20	–
Mineralfutter	2,0	2,0

[1] Zielwerte: 16 % Rohprotein und 11,3 MJ ME/kg Kraftfuttermischung
[2] Zielwerte: 16 % Rohprotein und 11,7 MJ ME/kg Kraftfuttermischung

Betriebe, die **Fleischziegen** halten und diese in der Landschaftspflege einsetzen, können insbesondere die männlichen Tiere nach der muttergebundenen Aufzucht einer Mast unterziehen. Das Produktionsziel ist demnach die Erzeugung von „**Jungziegenfleisch**" über die „Intensive Wirtschaftsmast". Nachfolgend wird auf die Fütterungsaspekte bei der Erzeugung dieser beiden Produkte eingegangen.

Fazit für die Praxis

Obwohl die Nachfrage in Deutschland nach Kitzfleisch nicht sehr hoch ist, können vor allem kleinere Milchziegenbetriebe speziell das Ostergeschäft nutzen, um Milchzickleinfleisch zu vermarkten. Betriebe mit Fleischziegenhaltung können Jungziegenfleisch über die intensive Wirtschaftsmast erzeugen.

4.3.2 Milchmast

Mit der Milchmast sollten die Tiere innerhalb von 7–8 Wochen ein Endgewicht von ca. 15 kg erreichen. Somit werden Schlachtkörpergewichte von etwa 7 kg erzeugt. Es sind Tageszunahmen von mindestens 200 g anzustreben. Dies erfordert eine intensive Fütterung auf der Basis von Milch bzw. Milchersatztränke. Hierfür kommen die bereits beschriebenen Tränkeverfahren infrage (s. Kapitel 4.2.2.2).

Unterschiedliche Tränkeverfahren

In eigenen Untersuchungen (Maier-Ruprecht et al. 2003) wurden in einem Fütterungsversuch mit Ziegenlämmern 3 Tränkeverfahren (MAT mit 50 % Magermilchpulver, Warmtränke) miteinander verglichen:

- Gruppe 1: traditionelle Lammbar: 14 Lämmer werden 2-mal täglich über einen Eimer mit 14 Saugnuckeln getränkt (in der 1. Woche 3-mal täglich)
- Gruppe 2: Tränkeautomat: 13 Lämmer an einem Saugnuckel, freie Tränkeaufnahme
- Gruppe 3: Tränkeautomat:18 Lämmer an einem Saugnuckel, Tiererkennung, restriktive Tränkeaufnahme

Es wurde eine 8-wöchige Tränkeperiode mit einer anschließenden 14-tägigen Übergangsphase untersucht. In den Gruppen 1 und 3 fand der gleiche Tränkeplan Anwendung. Die Tiere erhielten ab der 2. Woche Wasser, Heu/Stroh und Kraftfutter zur freien Aufnahme. Die Gruppe 2 zeigte mit 19,7 kg MAT pro Tier (352 g MAT/Tier und Tränketag) den höchsten Verbrauch. Die beiden restriktiv getränkten Gruppen verbrauchten mit 9,4 kg (Gruppe 1) und 10,5 kg pro Tier (Gruppe 3) nur etwa die Hälfte. Die Tiere der Gruppe 2 nahmen während der Tränkeperiode dagegen deutlich geringere Mengen an Kraftfutter (300 g zu 1700 g in der Gruppe 1 bzw. 1300 g pro Tier in der Gruppe 3) und Raufutter auf. In dieser Gruppe wurden mit 203 g die höchsten Tageszunahmen erreicht (männliche Tiere 214 g).

Für die Milchmast ist die freie Tränkeaufnahme das Verfahren der Wahl.

In der anschließenden Übergangsphase fielen die Tageszunahmen der ad libitum getränkten Tiere stark ab. Insbesondere die männlichen Lämmer dieser Gruppe zeigten einen ausgeprägten Wachstumsknick. Dieser Sachverhalt ist aber nur in der Aufzucht oder bei Weitermast von Bedeutung.

Futterkosten

Die Futterkosten sind – neben dem Erlös – der entscheidende Faktor für die Wirtschaftlichkeit der Milchmast. Aus Kostengründen kann das oben aufgeführte Vollmilchpulver (Kuh) als Alternative zum MAT eingesetzt werden. Auch zugekaufte Kuhmilch kann ein kostengünstiges Tränkemittel sein. Für 1 kg Zuwachs sind etwa 10 l Tränke zu veranschlagen. Nach Kalkulationen von Heim (2012) liegen die Gesamtfutterkosten (Einsatz von Vollmilchpulver) bei ungefähr 6,40 € pro kg Zuwachs bzw. bei insgesamt ca. 70 € pro Tier (11 kg Zuwachs).

Fazit für die Praxis

Bei einer Ausschlachtung von 45 % wäre ein Erlös von 10,40 €/kg Schlachtkörpergewicht nötig, um die Futterkosten zu decken.

4.3.3 Intensive Wirtschaftsmast

Säugeperiode

Dieses Verfahren ist – wie bereits in Kapitel 4.3.1 skizziert – für Betriebe mit Fleischziegenrassen (Burenziege) oder Gebrauchskreuzungen (Milchziegenrasse × Fleischrasse) sinnvoll (Abb. 4.4). Das Verfahren schließt an die muttergebundene Aufzucht an. Die Länge der Säugeperiode orientiert sich an der Haltung und Ernährung der Mutterziegen. Zu empfehlen ist aus der Sicht der Fleischerzeugung die Begrenzung auf eine 8-wöchige Säugeperiode. Während dieser Zeit ist allerdings eine intensive Ernährung der Mutterziegen erforderlich, um eine hohe Milchleistung zu erzielen. In diesem begrenzten Zeitraum sollten die kitzführenden Mutterziegen nicht in der Landschaftspflege eingesetzt werden. Mit durchschnittlich 2 kg Ziegenmilch nimmt ein Kitz etwa die gleichen Protein- und Fettmengen auf wie mit 350 g MAT (s. Kapitel 4.3.2). Allerdings kann eine etwas bessere Verwertung der Muttermilch unterstellt werden.

Fazit für die Praxis

Zwillinge, die von ihrer Mutter täglich durchschnittlich jeweils 1,5 kg Milch säugen (3 kg Milch/Ziege und Tag), können in der 8-wöchigen Säugephase die gleiche Zuwachsleistung erreichen wie in der oben dargestellten Tränkeperiode (200 g Tageszunahmen).

Übergangsphase

In der an die Säugezeit anschließenden Übergangsphase müssen die Ziegenlämmer intensiv weitergefüttert werden. Die bereits in der

Abb. 4.4 Burenböcke können in Milchziegenherden für Gebrauchskreuzungen eingesetzt werden.

Säugezeit beigefütterten Kraftfuttermischungen und Heu sollte man beibehalten, um den absetzbedingten Futterwechsel abzumildern. Ab etwa der 11./12. Lebenswoche können zusätzlich hochwertige, wirtschaftseigene Futtermittel zum Einsatz kommen. Beispielrationen für diese Fütterungsstrategie sind der Tabelle 4.16 zu entnehmen. Mit den aufgezeigten Rationen können gut veranlagte Bocklämmer in der eigentlichen Mast (20–40 kg LM) Tageszunahmen in Höhe von 250 g erzielen. Diese Tiere sind somit bei Mastende ca. 5 Monate alt. Die Bocklämmer sind zum genannten Schlachtzeitpunkt noch nicht geschlechtsreif. Eine Kastration – wie sie von einigen Vermarktern für schwere Böcke gefordert wird – ist bei dieser intensiven Mast nicht erforderlich. Ziegenbocklämmer der Rasse Burenziege erreichen eine Ausschlachtung von knapp 50 %. Weibliche Tiere dieser Rasse sollten unter den skizzierten, intensiven Fütterungsbedingungen bereits mit ca. 4 Monaten (30 kg LM) geschlachtet werden.

4.4 Fütterung der Jung- und Altböcke

Jungböcke von Milchrassen erreichen bei intensiver Aufzucht zwischen 5 und 7 Monaten die Geschlechtsreife. Sie sollten zu diesem Zeitpunkt ca. 50–55 kg wiegen. Somit sind über die gesamte Aufzucht betrachtet durchschnittliche Tageszunahmen in Höhe von 250 g erforderlich. Diese Gewichtsentwicklung lässt sich nur mit einer durchgehend intensiven Aufzucht erreichen. Eine häufig praktizierte Maßnahme ist es, die Tränkeperiode deutlich zu verlängern (z. B. auf 16 Wochen). In der anschließenden Phase wird die hohe Fütterungsintensität beibehalten. Eine hohe Fütterungsintensität ist mit einem hohen Kraftfuttereinsatz verbunden. Somit unterscheidet sich die Aufzucht von Zuchtböcken kaum von der Mast.

Fazit für die Praxis

Jungböcke von Milchrassen benötigen eine intensive Aufzucht, um die durchschnittlichen Tageszunahmen von 250 g zu erreichen.

Altböcke sind Zuchtböcke, die für den Natursprung herangezogen werden. Insbesondere bei saisonalem Deckgeschehen wechseln sich kurze Phasen hoher mit längeren Phasen geringer Leistungsbeanspruchung ab. Zuchtböcke erhalten außerhalb der Decksaison neben hochwertigem Grobfutter täglich 250–500 g Kraftfutter. In der eigentlichen Deckzeit sollte die tägliche Kraftfutterzulage auf 800–1200 g gesteigert werden.

Praxis-Tipp

Zuchtböcke können mit den für laktierende Milchziegen empfohlenen Kraftfuttermischungen (Tab. 3.21) gefüttert werden.

4.5 Fütterungsstrategien für Betriebe mit Ziegenhaltung

Das nachstehende Schlusskapitel zur Ziegenfütterung hat – ähnlich wie unter Kapitel 3.6 bereits dargestellt – die Aufgabe, an konkreten Betriebsbeispielen sinnvolle Fütterungsstrategien aufzuzeigen. Damit wird das Gesamtkapitel „Ziegenfütterung" zusammengefasst und veranschaulicht.

4.5.1 Ziegenmilcherzeugung und -verarbeitung mit Direktvermarktung

Nachfolgend wird am Beispiel eines Ziegenbetriebes der Betriebstyp „Ziegenmilcherzeugung und -verarbeitung mit Direktvermarktung" vorgestellt. Hierbei wird insbesondere auf die Futterbereitstellung sowie die Fütterung der Ziegen in diesem Betriebszweig eingegangen.

Betriebsbeschreibung

Die Familie Meier bewirtschaftet im östlichen Baden-Württemberg einen landwirtschaftlichen Betrieb, der eine Fläche von 10 ha LF (davon 4 ha Ackerland und 6 ha Grünland) aufweist. Der Betrieb wird ökologisch und im Haupterwerb bewirtschaftet. Der Ziegenbestand umfasst 60 Milchziegen der Rasse „Weiße Deutsche Edelziege" sowie die weibliche Bestandsergänzung und Lämmer. Familie Meier hat vor 20 Jahren als Seiteneinsteiger mit der Ziegenhaltung begonnen. Aus kleinen Anfängen wurde von Beginn an die erzeugte Milch selbst verarbeitet (Käse) und direkt vermarktet (Belieferung von Bauernmärkten). Kontinuierlich dehnte die Familie die Ziegenhaltung auf den heutigen Bestand aus. Die Herdendurchschnittsleistung beträgt aktuell 650 kg Milch pro Ziege und Jahr. Die Milchinhaltsstoffe liegen bei durchschnittlich 3,25 % Eiweiß und 3,40 % Fett.

Herdenmanagement

Die Ziegen werden im saisonalen Reproduktionszyklus gehalten. Sie lammen im Februar/März ab. Der Laktationshöhepunkt liegt demnach im Frühjahr. Die Tiere werden vor Weihnachten trockengestellt. Somit entsteht im Winter eine längere Melk- und Produktionspause.

Die Lammzeit in der Herde beginnt Anfang Februar und erstreckt sich über einen Zeitraum von 6 Wochen. Alle anfallenden Zicklein werden im Betrieb aufgezogen. Die männlichen Lämmer lassen sich als Milchzickleinfleisch (Teilstücke) an Endkunden vermarkten. Hierbei versucht man, einen Vermarktungsschwerpunkt auf den Zeitraum der Osterfeiertage zu legen.

Futterwerbung und -bereitstellung

Der Betrieb Meier verfügt über keine arrondierten Grünlandflächen. Somit erfolgt kein Weidegang. Vom Grünland lassen sich durchschnittlich 3–4 Schnitte gewinnen. Die Wiesen werden im Frühjahr zur Pflege abgeschleppt. Von einem Teil der Flächen wird im Sommer täglich Gras für die Stallfütterung gemäht. Die Flächen, die man nicht für das Eingrasen benötigt, dienen zur Erzeugung der Futterkonserven für die Winterfütterung.

Den 1. und 2. Aufwuchs nutzt man zur Grassilage- und Heuwerbung. Aus dem 3. und gegebenenfalls 4. Schnitt wird nur Grassilage geworben. Die Grassilage wird ausschließlich als Ballensilage verarbeitet. Die Heuwerbung erfolgt in Form der Bodentrocknung. Das Erntegut fährt man mit dem Ladewagen lose ein.

Die Ackerflächen werden in Kooperation mit einem benachbarten Bio-Betrieb bewirtschaftet. Dieser Betrieb ist mit der Bestellung und Ernte des Getreides beauftragt. Das erzeugte Getreide (Wintergerste, Triticale, Hafer) kommt überwiegend für die Ziegenfütterung zum Einsatz. Das anfallende Kleegras wird als Ballensilage geworben und ebenfalls an die Ziegen verfüttert.

Fütterung der Milchziegen

Der Betrieb Meier hält seine Milchziegen in einem Stall mit Auslauf. Die Fütterung erfolgt im Sommer mit Frischgras und Heu. Die Winterration besteht aus Grassilage oder Kleegrassilage und Heu. Die trockenstehenden Milchziegen werden im Winter mit Grassilage und Heu versorgt. In der hochtragenden Zeit erhalten die Tiere zusätzlich eine hofeigene Kraftfuttermischung (Gerste, Mineralfutter).

Nach der Ablammung erhalten die laktierenden Tiere eine Ration mit Grassilage hoher Qualität (1. Aufwuchs, Ähren-/Rispenschieben) und Heu. Eine entsprechende Ration zeigt Tabelle 4.9. Die Ration C reicht für eine Grobfutterleistung von ca. 2,5 kg Milch. Die Ziegen erhalten im Melkstand von der oben genannten Kraftfuttermischung (Gerste, Mineralfutter) täglich 200 g als Lockkraftfutter. Dieses dient gleichzeitig als Ausgleichsfutter für die proteinreiche Grassilage. Somit kann der Betrieb etwa 3 kg Milch pro Tier und Tag erzielen. Tiere mit höheren Tagesleistungen werden mit steigenden Kraftfuttergaben versorgt. Wird in dieser Ration die tägliche Kraftfuttermenge auf 1 kg pro Ziege gesteigert, ist diese für eine Tagesleistung in Höhe von 5 kg Milch versorgt. Höhere Einzeltierleistungen werden in der Herde des Betriebes auch in der Anfangsphase der Laktation nicht erreicht.

In der Sommerfütterung bildet jung gemähtes Frischgras – ohne Erdbeimengungen und möglichst abgetrocknet eingefahren –, die überwiegende Rationskomponente. Entsprechende Rationsbeispiele zeigt Tabelle 4.10. Die Rationen D und E verdeutlichen, dass bei entsprechendem Ausgleich mit energiereichem Getreide Tagesleistungen von bis zu 4 kg Milch pro Ziege möglich sind. Auch hier erfüllt die hofeigene Getreidemischung die Funktion des Ausgleichs- und Lockfutters. Es werden 200 g pro Tier und Tag pauschal vorgelegt.

Kitz- und Jungziegenaufzucht

Alle Lämmer bleiben zunächst 3 Tage bei ihren Müttern. Anschließend werden sie von den Müttern getrennt und über einen Zeitraum von 6 Wochen mit Ziegenmilch, danach mit zugekaufter Kuhmilch getränkt. Die Tränke erfolgt über eine traditionelle Lämmerbar als Warmtränke (begrenzte Aufnahme). Die Tränkeperiode erstreckt sich für die weiblichen Lämmer, die zur Bestandsergänzung herangezogen werden, über einen Zeitraum von 10 Wochen. Ab der 3. Lebenswoche erhalten die Lämmer festes Beifutter in Form von Kraftfutter und Heu.

Die männlichen Lämmer sowie die nicht zur Bestandsergänzung benötigten weiblichen Kitze werden – je nach Lage der Osterfeiertage – bereits ab der 8. Woche geschlachtet (Ziel: Schlachtkörpergewichte von ca. 7 kg). Die Schlachtung für die zur Fleischvermarktung vorgesehenen Tiere erfolgt spätestens mit 12 Wochen. Diese Lämmer erhalten bis zum Schlachtzeitpunkt die oben beschriebene Tränke.

Die Jungziegen sollen im Betrieb Meier ein Erstlammalter von 12 Monaten erreichen. Somit wird die weitere Aufzucht intensiv gestaltet.

4.5.2 Ziegenmilcherzeugung mit Molkereianlieferung

Am Beispiel des Bio-Betriebes Huber wird an dieser Stelle der Betriebstyp „Ziegenmilcherzeugung mit Molkereianlieferung“ vorgestellt. Ähnlich wie im vorangegangenen Kapitel wird insbesondere die Futterbereitstellung sowie die Fütterung der Ziegen in diesem Betriebszweig beschrieben.

Betriebsbeschreibung

Die Familie Huber bewirtschaftet im südlichen Bayern einen Grünlandbetrieb, der eine Fläche von 36 ha LF (ausschließlich Grünland) aufweist. Der Ziegenbestand umfasst 350 Milchziegen der Rasse „Bunte Deutsche Edelziege“ sowie die Jungziegen zur Bestandsergänzung. Der Betriebsleiter hat im Jahr 2007 mit der Ziegenhaltung begonnen, indem er Jungziegen zukaufte und mit diesen Tieren eine Herde aufbaute. Die Herdendurchschnittsleistung beträgt aktuell 900 kg Milch pro Ziege und Jahr. Die Milchinhaltsstoffe liegen bei durchschnittlich 3,10 % Eiweiß und 3,25 % Fett. Die Milch wird an eine Bio-Molkerei verkauft.

Herdenmanagement

Mittels Lichtprogramm wird der Reproduktionszyklus der Ziegen so umgelenkt, dass sie im zeitigen Frühjahr gedeckt werden können. Sie lammen im August und September ab. Somit liegt der Laktationshöhepunkt im Herbst und Frühwinter. Damit kann der Betrieb einen deutlich höheren Auszahlungspreis für die verkaufte Milch erzielen (zusätzlich ca. 0,10 €/kg Milch); dieser liegt bei etwa 0,85 € pro kg Milch.

Die Lammzeit in der Herde beginnt Mitte August. Die Lämmer werden direkt nach der Geburt abgesetzt und mutterlos aufgezogen. Die männlichen Kitze werden mit 10 Tagen kostenlos an einen Hersteller von Tiernahrung abgegeben, geschlachtet und zu Hundefutter verarbeitet. Ein möglicher Export nach Frankreich zum Mästen lohnt sich finanziell für den Betrieb nicht. Dazu müssten die Tiere mindestens 3 Wochen alt sein, was zu hohen Aufzuchtkosten führen würde, die durch den Erlös nicht abgedeckt wären. Die weiblichen Tiere werden überwiegend zur Bestandsergänzung und -aufstockung herangezogen. Der Betriebsleiter praktiziert zudem mit einem Teil der Herde das Durchmelken. Diese Ziegen werden 2 Jahre durchgemolken und dann erst wieder zugelassen.

Futterwerbung und -bereitstellung

Die Grünlandflächen werden durchschnittlich 5-mal im Jahr genutzt. Die Düngung erfolgt mit Festmist aus dem Ziegenstall. Dieser wird vorkompostiert und dabei alle 6 Wochen umgesetzt. Er wird im Frühjahr und Herbst ausgebracht. Aufgrund dieser intensiven Bewirtschaftung hat sich auf den Grünlandflächen ein Weidelgrasbestand etabliert.

Die Aufwüchse 1 bis 3 werden als Heu geworben. Der Betriebsleiter hat für die Heubereitung eine Belüftungstrocknung mit Warmluft gebaut. Der 4. Schnitt wird für die Silagewerbung (Rundballen) genutzt. Der 5. Schnitt wird in einer nahegelegenen Trocknungsanlage zu Grascobs verarbeitet.

Ein Großteil der arrondierten Grünlandflächen lässt sich für die Beweidung nutzen. Diese Mähweiden werden als Portionsweide oder Umtriebsweide genutzt. Die für Rinder oft praktizierte Kurzrasenweide ist für den Betrieb Huber nicht zu empfehlen, da dieser die Flächen mit Ziegenfestmist düngt. Aufgrund der zur Verfügung stehenden Grünlandflächen kann der Betrieb ein weites Weideintervall praktizieren – die Tiere weiden einmal jährlich auf der gleichen Fläche. Damit hat der Betriebsleiter das Problem der Weideparasiten relativ gut im Griff.

Fütterung der Milchziegen

Die trockenstehenden Milchziegen sind im Sommer Tag und Nacht auf der Weide. Zwei Wochen vor der Ablammung werden sie in den Stall geholt und dort zusätzlich mit Kraftfutter gefüttert. Nach der Ablammung gehen die laktierenden Tiere tagsüber auf die Weide. Hierbei achtet der Betriebsleiter darauf, dass diese vom Tau getrocknet bzw. nicht regennass ist. Die mit gutem Weidemanagement zu erzielende Milchleistung zeigt das Rationsbeispiel E in Tabelle 4.10. Danach sind Tagesleistungen von 4 kg Milch pro Ziege gut zu erreichen. Zum Rationsausgleich ergänzt der Betriebsleiter das proteinreiche Weidegras (s. auch RNB-Werte in der Tab. 2.2, Kapitel 2.4.1) mit den energiebetonten Getreidearten Gerste oder Körnermais (s. auch RNB-Werte in der Tab. 2.13, Kapitel 2.6.1).

Während der Stallfütterungsperiode bekommen die laktierenden Tiere morgens Heu aus dem 1. Schnitt, mittags und nachts den 2. oder 3. Heuschnitt. Im Melkstand erhalten die Ziegen Kraftfutter. Als Kraftfutter kommt eine Kraftfuttermischung vom Typ 18/3 (vgl. Tab. 3.21, Mischung II) zum Einsatz. Die tägliche Kraftfuttergabe beträgt durchschnittlich 200 g pro laktierende Ziege. Die in der Stallfütterung eingesetzte Tagesration ist in der Tabelle 4.9 dokumentiert. Die Angaben zu dieser Ration (H.) verdeutlichen, dass die hochwertige Heuqualität aus der Unterdachtrocknung für eine Milchleistung aus dem Grobfutter in Höhe von ca. 3 kg reicht (vgl. Futtermittel-Nr. 2.9.1 in Tab. 2.9, Kapitel 2.4.3). Hierbei ist die ruminale Stickstoffbilanz (RNB) ausgeglichen. Mit einer Kraftfutterzulage von 300 g pro Tier und Tag kann eine Tagesmilchleistung von 4 kg pro Ziege erfüttert werden. Die Ration ist nach NEL und nXP (bei leicht positiver RNB) ausgeglichen. Die mit Mineralfutter ergänzte Kraftfuttermischung sichert auch die Mineralstoffversorgung ab.

Kitz- und Jungziegenaufzucht

Die Kitzaufzucht erfolgt im Betrieb Huber als mutterlose Aufzucht. Die Kitze bleiben nur am 1. Lebenstag bei ihrer Mutter, um die Biestmilch aufzunehmen. Der Betriebsleiter setzt als Tränkemittel zugekaufte Kuhmilch ein. Die Milch wird ab dem 2.–5. Lebenstag mit Ameisensäure leicht angesäuert (1 % Ameisensäure, 10 %ig) und warm vertränkt. Ab dem 5. Lebenstag erhalten die Lämmer eine gesäuerte Kalttränke (3–4 % Ameisensäure) zur freien Aufnahme. Die Tränke wird über eine Lämmerbar angeboten.

Die Dauer der Tränkeperiode beträgt für die im Betrieb verbleibenden weiblichen Lämmer 8 Wochen. Es erfolgt ab der 4. Lebenswoche eine Beifütterung mit Kraftfutter und Heu.

Die Jungziegen sollen im Betrieb Huber ein Erstlammalter von 12 Monaten erreichen. Somit wird die weitere Aufzucht intensiv gestaltet. Die im Betrieb Huber in der Jungziegenaufzucht eingesetzten Rationen entsprechen den Beispielen A und B aus der Tabelle 4.16.

5 Fütterungsbedingte Erkrankungen bei Schafen und Ziegen

P. LEBERL

Nur gesunde Tiere, welche bedarfsgerecht ernährt werden und sich wohlfühlen, sind in der Lage, langfristig hohe Leistungen abzurufen und qualitativ hochwertige und gesundheitlich unbedenkliche Produkte zu erzeugen. Neben einer tiergerechten Haltung ist dafür eine sachgerechte Fütterung entsprechend der Leistung von zentraler Bedeutung. Im folgenden Kapitel werden wichtige fütterungsbedingte Erkrankungen sowie durch Futtermittel verursachte Vergiftungen bei Schafen und Ziegen mit Bezug auf grundlegende ernährungsphysiologische Prozesse (s. Kapitel 1) vorgestellt. Neben der Beschreibung der Ursachen für die Entstehung, der Symptomatik und der Angabe von Behandlungsmöglichkeiten der jeweiligen Erkrankungen wird ein besonderes Augenmerk auf konkrete Strategien zur Vermeidung gelegt und diese in Form einer Checkliste für die Anwendung in der Praxis kompakt zusammengefasst.

5.1 Erkennen von Tieren mit gesundheitlichen Problemen

Jede Erkrankung einzelner oder mehrerer Tiere in der Herde ist neben negativen Auswirkungen auf die tierische Gesundheit und Leistungsfähigkeit auch mit zusätzlichen Kosten für die Behandlung und somit mit wirtschaftlichen Einbußen verbunden. Je früher deshalb kranke Tiere im Bestand identifiziert und behandelt werden, umso höher stehen die Heilungschancen und der Behandlungserfolg. Eine mindestens tägliche Kontrolle des Schaf-/bzw. Ziegenbestandes mit eingehender Tierbeobachtung – in betreuungsintensiven Zeiten, wie zum Beispiel während der Ablammperiode auch mehrmals am Tag – ist ein wichtiger Bestandteil des betrieblichen Herdenmanagements. Bei schwerwiegenden Verlaufsformen und/oder gehäuftem Auftreten innerhalb der Herde sollte ein Tierarzt hinzugezogen werden. Um erkrankte einzelne Tiere besser versorgen und behandeln zu können, sollten diese für die Dauer der Behandlung in separaten Krankenboxen im Stall untergebracht werden. Hierdurch ist auch eine Kontrolle des Heilungsverlaufes besser möglich, da die Tiere leichter zugänglich sind und bei Bedarf auch individuell auf das Krankheitsbild abgestimmt gefüttert werden können.

In Tabelle 5.1 sind wesentliche Unterscheidungsmerkmale zwischen gesunden und kranken Tieren aufgeführt. Grundsätzlich ist dabei an-

Tab. 5.1 Merkmale zur Erkennung gesunder und kranker Tiere (modifiziert nach Straiton 1992).

Merkmal	Gesundes Tier	Krankes Tier
Allgemeinbefinden	Munter, bewegungsfreudig	Absonderung von der Herde
Ohren	Aufmerksam, warme Ohren	Hängende oder zurückgelegte Ohren, kalte Ohren
Augen	Klar, Schleimhäute leicht rosa Augapfel glänzend	Tränend, Schleimhäute blass Augapfel matt oder gelblich
Nase	Trocken und kühl	Ausfluss, Verkrustungen
Puls	Schaf/Ziege: 70–90 Schläge/min Lamm/Kitz: bis 120 Schläge/min	Vermindert oder erhöht
Atmung (in Ruhe)	Schaf/Ziege: 15–30 Atemzüge/min Lamm/Kitz: 20–40 Atemzüge/min	Vermindert oder erhöht pumpend, ruckartig, Flankenschlagen (Bauchatmung)
Körpertemperatur	Schaf/Ziege: 38,5–39,5 °C Lamm/Kitz: 38,5–40,5 °C	Vermindert oder erhöht
Appetit	Fresslust Schaf: 50–60 Kieferschläge je Kauportion	Reduzierte Futteraufnahme bis Futterverweigerung, Hungergrube deutlich sichtbar, kein Wiederkauen erkennbar
Beschaffenheit Kot/Harn	Kotabsatz in Form von festen kleinen Kügelchen Harn: hellbraun	Dünner Kot, Durchfall, fehlender Kotabgang, Harn: blutig
Wolle/Vlies	Schaf: fettig, weich, geschlossenes Vlies Ziege: glänzendes Fell	Trocken, farblos-matt Sichtbarer Wollausfall Ziege: stumpfes, struppiges Fell
Fütterungszustand	entsprechend Leistungsstadium	Abgemagert

zumerken, dass Lämmer und Kitze empfindlicher sind und schneller erkranken als erwachsene Tiere, da sich ihr Immunsystem erst noch vollständig entwickeln muss.

5.2 Stoffwechselerkrankungen

Veränderungen in der Fütterung führen auch zu Änderungen für die im Pansen lebenden Mikroben. Deren Zusammensetzung verschiebt sich in Richtung der am besten an die vorherrschenden Bedingungen angepassten Spezies. Somit wird die Mikroflora durch abrupte Änderungen der Futterration bzw. des Weideaufwuchses aus dem Gleichgewicht gebracht. Daraus können verschiedene Verdauungsstörungen und Stoffwechselerkrankungen wie Azidose, Alkalose oder Ketose resultieren. Diese werden im folgenden Kapitel behandelt. Oftmals weisen diese Erkrankungen neben einer akuten Form, die durch konkrete Symptome erkennbar ist, auch eine für den Tierhalter quasi symptomlose Form auf, die als subklinisch bezeichnet wird. Da die subklinische Form die Tiere ebenfalls belastet und die Leistung mindert, ist es wichtig, vorbeugende Maßnahmen zu treffen, damit diese Erkrankungen erst gar nicht auftreten.

5.2.1 Pansenazidose

Bei der Pansenazidose handelt es sich um eine Übersäuerung des Pansens durch die Aufnahme hoher Mengen an leicht abbaubaren Kohlenhydraten wie Stärke und Zucker bei gleichzeitig zu geringer Versorgung mit Strukturkohlenhydraten (XF, ADF, NDF). Bei laktierenden Schafen/Ziegen sollte deshalb die Summe aus im Pansen abbaubarer Stärke und Zucker eine Obergrenze von 250g/kg TM der Gesamtration nicht überschreiten, da dies sonst infolge einer verminderten Speichelproduktion zu einer geringeren Abpufferung der im Pansen bei der Fermentation gebildeten Säuren führt. Dadurch wiederum sinkt der Pansen-pH-Wert von einem Normalniveau von 6,2–7,0 auf unter 6,0. Unter diesen Bedingungen können die faserabbauenden Bakterien nicht mehr überleben, es kommt zu einer Verschiebung der Bakterienflora in Richtung Milchsäurebakterien, wodurch im Pansen verstärkt Milchsäure gebildet wird und der pH-Wert noch weiter auf bis zu 4,5 absinkt. In der Folge wird das Wiederkauen eingestellt und die Pansenbewegung erschlafft.

Hohe Anteile schnell im Pansen abbaubarer Kohlenhydrate sind insbesondere im Kraftfutter wie zum Beispiel in Gerste und Weizen, aber auch in Altbrot enthalten, des Weiteren in Obst sowie in Grassilagen mit hohen Anteilen von sogenannten Hochzuckergräsern.

Symptome

- *Subklinische Form*
  - Verminderte Futteraufnahme und Wiederkautätigkeit
  - Rückgang der Milchleistung
  - Milchfettgehalt nimmt ab
  - Beschleunigte Atemfrequenz
  - Kot schmierig zu größeren Haufen zusammengeballt
- *Akute Form*
  - Futterverweigerung
  - Milchleistung bricht ein
  - Durchfall
  - Festliegen
  - Kreislaufversagen bis hin zum Tod

Behandlung

- Trinkwasser anbieten
- Kraftfutter absetzen, in leichten Fällen stark verringern
- Strukturreiche Ration, Heu bester Qualität füttern

- Eingabe alkalisierender Substanzen (Natriumhydrogencarbonat oder Natriumbicarbonat)
- In schweren Fällen Pansensaftübertragung von geschlachteten Tieren

Checkliste vorbeugende Fütterungsstrategien

- Ausreichend hochwertiges Grobfutter
- genügend Wiederkauzeiten beim Hüten
- Kraftfutter erst nach dem Grobfutter
- langsame Gewöhnung an das Kraftfutter (10–14 Tage)
- mehrere Kraftfuttergaben pro Tag (je höher die Leistung desto mehr kleinere Portionen)
- bei hochleistenden Tieren in der Laktation vermehrter Einsatz von Kraftfutter mit langsam abbaubaren Kohlenhydraten, die zu großen Teilen den Pansen unverändert passieren und erst im Dünndarm abgebaut werden (z. B. Mais)
- Einsatz von Lebendhefen (verbrauchen Sauerstoff → Abbau der Milchsäure → pH-Wert erhöht → Lebensbedingungen faserabbauender Pansenmikroben verbessert)
- langsame Gewöhnung (anfangs 10–20 min pro Tag) an Stoppelfelder, Rübenäcker sowie Streuobstplantagen im Herbst (Äpfel, Birnen)

5.2.2 Alkalose/Pansenfäule

Die Alkalose ist im Gegensatz zur Azidose durch eine Verschiebung des pH-Wertes im Pansen in den alkalischen Bereich auf Werte von bis zu 8,0 gekennzeichnet. Verursacht wird die pH-Wert-Erhöhung durch die Fütterung sehr hoher Eiweißmengen über das Futter, das von den Mikroorganismen im Pansen zu Ammoniak abgebaut wird. Auch hohe Konzentrationen an Futterharnstoff oder Nitrat führen zu einem Anstieg der Ammoniakkonzentration im Pansen. Übersteigt die Menge an Eiweiß die Abbaukapazität der Mikroorganismen, kommt es zu einer Überlastung der Leber.

Das Füttern von Silagen mit Fehlgärungen oder von verdorbenen Futtermitteln (z. B. angefrorene oder verschmutzte Rüben) bringt eine Verschiebung der Mikrobenflora im Pansen mit sich, bei der die bei neutralem pH-Wert vorherrschenden Stämme durch den Anstieg der Ammoniakkonzentration von eiweißabbauenden Bakterienstämmen, welche hohe pH-Werte tolerieren, abgelöst werden und so eine Pansenfäulnis verursachen können.

Symptome

- Futterverweigerung
- verminderte Pansentätigkeit, Wiederkauen wird eingestellt
- Bewegungsstörungen
- Festliegen

Behandlung

- Absetzen des eiweißreichen Futtermittels
- In schweren Fällen Pansensaftübertragung von geschlachteten Tieren

Vorbeugende Fütterungsstrategien

- Bedarfsgerechte Proteinversorgung
- Beifütterung ausreichender Mengen leicht verdaulicher Kohlenhydrate zu proteinreichem Grobfutter
- Bei Milchschafen/-ziegen Verringerung des Anteils schnell abbaubarer Proteinquellen im Kraftfutter zugunsten weitgehend pansenstabiler Proteinträger (z. B. geschütztes Sojaextraktionsschrot)

5.2.3 Ketose

Es werden zwei Formen unterschieden, die erste entsteht nach der Geburt bei laktierenden Schafen und Ziegen und ist mit der Ketose des Rindes vergleichbar, die zweite Form tritt in den letzten 50 Tagen vor der Geburt vorwiegend bei Trächtigkeit mit Zwillingen oder Drillingen auf und wird auch Trächtigkeitstoxikose genannt. Im Folgenden werden beide Formen beschrieben.

Bei der erstgenannten Form der Ketose steigt der Energiebedarf zwei bis drei Wochen nach der Geburt insbesondere bei Tieren mit hoher Milchleistung stark an und kann über das Futter nicht mehr vollständig gedeckt werden. In der Folge kommt es zum Abbau von energieliefernden Körperreserven, zuerst in Form von Zucker (Glukose), der in Leber und Muskulatur gespeichert ist. Reicht das noch nicht aus, wird Körperfett mobilisiert, bei dessen Abbau sogenannte Ketonkörper entstehen, die durch den bereits vorhandenen Glukosemangel nicht mehr weiter vom Körper verstoffwechselt werden können.

Bei der Trächtigkeitstoxikose liegt die Ursache ebenfalls in einem Energiemangel, da die Tiere durch das enorme Wachstum der Föten im letzten Drittel der Trächtigkeit einen sehr hohen Energiebedarf aufweisen (s. Tab. 3.3). Gleichzeitig sind die Tiere jedoch nicht mehr in der Lage, aufgrund des verminderten Pansenvolumens durch die Ausdehnung der Gebärmutter hohe Futtermengen aufzunehmen. Reicht nun beispielsweise die Energiedichte bei extensivem Weideaufwuchs nicht aus, um den Energiebedarf des Muttertieres und der Föten zu decken, müssen Schafe und Ziegen zum Ausgleich des Energiemangels auf Reserven des eigenen Körpers zurückgreifen und Körperfett mobilisieren. Dies führt zur Bildung von Ketonkörpern, die vom Körper nur noch begrenzt energetisch verwertet werden können, sich im Blut anreichern, zu einer zunehmenden Leberverfettung führen und schließlich über Milch, Harn und Atemluft ausgeschieden werden. Auch fehlvergorene Silagen mit hohen Buttersäuregehalten oder mangelhafter hygienischer Qualität können die Entstehung der Ketose begünstigen, da sie sich negativ auf die Aktivität der Mikrobenflora im Pansen auswirken.

Symptome

- unsicherer schwankender Gang
- Zähneknirschen
- verminderte Futteraufnahme
- obstartiger, süßlicher Geruch von Atem, Harn und Milch
- fehlende Pansentätigkeit
- Festliegen in Seitenlage, dabei Ruderbewegungen mit den Beinen, neugeborene Lämmer lebensschwach
- gestörtes Sehvermögen

Behandlung

- Orale Gabe glucoplastischer Substanzen (Propylenglykol, Natriumpropionat)

Checkliste Vorbeugende Fütterungsstrategien

Ketose zu Beginn der Laktation:

- Bedarfsgerechte Energieversorgung: Milchschafe und Milchziegen 10 bis 14 Tage vor Ablammung mit kleinen Portionen Kraftfutter anfüttern → Portionen steigern → Gewöhnung an Kraftfutter der Säugeperiode
- Energiereiche Futtermittel mit leichtverdaulichen Kohlenhydraten drosseln
- Optimale Versorgung mit strukturierter Rohfaser (bestes Grobfutter) in der Gesamtration sicherstellen
- Proteinüberversorgung vermeiden
- Keine ketogenen Futtermittel (buttersäurehaltige Silage, zuckerreiche Produkte (Melasse) und langkettige Futterfette (Kokos- oder Palmkernkuchen))
- Einsatz Glukose liefernder Substanzen (Propylenglycol, Glycerin) → Verstoffwechselung Körperfett
- Einsatz konjugierter Linolsäuren (CLA) → Hemmung Milchfettsynthese → geringerer Energiebedarf → Stoffwechselentlastung

Ketose in der Hochträchtigkeit:

- Einsatz Glukose liefernder Substanzen (Propylenglycol, Glycerin) z. B. über die Tränke
- ausreichende Bewegungsmöglichkeit für hochträchtige Schafe vor allem im Stall bieten
- zusätzliche „Energiekosten“ vermeiden, wie z. B. längere Märsche durch den Regen bis zur Unterkühlung
- Bedarfsgerechte Energieversorgung, keine Verfettung der Mutterschafe in der Hochträchtigkeit
- Vermindertes Futteraufnahmevermögen berücksichtigen

5.2.4 Tympanie

Sowohl bei Schafen als auch bei Ziegen kann die aufgenommene Nahrung zu sogenannten Tympanien, darunter versteht man Blähungen im Pansen oder Labmagen führen. Insbesondere im System der mutterlosen Aufzucht kommt es zur Labmagenblähung. Auslöser hierfür sind zu große Tränkemengen, eine zu rasche Aufnahme der Tränke oder Fehler beim Ansäuern der Tränke (Deinhofer 2008)

Die **Pansentympanie (Pansenblähung)**, welche sowohl bei Lämmern und Kitzen, als auch bei ausgewachsenen Tieren auftritt, lässt sich in zwei verschiedene Formen unterscheiden. Bei der ersten sammeln sich die bei der Verdauung im Pansen entstehenden Gase in einer immer größer werdenden Blase im oberen Teil des Pansens an, da das Tier diese Gärgase nicht mehr durch den Rülpsvorgang über das Maul an die Umgebungsluft abgeben kann, weil die Speiseröhre durch Futterteile verstopft ist.

Bei der zweiten Form, welche häufiger in der Praxis vorkommt, handelt es sich um die sogenannte **schaumige Gärung**. Die auslösenden Faktoren der schaumigen Gärung sind in Abbildung 5.1 dargestellt. Diese tritt in der Regel als Herdenerkrankung insbesondere bei der Beweidung von Zwischenfrüchten durch eine plötzliche Futterumstellung auf proteinreiche Grobfutterleguminosen (u. a. Luzerne, Klee) oder Kreuzblütler (Raps) auf, aber auch bei der Aufnahme von gefrorenem Futter oder zu hastiger Aufnahme großer Mengen Futter, die nicht

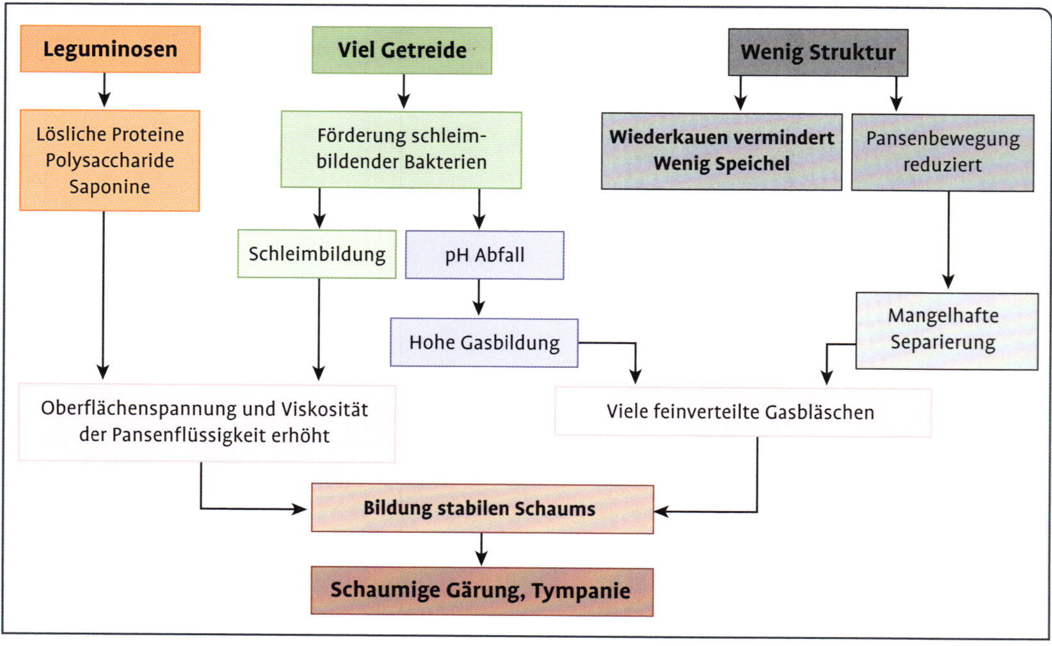

Abb. 5.1 Fütterungsbedingte Ursachen für die Entstehung einer schaumigen Gärung im Pansen (nach Ulbrich et al. 2004).

genügend eingespeichelt werden. Ursache ist die Bildung kleiner Gasbläschen, die einen stabilen Schaum bilden und somit kein „Abrülpsen“ ermöglichen.

Symptome
- Aufgasung der linken Flanke unter starker Wölbung im Bereich der Hungergrube, bei Labmagenblähung sind beide Flanken betroffen
- starre Körperhaltung
- gekrümmter Rücken, gesenkter Kopf
- bei Ziegen Schmerzlaute
- in schweren Fällen Kreislaufzusammenbruch und Festliegen

Behandlung
- Futter sofort absetzen
- orale Eingabe schaumabbauender Mittel (z. B. Spülmittel) zur Herabsetzung der Oberflächenspannung
- Pansenmassage der aufgeblähten Hungergrube, um Aufstoßen des Futters anzuregen
- Pansenstich mit dem Trokar als letzter Ausweg durch den Tierarzt

Vorbeugende Fütterungsstrategien
- Dosierung von Milchaustauschern entsprechend der Herstellerangaben
- regelmäßige Prüfung der Tränkenuckel auf Durchlässigkeit (nicht zu leichtgängig)
- Sauberkeit aller zur Tränke verwendeten Gerätschaften
- kein abrupter Futterwechsel, langsame Gewöhnung über ca. 10 Tage
- Mengenbegrenzung blähender Futtermittel (nicht zu viel junges Grünfutter oder Klee innerhalb kurzer Zeit)
- Futter darf nicht verdorben, nacherwärmt (fehlvergoren), nass oder gefroren sein
- Zufütterung von Heu und Stroh vor dem Weideaustrieb

5.3 Störungen der Mineralstoff- und Vitaminversorgung

5.3.1 Gebärparese

Bei der Gebärparese handelt es sich um eine Stoffwechselerkrankung mit vielen Namen, die auch als **Milchfieber** oder **Hypokalzämie** bezeichnet wird und zumeist bei älteren Mutterschafen oder -ziegen, die bereits mehrfach gelammt haben, auftritt. Das charakteristische Festliegen bei dieser Erkrankung entsteht durch einen akuten Kalziummangel. Hintergrund ist ein relativ geringer Kalziumbedarf trächtiger im Vergleich zu laktierenden Tieren, da über die Milch hohe Mengen an Kalzium abgegeben werden. Um das für die Milch benötigte Kalzium bereitstellen zu können, muss Kalzium aus den Knochen im Körper mobilisiert werden (s. Kapitel 1). Durch den relativ geringen Bedarf während der Trächtigkeit verfügt die Nebenschilddrüse, deren Parathormon für die Freisetzung von Kalzium aus dem Skelett zuständig ist, nicht mehr über genügend kurzfristige Mobilisierungskapazitäten bedingt durch die Unterfunktion der Nebenschilddrüse. Dementsprechend muss nun bei Einsetzen der Laktation das System erst wieder „trainiert“ werden. Dies ist umso mehr der Fall, wenn während der Hochträchtigkeit Rationen mit hohen Kalziumgehalten gefüttert werden. Gleichfalls wird das Festliegen durch Futterrationen mit einem zu hohen Verhältnis von basenbildenden Kationen (Kalium, Natrium) zu säurebildenden Anionen (Schwefel, Chlor) begünstigt.

Symptome

- Reduzierte Futteraufnahme
- steifer Gang, Schwanken, Muskelzittern
- kalte Ohren
- mit Schleim überzogener Kot
- Festliegen

Behandlung

- Intravenöse Kalziuminjektion bzw. Ca-Gluconatinfusion durch den Tierarzt

Checkliste vorbeugende Fütterungsstrategien

- Kalziumarme (wenig Leguminosen), kaliumarme und phosphorreiche Rationsgestaltung sechs Wochen vor dem Ablammen
- Kalziumfreies Mineralfutter vor dem Ablammen, danach Umstellung auf Kalziumreiches Mineralfutter
- Injektion von Vitamin D_3 7–3 Tage vor dem Ablammen
- Erhöhte Kalzium-Zufuhr nach der Ablammung
- DCAB-Konzept: Anionenüberschuss fördert die Kalziumwirkung: verstärkter Einsatz von schwefel- und chlorhaltigen Futtermitteln, Gabe sogenannter saurer Salze
- Stress vermeiden: längere Märsche, Transport, plötzlicher Futterwechsel

5.3.2 Weidetetanie

Dieser Erkrankung liegt ein Magnesiummangel zugrunde, der entweder akut oder in einer weniger schnell verlaufenden Form auftreten kann. Es sind vor allem ältere Schafe und Ziegen, die bereits mehrmals gelammt haben, betroffen. Hauptsächlich im Frühjahr, wenn der Weideaufwuchs nur geringe Magnesiumgehalte bei gleichzeitig hohen Kalium- und Stickstoffgehalten sowie geringen Rohfaserkonzentrationen aufweist, kann es bei abruptem Futterwechsel zu einer verringerten Magnesiumresorption kommen und somit bei geringer Magnesiumzufuhr über das Futter ein Mangel entstehen. Als Auslöser wird auch Stress in Form von plötzlichen Wetterwechseln genannt.

Symptome

- *Akute Form*
  - Festliegen in Seitenlage mit nach hinten gebogenem Kopf
  - Schüttelkrämpfe
  - starke Speichelbildung
  - Tiere verenden binnen weniger Stunden
- *Subklinische Form*
  - Rückgang der Milchleistung
  - Absonderung von der Herde
  - Schreckhaftigkeit, Augen treten hervor
  - Muskelzuckungen
  - Zähneknirschen
  - schwankende Bewegungen
  - unregelmäßiger Puls

Behandlung

- Intravenöse und subkutane Injektion eines Kalzium-Magnesium-Präparates durch den Tierarzt, bei leichteren Fällen orale Gabe von Magnesiumoxid

Checkliste vorbeugende Fütterungsstrategien

- Nicht zu früher Weideauftrieb
- Langsame Futterumstellung
- Weidebeifütterung mit Stroh, Heu oder rohfaserreicher Grassilage
- Mineralfutter mit hoher Magnesiumkonzentration bei Weideauftrieb im Frühjahr
- Stress vermeiden (Transport)

5.3.3 Kalzinose

Die Kalzinose tritt bei Schafen und Ziegen gleichermaßen auf, zumeist sind mehrere Tiere bis hin zu einem Großteil der Herde betroffen.
Die Erkrankung ist vorwiegend in Süddeutschland und in den Alpenländern verbreitet. Dies steht in Zusammenhang mit dem in diesen Regionen beheimateten Goldhafer (*Trisetum flavescens*), der zunächst bei Betrachtung seiner Futterwerteigenschaften zweifelsohne zu den wertvollen Futtergräsern zählt. Problematisch wird sein Vorhandensein bei Anteilen von über 20 % im Bestand, da bereits ab einem Anteil von 10 % in der TM der Gesamtration bei längerfristiger Fütterung (über mehrere Monate hinweg) eine Erkrankung möglich ist (Pötsch 1999). Denn Goldhafer besitzt eine hochwirksame aktive Vitamin-D_3-Form, das sogenannte 1,25-Dihydroxycholecalciferol, welches „kalzinogen"

wirkt. Das bedeutet, dass die Kalziumresorption aus dem Darm erhöht wird und eine längerfristige Aufnahme durch Ablagerungen von Kalziumsalzen zu einer Verkalkung der Blutgefäße und der inneren Organe (Herzklappen, Nieren, Lunge) führt. Charakteristisch ist in diesem Zusammenhang die Ausbildung einer sogenannten „Bimssteinlunge“. Die Kalzinose kann somit auch als eine Vitamin-D-Vergiftung bezeichnet werden. Hinzu kommt, dass die Erkrankung irreversibel ist, das heißt erkranken die Tiere an Kalzinose, ist keine Heilbehandlung mehr möglich, bei entsprechend schweren Fällen müssen die Tiere gemerzt werden. Bei leichteren Fällen ist, um weitere Schäden zu vermeiden und um die Tiere auf dem Status quo zu stabilisieren, das Goldhafer-haltige Futter abzusetzen und Kraftfutter beizufüttern. Die kalzinogene Wirkung des Goldhafers verändert sich über die Vegetationsperiode hinweg. Die höchsten Gehalte treten im Schossen auf und nehmen dann bis zur Blüte hin ab. Dementsprechend stark gefährdet sind Weidetiere bei frühem Weideauftrieb, jedoch auch auf der Herbstweide, da in den Folgeaufwüchsen der Goldhaferanteil in der Regel höher ausfällt. Eine Konservierung des Grünfutters zu Grassilage bringt keine Verbesserung, bei Heubereitung geht der Vitamin-D-Gehalt leicht zurück. Dies reicht jedoch nicht aus, um bei Fütterung von Heuchargen von Goldhafer-reichen Grünlandbeständen eine Erkrankung zu verhindern.

Symptome

- Abfallende Milchleistung
- Abmagerung
- Bewegungsunlust, längeres Verharren beim Fressen und Aufstehen in knieender Haltung
- Bewegungsstörungen, häufiges Liegen, Verdickung der Gelenke, Lahmheiten durch Verkalkungen der Blutgefäße und Sehnen
- In schweren Fällen Atemnot bereits bei leichter Anstrengung (pumpende Atmung), plötzliche Todesfälle durch Platzen großer Blutgefäße
- bei hochgradiger Verkalkung der Herzklappen oder Herzmuskelinfarkt Tod infolge plötzlichen Kreislaufversagens und Lungenödem möglich (Dirksen 2002, Dirksen et al. 2003)

Abb. 5.2 Heu mit deutlich erhöhtem Goldhaferanteil.

Behandlung

- Nicht möglich

Checkliste vorbeugende Fütterungsstrategien (ergänzt nach Dirksen 2002)

- Häufiger Wechsel zwischen Weiden mit hohem und geringem/keinem Goldhaferanteil
- Grünland mit Goldhaferanteil über 25 % nicht beweiden, stattdessen Heu bereiten
- vor der Fütterung Goldhafer-haltiges Heu mit Goldhafer-freiem Heu verschneiden
- Prüfung zugekaufter Heuchargen auf das Vorhandensein und Anteil des Goldhafers, ggf. mikroskopische Untersuchung zur Absicherung
- Untersuchung der Mineralstoffgehalte der Futterration, Überversorgung mit Kalzium und Phosphor vermeiden
- Keine zusätzlichen Vitamin-D-Gaben über das Mineralfutter

5.3.4 Harnsteine

Bei einem zu engen Kalzium-Phosphor-Verhältnis in der Futterration kommt es durch die Ausbildung von Harngries und später Harnsteinen zu einer Verstopfung der S-förmig geschwungenen Harnröhre, die einen Harnstau zur Folge hat. Die Erkrankung tritt ausschließlich bei männlichen Tieren, insbesondere in der intensiven Lämmermast bei Bocklämmern, aber auch bei Jungböcken und adulten Böcken auf. Hauptursache ist in der Regel eine zu getreidebetonte Ration in Verbindung mit einem geringen Grobfutteranteil in der Ration, da Getreide viel Phosphor und wenig Kalzium enthält (s. Tab. 2.23). Gleichzeitig nimmt bei einer zunehmenden Übersäuerung des Pansens (s. Kapitel 5.1.1) die Ausscheidung von Kalzium über den Harn zu. Wird dazu noch ein Mineralfutter mit einer niedrigen Kalziumkonzentration verabreicht, sodass das Ca : P-Verhältnis der Gesamtration weniger als 3 : 1 beträgt, steigt das Risiko für eine Erkrankung. Aber auch Wassermangel und Stress durch längere Transporte, Aus- und Umstallen oder ungenügende Anzahl von Tränken können die Bildung von Harnsteinen fördern.

Symptome

- verminderte Futteraufnahme
- Zähneknirschen
- Harndrang, jedoch nur tropfenweise Harnabsetzen
- Schwellung des Unterbauches mit bläulich violetter Verfärbung

Behandlung

- Amputation des Suchfadens durch den Tierarzt, wenn sich die Harnsteine am Ausgang der Harnröhre befinden.
- Operative Öffnung der Harnröhre durch den Tierarzt und Legen eines künstlichen Ausgangs.
- Viehsalz zusätzlich verabreichen, um die Wasseraufnahme zu erhöhen und den Harngrieß auszuleiten.

Checkliste vorbeugende Fütterungsstrategien
• Ca : P-Verhältnis der Futterration bei Bocklämmern und Böcken >3 : 1

5.3.5 Rachitis

In der intensiven Lämmermast tritt bei schnell wachsenden Lämmern bei einer Unterversorgung mit Kalzium und Phosphor in Verbindung mit einem Mangel an Vitamin D die sogenannte Knochenweiche auf. Diese führt zu einer Verformung der Gliedmaßen, wovon insbesondere die Vorderfußwurzelgelenke betroffen sind und die Tiere eine O-beinige Fußstellung aufweisen. Es kommt zu plötzlichen Lahmheiten. Hintergrund ist eine Störung der Knochenmineralisierung, bei der zu wenig Kalzium in die Knochen eingelagert wird.

Symptome

- O-Beinigkeit
- Lahmheit eines oder mehrerer Beine gleichzeitig
- Verdickungen an den Gelenken

Behandlung

- Injektion von Vitamin D_3 (einmalige Gabe 100 000 I. E.)

Checkliste vorbeugende Fütterungsstrategien
• Ca : P-Verhältnis der Futterration bei Bocklämmern und Böcken >3 : 1 • Auswahl des Mineralfutters an Ca- und P-Gehalten des Grobfutters ausrichten • Sonnenlicht fördert die Bildung von Vitamin D (Weide, Auslauf anbieten)

5.3.6 Kupfermangel/-vergiftung

Schafe besitzen im Vergleich zur Ziege und zum Rind nur eine äußerst geringe Kupfertoleranz (s. auch Kapitel 4.1.3), so kann es bei einer Überversorgung mit Kupfer schnell zu Vergiftungserscheinungen kommen. Darüber hinaus variiert die Sensitivität der Schafe gegenüber Kupfer alters- und rassespezifisch. Zu den empfindlichen Rassen zählen vor allem die Fleischschafrassen (insbesondere das Texelschaf), während Landschafrassen höhere Kupfermengen vertragen.

Berücksichtigt werden muss außerdem, dass Lämmer empfindlicher im Vergleich zu Mutterschafen sind, da Lämmer das im Futter enthaltene Kupfer in weitaus höherem Maße absorbieren können. Aus den genannten Gründen wird Mischfuttermitteln und Mineralfutter für Schafe und Lämmer in der Regel kein Kupfer zugesetzt. Nicht außer Acht gelassen darf dabei jedoch die in den einzelnen Komponenten des Kraftfutters von Natur aus enthaltene Kupferkonzentration, welche bei Überschreitung von 10 mg/kg Futter-TM bei besonders empfindlichen Rassen bereits zu Problemen führen kann.

Symptome Kupfervergiftung

- *Akute Form*
  - Blutharnen
  - Durchfall
  - Krämpfe
- *Chronische Form*
  - Erkrankung der Leber
  - Gelbsucht
  - Abmagerung

Behandlung

- Nicht möglich

Checkliste vorbeugende Fütterungsstrategien

- Schafen keine Mineralfutter/Leckmassen mit zugesetztem Kupfer anbieten (Mineralfutter für Rinder, Milchaustauscher für Kälber)
- Keine Beweidung von Grünlandflächen, die zuvor mit Schweinegülle gedüngt wurden
- Untersuchung der eingesetzten Grund- und Kraftfuttermittel auf Kupfer
- Verzicht bzw. reduzierter Einsatz von Futterkomponenten, die von Natur aus hohe Kupfergehalte aufweisen, bei empfindlichen Schafrassen (beispielsweise Sojaextraktionsschrot, Sonnenblumenextraktionsschrot)
- Inspektion der Wasserleitungen im Stall hinsichtlich Verwendung von Kupferrohren

Es ist jedoch zu betonen, dass in der Praxis bei unempfindlichen Rassen, wie beispielsweise dem Merinolandschaf und generell bei Ziegen Kupfermangelerscheinungen auftreten, zumeist bei Lämmern und Kitzen. Entsteht bei Mutterschafen während der Trächtigkeit ein Kupfermangel, so verursacht dies im Mutterleib bei den Föten Gehirnschäden, die sich nach Geburt in Form von Lebensschwäche und Lähmungen äußern. Erkranken die Lämmer im Alter zwischen ein und sechs Monaten, weisen die Lämmer einen schwankenden Gang auf.

Ein primärer Kupfermangel entsteht bei ungenügender Kupferaufnahme aus dem Futter. Beim sekundären Kupfermangel enthält das Futter ausreichend Kupfer, aber die Kupferaufnahme ist gestört, da hohe Gehalte an Molybdän, Eisen, Kalzium, Schwefel und Zink die Verfügbarkeit von Kupfer für das Tier beeinträchtigen.

Symptome Kupfermangel

- *Lämmer*
  - Entwicklungsstörungen Zentralnervensystem neugeborener Lämmer, lebensschwach
  - Koordinationsschwäche, Abspreizen der Hintergliedmaßen (sway back)
- *Erwachsene Schafe*
  - Schlechtere Wollqualität (brüchig)
  - Blutarmut
  - Abmagerung

5.3.7 Weißmuskelkrankheit

Sowohl Nord- als auch Süddeutschland ist durch selenarme Böden gekennzeichnet. Erfolgt keine explizite Selendüngung, sind in der Regel nur marginale Selengehalte in Dauergrünlandaufwüchsen und dessen Konservaten enthalten. Bei der Beweidung extensiver Weideflächen unter gleichzeitigem Verzicht auf eine Gabe von selenhaltigem Mineralfutter kann es daher zu einer Unterversorgung kommen.

Der Selenversorgung kommt im Hinblick auf die Entgiftung von Stoffwechselprodukten, dem Schutz der Körperzellen und der Immunabwehr eine große Bedeutung zu. Häufig treten Selenmangelerscheinungen in Verbindung mit suboptimaler Vitamin-E-Versorgung auf.

Wird Schafen zu wenig Selen zugeführt, fehlt es neugeborenen Lämmern an Vitalität; so bleibt beispielsweise der Saugreflex aus. Bei wachsenden Lämmern kann ein Selenmangel zu Muskelschädigungen führen, die als Weißmuskelkrankheit oder nutritive Muskeldystrophie bezeichnet werden.

Symptome

- *Lämmer:*
  - Saugunlust bei Lämmern
  - Muskelschwäche, Versagen der Hintergliedmaßen
  - Zittern
  - Anfälligkeit für Infekte
  - Plötzliche Todesfälle durch Herzversagen
- *Schafe:*
  - Verminderte Futteraufnahme
  - Schlechtere Fruchtbarkeit

Behandlung

- Bei akutem Mangel Injektion Kombipräparat Vitamin E/Selen
  Orale Gabe Selen/Vitamin E

Checkliste vorbeugende Fütterungsstrategien

- Selenhaltiges Mineralfutter einsetzen
- Einsatz speziellen Ergänzungsfutters (selenhaltiges Präparat) während der Aufzucht
- Gabe von Selenboli

Gleichzeitig ist darauf hinzuweisen, dass die Spanne zwischen einem Mangel und einer Überversorgung beim Selen sehr gering ist.

5.3.8 Jodmangel

Das Spurenelement Jod wird zur Bildung der Schilddrüsenhormone benötigt. Von einem Jodmangel sind insbesondere Lämmer und Kitze betroffen. In traditionellen Jodmangelgebieten (Voralpen, Alpen) kommt ein Jodmangel jedoch auch bei ausgewachsenen Schafen und Ziegen vor. Es wird zwischen dem primären und dem sekundären Jodmangel unterschieden. Beim primären Jodmangel liegt eine unzureichende Versorgung der Tiere mit Jod über die Nahrung vor, während beim sekundären Jodmangel zwar genügend Jod im Futter vorhanden ist, bestimmte Stoffe jedoch die Aufnahme von Jod in die Schilddrüse hemmen. Zu diesen Stoffen zählen Glucosinolate, welche in Rapsextraktionsschrot und Rapskuchen enthalten sind, sowie Thiocyanate im Raps, Senf oder Markstammkohl.

Symptome

- Vergrößerung der Schilddrüse (Kropfbildung)
- Totgeburten oder lebensschwache Lämmer bei Unterversorgung der Muttertiere während Trächtigkeit
- Zwergenwuchs

Behandlung

- Gabe von Jodtinktur

Vorbeugende Fütterungsstrategien

- In Jodmangelgebieten Mineralfutter mit höheren Jodkonzentrationen einsetzen
- Keine Fütterung von Kohlpflanzen während der Trächtigkeit

5.3.9 Kobaltmangel

Eine ausreichende Kobaltversorgung ist für die Pansenmikroben zur Bildung von Vitamin B_{12} notwendig. Nicht alle Böden enthalten ausreichend Kobalt, insbesondere Weideaufwüchse von Heide- und Moorstandorten sind arm an Kobalt. Die unzureichende Kobaltzufuhr über das Futter führt zu einem Vitamin-B_{12}-Mangel, der in letzter Konsequenz Blutarmut bei den Tieren auslöst.

Symptome

- Lämmer wachsen schlecht
- Abmagerung
- Struppiges Vlies
- Tiere nehmen vermehrt Erde und Rinde von Gehölzen auf

Behandlung

- Mehrfache Gabe Vitamin-B-Komplex

Checkliste vorbeugende Fütterungsstrategien

- Mineralfutter mit Kobaltzusatz bei ungenügender Zufuhr von Kobalt über das Grobfutter
- Auf Mangelstandorten Gabe von Kobalt-Boli (Langzeitspeicher), die längerfristige Kobaltversorgung sicherstellen

5.4 Vergiftungen

5.4.1 Giftpflanzen

Die Aufnahme von Giftpflanzen auf der Weide löst immer wieder Vergiftungen bei Schafen und Ziegen aus. Ursachen sind oftmals Futterknappheit, Unerfahrenheit beim Weidegang, Hunger nach Transporten oder längere Wartezeiten. Aber auch unkontrollierter Zugang zu herabhängenden Zweigen giftiger Sträucher oder zu an die Weide angrenzenden Hecken oder Gehölzen kann schwere Vergiftungen hervorrufen.

Abb. 5.3 Herbstzeitlose *(Colchicum autumnale)*.

Abb. 5.4 Schafweide mit Herbstzeitlose vor der Beweidung.

Abb. 5.5 Schafweide mit Herbstzeitlose nach der Beweidung.

Ob und wann sich ein Tier vergiftet, ist von verschiedenen Faktoren abhängig. Die aufgenommene Menge an Giftpflanzen bzw. des darin enthaltenen Pflanzengiftes ist von zentraler Bedeutung. Dabei muss beachtet werden, dass die Konzentration der toxischen Stoffe zwischen verschiedenen Pflanzenteilen wie Blättern und Blüten schwanken kann. Auch Jahreszeit und Standort beeinflussen die Toxinkonzentration. Zwischen den einzelnen Tierarten bestehen ebenfalls Unterschiede in der Empfindlichkeit. Weitere tierspezifische Einflussfaktoren stellen Lebendmasse und Alter dar. Lämmer sind aufgrund des noch nicht voll entwickelten Vormagensystems und des geringeren Körpergewichtes anfälliger als ausgewachsene Schafe und Ziegen.

Herbstzeitlose

Die Herbstzeitlose erreicht eine Wuchshöhe von ca. 40 cm und wächst meist auf extensiven Feuchtwiesen. Besonderes Kennzeichen ist die violette Blüte im Herbst. Erst im Frühjahr treiben lanzettförmige Blätter und Samenkapseln mit bis zu 90 Samen aus den Vorjahreszwiebeln aus.

In Wäldern und an Waldrändern kommt es immer wieder zu Verwechslungen zwischen Blättern von Herbstzeitlose, Maiglöckchen und Bärlauch, wobei letzterer beim Zerreiben der Blätter leicht durch den knoblauchartigen Geruch erkannt werden kann. In der Herbstzeitlose sind über 20 Alkaloide enthalten. Colchicin gilt neben Colchicein als Hauptwirkstoff, der mit fortschreitender Reife der Pflanze zunimmt. In den frischen Blättern und Wurzelknollen sind etwa 0,3 % Colchicin enthalten, in der frischen Blüte bis zu 1,5 % und in den Samen bis zu 1,2 %. Colchicin hemmt die Zellteilung und verursacht starke Reizungen der Schleimhäute im Verdauungstrakt. Eine Aufnahme von 0,25 mg Colchicin pro kg LM bedingt schwere Durchfälle, eine Dosis von 1 mg/kg LM führt zum Tod. Durch die verzögerte Umsetzung des Giftes im Tierkörper treten Symptome wie Appetitlosigkeit, vermehr-

Abb. 5.6 Weidegang mit Herbstzeitlose im Bestand.

Abb. 5.7 Blätter und Samenkapseln der Herbstzeitlose im Heu.

ter Speichelfluss, Abnahme der Wiederkautätigkeit und Koliken sowie gelblich-brauner, teilweise blutiger Durchfall erst ein bis drei Tage nach der Aufnahme auf. Zu beachten ist auch, dass Colchicin in die Milch übergeht, sodass Konzentrationen, die bei laktierenden Muttertieren noch keine Krankheitserscheinungen hervorrufen, bei säugenden Jungtieren bereits schwerwiegende Erkrankungen auslösen können. Außerdem nimmt die Giftwirkung der Herbstzeitlose mit steigender Höhenlage des Weidestandortes ab.

Im frischen Zustand besitzen viele Giftpflanzen, darunter auch die Herbstzeitlose, einen unangenehmen Geschmack, der sie vor Fraßfeinden schützen soll. Deshalb werden die Pflanzen bei ausreichendem Futterangebot meist verschmäht. Der charakteristische Eigengeruch bzw. -geschmack geht bei der Konservierung zu Silage oder Heu verloren, während die Toxine und damit die Giftwirkung erhalten bleiben.

Kreuzkrautgewächse

Die Gattung der Kreuzkrautgewächse umfasst ca. 1250 Spezies, in Europa sind über 60 Arten beheimatet. Durch die zunehmende Extensivierung vieler Grünlandflächen haben diese in den letzten Jahren deutlich zugenommen. Die wichtigsten Vertreter sind Jakobskreuzkraut, raukenblättriges Kreuzkraut, Wasserkreuzkraut, gemeines Kreuzkraut, Frühlingskreuzkraut und Alpenkreuzkraut, welche als sehr stark giftig einzustufen sind. Ihre Giftwirkung beruht auf den enthaltenen Pyrrolizidinalkaloiden wie z. B. Jakobin, Jakonin oder Senecionin, die primär die Leber schädigen. Entscheidender Faktor ist dabei die Gesamtaufnahme an Pyrrolizidinalkaloiden unabhängig vom Zeitraum, da diese in der Leber in Form von giftigen Pyrrolderivaten angereichert werden, was in der Folge zu schweren, nicht umkehrbaren Leberzellveränderungen führt. Erst nach einer langen Latenzzeit von mehreren Wochen oder Monaten treten – auch nach Absetzen des Futters – Symptome wie

Rückgang der Futteraufnahme, Abmagerung, unkoordiniertes Laufen und Durchfälle bis hin zum Tod auf. Schafe und Ziegen sind im Vergleich zum Pferd widerstandsfähiger. Untersuchungen ergaben, dass Schafe in der Lage sind, einen Teil der Pyrrolizidinalkaloide im Pansen zu entgiften. Dies trifft jedoch nicht auf Lämmer zu, deren Pansenfunktion noch nicht voll entwickelt ist. Die tödliche Dosis liegt bei Schafen und Ziegen bei ca. 2 bzw. 1,25–4 kg Frischmasse pro kg LM (Landesamt für Landwirtschaft, Umwelt und ländliche Räume Schleswig-Holstein 2009).

Die bekannteste Kreuzkrautart, das Jakobskreuzkraut, ist zwei- oder mehrjährig mit einer Wuchshöhe von 30–100 cm. Im ersten Jahr entwickelt sich eine Blattrosette mit großen Endlappen, die bereits giftig ist, jedoch erst nach sieben Wochen erfolgt in den leierförmigen Rosettenblättern die Bildung von Bitterstoffen, sodass gerade unerfahrene Lämmer gerne die jungen Blattrosetten aufnehmen. Die Giftwirkung nimmt mit zunehmendem Alter der Pflanzen zu. Zu beachten ist auch, dass die Pyrrolizidinalkaloide in die Milch laktierender Tiere übergehen (Dickinson et al. 1976).

Abb. 5.8 Jakobskreuzkraut *(Senecio jacobea)*.

Hahnenfußgewächse

Zu den gelb blühenden Hahnenfußgewächsen zählen der kriechende Hahnenfuß, der scharfe Hahnenfuß und der knollige Hahnenfuß. Während der kriechende Hahnenfuß eine nur leichte Giftwirkung besitzt, weisen scharfer und knolliger Hahnenfuß eine erheblich stärkere auf. Die Aufnahme frischer Pflanzen verursacht Reizungen der Schleimhaut im Maul und im Verdauungsstrakt. Ausgelöst werden diese durch den Inhaltsstoff Ranunculin, welcher durch Spaltung in das giftige Protoanemonin (Saponin) überführt wird. Im Heu besteht keine Giftwirkung mehr, bei Konservierung zu Silage ist ein Rückgang zu verzeichnen.

Johanniskraut

Das echte Johanniskraut wird 30–80 cm hoch und blüht von Juni bis September (Abb. 5.9 und 5.10). Eine Aufnahme von ca. 5 % des Körpergewichtes löst innerhalb von 24 bis 48 Stunden Vergiftungserscheinungen aus (James et al. 1980). Von der Erkrankung sind lediglich weißpigmentierte Tiere betroffen (Cunningham 1947).

Hauptwirkstoffe sind ätherische Öle, Flavonoide, Gerbstoffe und der Farbstoff Hypericin. Letzterer tritt beim Zerreiben einer Blüte als blutroter Saft aus und ist für das Vorkommen der sogenannten „Lichtkrankheit“ bei Schafen und Ziegen verantwortlich, da das Hypericin nach dem Fressen absorbiert und in die Haut eingelagert wird. Durch die Sonneneinstrahlung wird es dann zur Fluoreszenz angeregt, was wiederum Oxidationsprozesse auslöst, die in dünn behaarten, unpigmentierten Hautflächen zu Zellschädigungen und zur Entzündung der Lederhaut führen und eine Fotosensibilisierung und damit

Abb. 5.9 (links) und **Abb. 5.10** (rechts) Johanniskraut *(Hypericum perforatum)* in der Blüte mit den charakteristischen fünf Kronblättern, die in Form eines Windrades angeordnet sind und den roten Farbstoff Hypericin enthalten.

„Lichtscheue" der Tiere nach sich zieht. Erste Symptome beim Schaf sind Rötung und Schwellung von Augenlidern, Ohrspitzen, Euter und Kronsaum, im fortgeschrittenen Stadium werden Blasen und Ödeme beobachtet. Nach einiger Zeit gehen die Ödeme zurück und die Haut verkrustet. Es kann in diesem Zusammenhang zur Ablösung von Hautbestandteilen, insbesondere an den Ohren kommen, die dadurch verkrüppeln. Beim Schaf wird eine tödliche Dosis bei täglicher Aufnahme von 100 g frischer Johanniskrautblätter berichtet.

Wolfsmilchgewächse

Ebenfalls häufig auf Trocken- und Magerrasen sind Wolfsmilchgewächse wie Zypressen-oder Sonnwendwolfsmilch (Abb. 5.11) anzutreffen, die im Stängel einen giftigen Milchsaft führen. Dieser enthält Di- und Triterpenester, welche bei Hautkontakt Reizungen verursachen. Meist werden die frischen Pflanzen gemieden, kommt es jedoch zum Verzehr, ist eine starke Schwellung der Mundschleimhaut und ein vermehrtes Speicheln die Folge.

Abb. 5.11 Sonnwendwolfsmilch *(Euphorbia helioscopia)*.

Eibe

Unsachgemäß auf der Weide entsorgter Hecken-/Gehölzschnitt verursacht jedes Jahr Vergiftungen bei kleinen Wiederkäuern. Insbesondere Schafe fressen gerne die dargebotenen Zweige, was im Falle von Eibenbestandteilen innerhalb weniger Minuten tödlich enden kann, da die Nadeln Taxin, ein hochwirksames Alkaloid enthalten, welches zur Lähmung des Atemzentrums und schließlich zum Herzstillstand führt. Die tödliche Dosis ist sehr niedrig und liegt bei Schaf und Ziege bei 10 bzw. 12 g Nadeln pro kg LM. Auch die ätherischen Öle von Sadebaum und Lebensbaum (Thuja) können schwere Vergiftungen auslösen.

Abb. 5.12 Eibe *(Taxus baccata)*.

Abb. 5.13 Thuja *(Thuja occidentalis)*.

5.4.2 Nitrat/Nitrit

Verschiedene Pflanzenarten sind in besonderem Maße befähigt, Nitrat in hohen Mengen zu speichern. Dazu zählen Futtergräser, Grünmais, Grüngetreide, Futterrübsen, Raps, Senf, Luzerne, Phacelia sowie Futterkohlarten. Vor allem in den Zwischenfrüchten der Herbstaufwüchse können hohe Nitratgehalte von 5–10 g/kg TM enthalten sein, da Zwischenfrüchte bis zum Vegetationsende Nitrat aus dem Boden aufnehmen und in der Pflanze speichern. Ein Nitratgehalt von unter 5 g/kg TM gilt als unbedenklich. Nehmen Schafe oder Ziegen größere Mengen nitrathaltiger Pflanzenbestandteile bei der Beweidung auf, besteht durch die Umwandlung von Nitrat zu Nitrit im Pansen und anschließender Methämoglobinbildung die Gefahr von akuten Vergiftungen sowie Fruchtbarkeitsstörungen und Aborten. Da das Speicherungsvermögen für Nitrat innerhalb der einzelnen Pflanzenteile unterschiedlich ist und im Verhältnis die höchsten Gehalte im Stängel zu finden sind, wird im Falle von Herbstaufwüchsen lediglich ein Durchhüten primär zum Abfressen der Blattmasse empfohlen, während ein vollständiges Abhüten oder gar Koppeln das Risiko einer Nitrat/Nitritvergiftung erhöht und stattdessen eine Beweidung im Frühjahr einer Beweidung im Herbst vorzuziehen ist. Da hochtragende Schafe und Lämmer besonders empfindlich sind, sollte die Beweidung nitratreicher Pflanzenbestände durch diese Tiergruppen generell unterbleiben.

Formelsammlung

Berechnung der umsetzbaren Energie von Grasprodukten (GfE 2008)
(Frischgras, Heu, Grassilage, Kleegrassilage, Luzernegrassilage):
ME (MJ/kg TM) = 7,81 + 0,07599 Gasbildung (ml/200 mg/TM)
− 0,00384 Rohasche (g/kg TM)
+ 0,00565 Rohprotein (g/kg TM)
+ 0,01899 Rohfett (g/kg TM)
− 0,00831 ADFom (g/kg TM)
oder
ME (MJ/kg TM) = 5,51 + 0,00828 ELOS (g/kg TM)
− 0,00511 Rohasche (g/kg TM)
+ 0,02507 Rohfett (g/kg TM)
− 0,00392 ADFom (g/kg TM)

Berechnung der umsetzbaren Energie von Maisprodukten (GfE 2008)
(Grünmais, Maissilage, Feuchtkornmais, Lieschkolbenschrot)
ME (MJ/kg TM) = 7,15 + 0,00580 ELOS
− 0,00283 aNDFom
+ 0,03522 Rohfett

Berechnung der umsetzbaren Energie von Mischfutter (nach geltendem Futtermittelrecht GfE 2009)
ME (MJ/kg TM) = 7,17 − 0,01171 × Rohasche (g/kgTM)
+ 0,00712 × Rohprotein (g/kg TM)
+ 0,01657 × Rohfett (g/kg TM)
+ 0,00200 × Stärke (g/kg TM)
− 0,00202 × ADFom (g/kg TM)
+ 0,06463 × Gasbildung (ml/200 mg TM)

Berechnung der Nettoenergie-Laktation (GfE 2001)
NEL(MJ/kg TM) = 0,6 × [1 + 0,004 (q − 57)] × ME (MJ/kg TM) wobei q = ME/GE × 100
Der Gehalt an Bruttoenergie (GE) ist wie folgt zu berechnen:
GE (MJ/kg TM) = 0,0239 × Rohprotein (g/kg TM)
+ 0,0398 × Rohfett (g/kg TM)
+ 0,0201 × Rohfaser (g/kg TM)
+ 0,0175 × N-freie Extraktstoffe (g/kg TM)

Berechnung des Gehaltes an unabgebautem Rohprotein (GfE 1997)

UDP (g/kg TM) = XP (g/kg TM)/100 × unabbaubares Rohprotein (%)

Berechnung des nutzbaren Rohproteingehaltes (GfE 1997)

Für Futtermittel ≤ 7 % Rohfett in der TM

nXP (g/kg TM) = 11,93 – (6,82 × (UDP (g/kg TM)/XP (g/kg TM)))
× ME (MJ/kg TM) + 1,03 × UDP (g/kg TM)

Für Futtermittel ≥ 7 % Rohfett in der TM

nXP (g/kg TM) = 13,06 – (8,41 × (UDP (g/kg TM)/XP (g/kg TM)))
× (ME (MJME) – MEXL (MJ/kg TM)) + 1,03 × UDP (g/kg TM)

Berechnung der ruminalen Stickstoffbilanz (GfE 1997)

RNB (g/kg TM)= (XP (g/kg TM) – nXP (g/kg TM))/6,25

Literaturverzeichnis

Arrigo, Y. (2013): Mit den Fütterungsempfehlungen für Ziegen Futterverschwendung vermeiden. Forum 10, 11–14.

Baumont, R., Prache, S., Meuret, M., Mohrand-Fehr, P. (2000): How forage characteristics influence behaviour and intake in small ruminants: a review. Livestock Production Science 64, 15–28.

Behrendt, R. (2017): Untersuchungen zu Genotyp-Umwelt-Interaktionen bei Schafen der Rasse Merinolandschaf unter besonderer Berücksichtigung einer konzentrat- versus grasbasierten Fütterung. Forschungsprojekt der Hochschule Weihenstephan-Triesdorf, unveröffentlichte Versuchsdaten.

Bellof, G., Heindl, M. (1997): Untersuchungen zum Milchharnstoffgehalt bei Milchschafen. 109. VDLUFA-Kongress, Leipzig, Tagungsband, 243–246, Hrsg. VDLUFA, Darmstadt.

Bellof, G., Weppert, M. (1997): Milchharnstoff- und Milcheiweißgehalt bei der Milchziege als Kriterien zur Beurteilung der Eiweiß- und Energieversorgung. 109. VDLUFA-Kongress, Leipzig, Tagungsband, 135–138, Hrsg. VDLUFA, Darmstadt.

Bellof, G., Freudenreich, P., Mayer, P. (1997): Der Einfluß fettreicher Rapsprodukte auf die Fettqualität von Lämmerschlachtkörpern. Fett/Lipid 99, 400–404.

Bellof, G. (2003): Zur Mast- und Schlachtleistung von Bocklämmern der Rasse Merinolandschaf in Abhängigkeit von der Fütterungsintensität. Züchtungskunde 75, 274–283.

Bellof, G., Wolf, A., Naderer, J., Schuster, M., Hollwich, W. (2003a): Vergleichende Untersuchungen zum Einfluss von Fütterungsintensität, Geschlecht und Endgewicht auf die Mast- und Schlachtleistung von Lämmern der Rasse Merinolandschaf. Züchtungskunde 75, 53–68.

Bellof, G., Wolf, A., Hollwich, W. (2003b): Zum Einfluss von Geschlecht, Schlachtgewicht und Fütterungsintensität auf die grobgewebliche Zusammensetzung von Lämmern der Rasse Merinolandschaf. Züchtungskunde 75, 127–143.

Bellof, G., Wolf, A., Schuster, M., Hollwich, W. (2003c): Nährstoffgehalte von Muskel-, Fett- und Knochengewebe des Schlachtkörpers im Wachstumsverlauf von Lämmern der Rasse Merinolandschaf. J. Animal Physiol. Animal Nutr. 87, 347–358.

Bellof, G., Mayershofer, M., Mendel, C. (2007): Rückenfettdickenmessung mittels Ultraschall bei Mutterschafen der Rasse Merinolandschaf. Perspektiven der Schaf- und Ziegenhaltung in Mitteleuropa – Internationales wissenschaftliches Symposium, Iden (Sachsen-Anhalt) 4.–6.10.07. DGfZ-Schriftenreihe Heft 47, 137–144.

Bellof, G., Baumann, S., Quanz, G., Löhnert, H. J., (2006): Einsatz von Proteinträgern mit unterschiedlichem intraruminalen Abbauverhalten in der intensiven Lämmermast. Züchtungskunde 78, 153–165.

Bellof, G., Aulrich, K., Weiß, J. (2013): Körnerleguminosen in der Fütterung. In: Körnerleguminosen anbauen und verwerten. KTBL-Heft 100. Hrsg. KTBL, Darmstadt.

Bellof, G., Steiner, T., Mangard, S., Weindl, P. (2016): Einsatz von Rapsextraktionsschrot in Kraftfuttermischungen für die Lämmeraufzucht und -mast. Züchtungskunde 88, 123–133.

Berger, S. (2008): Fütterungscontrolling bei der Aufzucht von Jungschafböcken in Baden-Württemberg. Masterarbeit, Universität Hohenheim.

Bioland (2017): Biolandrichtlinien, Fassung vom 28. November 2017. Hrsg. Bioland e. V. Internetveröffentlichung: https://www.bioland.de/fileadmin/dateien/HP_Dokumente/Richtlinien/Bioland_Richtlinien_28.Nov.2017.pdf (abgerufen am 20.12.2017)

Birnkammer, H. (1993): Milch- und Fleischziegen, Verlagsunion Agrar.

Blechschmidt, M., Burau C., Gerlach, K., Pries, M., Ravenschlag, T., Südekum, K.-H. (2017): Untersuchungen zur Futteraufnahme tragender und säugender Mutterschafe. VDLUFA-Kongress 14.09.2017, Freising, Tagungsband.

Böttger, C., Südekum, K.-H. (2017): European distillers dried grains with solubles (DDGS). Chemical composition and in vitro evaluation of feeding value for ruminants. Anim. Feed Sci. Technol. 224, 66–77.

Bonsels T., Weiß, J. (2014): UFOP-Praxisinformation Milchkuhfütterung ohne Sojaextraktionsschrot. (Hrsg.) Union zur Förderung von Öl- und Proteinpflanzen e. V., Berlin.

Bonsels, T., Grünewald K.-H. (2015): Schwefelgehalte in Futtermitteln für Milchkühe – Auswirkungen auf die Rationsgestaltung. VDLUFA-Schriftenreihe Band 71/2015, 649–656, ISBN 978-3-941273-20-7, Hrsg. VDLUFA-Verlag, Darmstadt.

Brugger, D. (2009): Leistungsgerechte Fütterung der Mutterschafe unter den Bedingungen der Stallhaltung. unveröffentlichter Versuchsbericht der Hochschule Weihenstephan-Triesdorf.

Cannas, A., Pulina, G. (Hrsg.) (2008): Dairy Goats Feeding and Nutrition. CABI, Oxfordshire, UK.

Cunningham, I. J. (1947): Photosensitivity disease in New Zealand. V. Photosensitization by St. John's wort (Hypericum perforatum). N. Z. J. Sci. Tech. 29, 207–213.

Decandia, M., Sitzia, M., Cabiddu, A., Kabaya, D., Molle, G. (2000): The use of polyethylene glycol to reduce the anti-nutritional effects of tannins in goats fed woody species. Small Ruminant Research 38, 157–164.

Decandia, M., Yiakoulaki, M.D., Pinna, G., Cabbidu, A., Molle, G.: Foraging Behaviour and Intake of Goats Browsing on Mediterranean Shrublands.

In: Cannas, A., Pulina, G. (Hrsg.) (2008): Dairy Goats Feeding and Nutrition. CABI, Oxfordshire, UK, 161–188.

Deinhofer, G.: Ausfallursachen bei Lämmern und Kitzen, in: Tiergesundheit. Hrsg. Österreichischer Bundesverband für Schafe und Ziegen. Internetveröffentlichung: http://www.alpinetgheep.com/broschueren-und-infomaterial.html?file=files/3_Oesterreich/Benutzer/downloads/Broschueren/Teil%209%20Ausfallursachen%20bei%20Laemmern%20und%20Kitzen.pdf (abgerufen am 3.4.2017).

Dickinson, J.O., Cooke M.P., King R. R., Mohamed P. A. (1976): Milk transfer of pyrrolizidine alkaloids in cattle. J. Am. Veterinary Med. Assoc. 169, 192–196.

Dierschke, H., Briemle, G. (2002): Kulturgrasland, Wiesen, Weiden und verwandte Staudenfluren. Verlag Eugen Ulmer, Stuttgart.

Dirksen, M.: Enzootische Kalzinose. In: Dirksen G., Gründer H-D., Stöber, M. (Hrsg.) (2002): Innere Medizin und Chirurgie des Rindes. Verlag Paul Parey, 1020–1024.

Dirksen, G., Sterr, K., Hermanns, W. (2003): Enzootische Kalzinose beim Schaf nach Verzehr von Goldhafer. Deutsche Tierärztliche Wochenschrift 110, 475–483.

DLG, Deutsche Landwirtschaftsgesellschaft (1997): Futterwerttabellen – Wiederkäuer. DLG-Verlag, Frankfurt/Main, 7. Auflage.

DLG, Deutsche Landwirtschaftsgesellschaft (1998): DLG-Information 1/1998, DLG-Verlag, Frankfurt/Main.

DLG, Deutsche Landwirtschaftsgesellschaft (1999): Grundfutterbewertung Teil A: DLG-Schlüssel zur Bewertung von Grünfutter, Silage und Heu mit Hilfe der Sinnenbewertung. DLG Information 2/1999.

DLG, Deutsche Landwirtschaftsgesellschaft (2001): DLG-Information 2/2001: DLG-Verlag, Frankfurt/Main.

DLG, Deutsche Landwirtschaftsgesellschaft (2011): Praxishandbuch Futter- und Substratkonservierung, DLG-Verlag, Frankfurt/Main, 8. Auflage.

Freer, M., Dove, H. (Hrsg.) (2002): Sheep Nutrition. CABI, Canberra, Australia.

Gall, C. (2001): Ziegenzucht. Ulmer Verlag, Stuttgart, 2. Auflage.

Geiger, J. (2010): Vergleich verschiedener Futterwertparameter von Weide- und Biotopaufwüchsen hinsichtlich ihrer Einsatzmöglichkeiten in der Schafhaltung. Bachelorarbeit, Universität Hohenheim.

GfE, Gesellschaft für Ernährungsphysiologie (1996): Energie-Bedarf von Schafen. Proc. Soc. Nutr. Physiol. 5, 149–152.

GfE, Gesellschaft für Ernährungsphysiologie (1997): Zum Proteinbedarf von Milchkühen und Aufzuchtrindern. Proc. Soc. Nutr. Physiol. 6, 217–223.

GfE, Gesellschaft für Ernährungsphysiologie (2001): Empfehlungen zur Energie und Nährstoffversorgung der Milchkühe und Aufzuchtrinder. DLG-Verlag, Frankfurt/Main.

GfE, Gesellschaft für Ernährungsphysiologie (2003): Ausschuss für Bedarfsnormen der Gesellschaft für Ernährungsphysiologie: Empfehlungen zur Energie- und Nährstoffversorgung der Ziegen. DLG-Verlag, Frankfurt/Main.

GfE, Gesellschaft für Ernährungsphysiologie (2008): Mitteilungen des Ausschusses für Bedarfsnormen: Neue Gleichungen zur Schätzung der Umsetzbaren Energie für Wiederkäuer von Gras- und Maisprodukten. Proc. Soc. Nutr. Physiol. 17, 191–197.

GfE, Gesellschaft für Ernährungsphysiologie (2009): Mitteilungen des Ausschusses für Bedarfsnormen Neue Gleichungen zur Schätzung der Umsetzbaren Energie von Mischfuttermitteln für Rinder. Proc. Soc Nutr. Physiol. 18, 143–146.

Hatt, J.M., Clauss M. (2001): Browse silage in zoo animal nutrition – feeding enrichment of browsers during winter. EAZA news, Zoo Nutrition, Special issue 2, 8–9.

Heim, M. (2012): Milchziegenkitze – ein Problem? Schriftenreihe des Instituts für Agrarökonomie. Hrsg. Bayerische Landesanstalt für Landwirtschaft, Institut für Agrarökonomie, München.

Honikel, K.O., Martin, M., Klötzer, E. (2001): Zusammensetzung von verbrauchergerecht geschnittenen Lammfleischteilstücken. Jahresbericht 2001 der Bundesanstalt für Fleischforschung Kulmbach, 90–92.

Jahn, R. (2008): Untersuchungen zum Futteraufnahmeverhalten von Mutterschafen der Rasse Merinolandschaf. Diplomarbeit, Fachhochschule Weihenstephan.

James, L. F., Keeler, R. F., Johnson, A. E., Williams, M. C., Cronin, E. H., Olson, J.D. (1980): Plants poisonous to livestock in the Western States. US Department of Agriculture Bull. 415.

Jeroch, H., Flachowsky,G., Weißbach J. (1993): Futtermittelkunde. Fischer-Verlag, Jena.

Jeroch, H., Drochner, W., Simon O. (2008): Ernährung landwirtschaftlicher Nutztiere. Verlag Eugen Ulmer, Stuttgart, 2. Auflage.

Kamphues, J., Dohm, A., Zimmermann, J., Wolf, P. (2014): Schwefel- und Sulfat-Gehalte in Futtermitteln – noch oder wieder von Interesse. Übersichten Tierernährung 42, 81–139.

Kengeter, B. (2004): Die Bedeutung von Schafmilch für die menschliche Ernährung unter Berücksichtigung des Angebotes auf dem Bio-Markt. Schriftenreihe des Arbeitskreises für Ernährungsforschung, Band 2, Bad Vilbel.

Kessler, J. (2003): Mutterschafe gezielt füttern. RAP aktuell, 10/03, 1–4.

Koch, C., Romberg, F.J. (2009): Raps statt Soja in den Futtertrog der Lämmer. Deutsche Schafzucht 101, 6–9.

Landesamt für Landwirtschaft, Umwelt und ländliche Räume Schleswig-Holstein (2009): Umgang mit dem Jakobskreuzkraut, Meiden – Dulden – Bekämpfen. Schriftenreihe LLUR SH Natur; 14. ISBN 978-3-937937-39-7.

Landesarbeitskreis Futter und Fütterung im Freistaat Sachsen (2005). Futtermittelspezifische Restriktionen, Rinder, Schafe, Ziegen, Pferde, Kaninchen, Schweine, Geflügel. 2. Auflage.

Leberl, P. (2009a): Einfluss verschiedener Faktoren der Stickstoffversorgung auf den Stickstoff- und Energieumsatz sowie die Methanproduktion beim Wiederkäuer, Dissertation, Universität Hohenheim, Cuvillier Verlag, Göttingen.

Leberl, P. (2009b): Ergebnisse der Grundfutteruntersuchung 2008 in: Tätigkeitsbericht 2008 der Landesanstalt für landwirtschaftliche Chemie der Universität Hohenheim, S. 24–28. Internetveröffentlichung 20.1.2011: http://opus.uni-hohenheim.de/volltexte/2011/542/pdf/Jahresbericht2008.pdf (abgerufen am 20.12.2017).

Leberl, P., Breuer J., Drescher G., Hrenn H., Schenkel H. (2009): Einfluss von Aufwuchsnummer, Nutzungsintensität und Düngungsform auf die Kationen-Anionenbilanz (DCAB) von Grassilagen. 64. ALVA Tagung St. Virgil, Tagungsband 50–52.

Leberl, P. (2010): Grundfutterqualität 2010. In: Tätigkeitsbericht 2010 der Landesanstalt für landwirtschaftliche Chemie der Universität Hohenheim, S. 27–31. Internetveröffentlichung 9.3.2011: http://opus.uni-hohenheim.de/volltexte/2011/584/pdf/Taetigkeitsbericht_2010_LA_Chemie_Druckvers_240211.pdf, (abgerufen am 20.12.2017).

Leberl, P, Schenkel H. (2010): Ergebnisse zur Heuqualität des Erntejahres 2009 aus pferde- und wiederkäuer-haltenden Betrieben Baden-Württembergs. 122. VDLUFA-Kongress: Kurzfassungen der Referate, VDLUFA Verlag, Darmstadt, 76.

Leberl, P., Geiger, J., Schenkel, H. (2010): Vergleich verschiedener Futterwertparameter extensiver Grünlandaufwüchse unter dem Gesichtspunkt der Bedarfsdeckung beim Mutterschaf in unterschiedlichen Leistungsstadien. Proceedings of the 19th International Scientific Symposium on Nutrition of Farm Animals, Zadravec-Erjavec days, 185–192.

Leberl, P. (2011): Winterfutterqualität von schafhaltenden Betrieben. Unveröffentlichter Versuchsbericht.

Leberl, P. (2013): Grundfutterqualität des Jahres 2012. In: Tätigkeitsbericht 2012 der Landesanstalt für landwirtschaftliche Chemie der Universität Hohenheim, S. 27–31. Internetveröffentlichung 6.5.2013: http://opus.uni-hohenheim.de/volltexte/2013/846/pdf/Jahresbericht2012.pdf (abgerufen am 20.12.2017).

Leberl P., Wahl, L., Schenkel, H. (2012): Grundfutterqualität extensiver Schafweiden unter dem Aspekt einer leistungsgerechten Mutterschaffütterung. 7. Fachtagung für Schafhaltung, (Hrsg.) (2012): LFZ Raumberg-Gumpenstein, ISBN: 978-3-902559-85-2, 13–16.

Leberl, P., Hrenn H. (2017): Mineral and trace element contents in pasture grass with or without nature conservation by law characterized by different grazing systems. Proc. Soc. Nutr. Physiol. 21, 52.

Leucht, W., Fischer, A., Stier, H. (1990): Schafweiden und Hütetechnik, Deutscher Landwirtschaftsverlag, Berlin, 2. überarbeitete Auflage.

LfL Bayern (2015): Gruber Tabelle zur Fütterung der Milchkühe, Zuchtrinder, Schafe, Ziegen. (Hrsg.) (2015): Bayerische Landesanstalt für Landwirtschaft, 41. unveränderte Auflage.

LKV, Landeskuratorium der Erzeugerringe für tierische Veredelung in Bayern e. V. (2016): Milchleistungsprüfung (MLP) bei Ziegen. http://www.lkv.bayern.de/mlp/milchleistungspruefungziegen.html.

Losand, B., Pries, M., Steingaß, H. (2016): UFOP-Praxisinformation Ackerbohnen, Futtererbsen und Blaue Süßlupinen in der Rinderfütterung. (Hrsg.) (2016): Union zur Förderung von Öl- und Proteinpflanzen e. V., Berlin.

Losand, B., Pries, M., Steingaß, H. (2017): Heimische Körnerleguminosen in der Rinderfütterung, Internetveröffentlichung 5.4.2017 https://www.proteinmarkt.de/fileadmin/user_upload/050417_Proteinmarkt-KL-Rind-Gesamtfassung.pdf (abgerufen am 20.12.2017).

Maier-Ruprecht, M., Käck, M., Bellof, G., Valle-Zárate, A., Mané-Bielfeldt, A. (2003): Ziegenaufzucht an rechnergesteuerten Tränkeautomaten im Vergleich mit herkömmlichen mutterlosen Aufzuchtverfahren. Landtechnik 58, 104–105.

Martin, J. (2013): Ackerbohnen – Rohproteinquelle für die Lämmermast. Zeitschrift Schafe aktuell in Mecklenburg-Vorpommern 18, 27–35.

Martin, J. (2012): Nutzung heimischer Futterressourcen bei der Fütterung in der konventionellen und ökologischen Mastlamm- sowie Schlachtrinderproduktion. Mitteilungen der Landesforschungsanstalt für Landwirtschaft und Fischerei Mecklenburg-Vorpommern, Jahresbericht 2012. (Hrsg.) Landesforschungsanstalt für Landwirtschaft und Fischerei, Gülzow.

Mele, M., Buccioni, A., Serra, A., Antongiovanni, M., Secchiari, P. (2008): Lipids of Goat's Milk: Origin, Composition and Main Sources of Variation, in: Cannas, A., Pulina, G. (Hrsg.) (2008): Dairy Goats Feeding and Nutrition. CABI, Oxfordshire, UK, 47–70.

Menke, K.-H., Huss, W. (1987): Tierernährung und Futtermittelkunde. Eugen Ulmer Verlag, Stuttgart, 3. Auflage.

Meyer A. (2012): Luzerneheu auf dem Prüfstand. Land & Forst 18, 32.

Min, B. R., Hart, S. P., Sahlu, T., Satter, L. D. (2005): The effects of diets on milk production and composition and on lactation curves in pastured dairy goats. J. Dairy Sci. 88, 2604–2615.

NRC, National Research Council (2007): Nutrient requirements of small ruminants: sheep, goats, cervids and New World camelids. Committee on Nutrient Requirements of Small Ruminants, Board on Agricultural and Natural Resources, Division on Earth and Life Studies, The National Research Council, National Academies Press, Washington D.C.

Pötsch, E. M. (1999): Kalzinose – eine gefürchtete Weidekrankheit. 5. Alpenländisches Expertenforum zum Thema zeitgemäße Weidewirtschaft (Hrsg.) (1999): Bundesanstalt für alpenländische Landwirtschaft, Irdning, 73–78.

Potthast, C., Brinker, S., Maier, K. (2011): Futtermittel aus der Zuckerrübenverarbeitung – neue Daten zu Inhaltsstoffen aus einer bundesweiten Erhebung. Sugar Industry 136, 663–669.

Priepke, A., Losand, B. (2015): Bestimmung der Verdaulichkeit der organischen Substanz und der Rohnährstoffe sowie des Energiegehaltes von Getreide beim Hammel. In: Tagungsband Forum angewandte Forschung in der Rinder- und Schweinefütterung (Hrsg.) (2015): Verband der Landwirtschaftskammern, Berlin, 45–50.

Quanz, G. (1995): Lammfleisch ist (k)eine Geschmacksfrage. Deutsche Schafzucht 87, 640–643.

Rahmann, G. (2004): Gehölzfutter – eine neue Quelle für die ökologische Tierernährung. Landbauforschung Völkenrode, Sonderheft 272, 29–42.

Rapetti, L., Tamburini, A., Crovetto, G. M., Galassi, G., Succi, G. (1997): Energy utilization of diets with different hay proportions in lactating goats. Zootecnia e Nutrizione Animale 23, 317–328.

Rapetti, L., Bava, L., Tamburini, A., Crovetto, G. M. (2005): Feeding behaviour, digestibility, energy balance, and productive performance of lactating goats fed forage-based and forage-free diets. Italian Journal of Animal Science 4, 71–83.

Ringdorfer, F. (2011): Wirtschaftlichkeit der Schaf- und Ziegenmilcherzeugung. Forschungsbericht der LFZ Raumberg-Gumpenstein/Austria. Internet-Veröffentlichung http://www.raumberg-gumpenstein.at/cm4/de/forschung/publikationen (abgerufen am 17.9.2017).

Rodehutscord, M., Rückert, C., Maurer, H. P., Schenkel, H., Schipprack, W., Bach Knudsen, K. E., Schollenberger, M., Laux, M., Eklund M., Siegert W., Mosenthin R. (2016): Variation in chemical composition and physical characteristics of cereal grains from different genotypes. Archives of Animal Nutrition 70, 87–107.

Salewski, A. (1996): Fütterung Milchschafe. Schäfereikalender, Verlag Eugen Ulmer, Stuttgart.

Schenkel, H., Baumeister S., Eckstein, B. (1999): Nähr- und Mineralstoffgehalt von Brot und Backwaren im Hinblick auf den Einsatz in der Schweinefütterung. In: Aktuelle Aspekte bei der Erzeugung von Schweinefleisch (Hrsg.) (1999): Landbauforschung Völkenrode, Sonderheft 193, 299–303.

Scheper, J., Scholz, W., (1985): DLG-Schnittführung für die Zerlegung der Schlachtkörper von Rind, Kalb, Schwein und Schaf. DLG-Verlag, Frankfurt/Main.

Schöne, F., Herzog, E., Kuhnt, K., Jahreis, G., Lenz, H., Kirmse, R. (2011): Lammfleischqualität im Teilstückvergleich. 2. Teil: Ernährungsrelevante Bestandteile magerer und fetterer Teilstücke. Fleischwirtschaft 91, 89–96.

Schlolaut, W., Wachendörfer, G. (1992): Handbuch Schafhaltung. DLG-Verlag, Frankfurt/Main.

SMG, Schweizerische Milchschafzucht Genossenschaft (2016): Milchleistungsprüfung 2016. http://www.smg-milchschafe.ch

Souci, S. W., Fachmann, W., Kraut, H. (2000): Die Zusammensetzung der Lebensmittel, Nährwerttabellen. Wissenschaftliche Verlagsgesellschaft, Stuttgart, 5. Auflage.

Spiekers, H., Potthast, V. (2004): Erfolgreiche Milchviehfütterung, DLG-Verlag, Frankfurt/Main.

Spiekers, H., Lebzien, P., Südekum, K.-H., Kirchhof, S., Potthast, V., Gruber, L., Steingaß, H. (2011): Proteinwert der Rapsprodukte neu gefasst. Feed Magazine/Kraftfutter 9–10, 20–22.

Steingaß, H., Essi-Kozó, C., Südekum, K.-H. (2008): Ruminaler Abbau der Trockenmasse und des Rohproteins von Rapskuchen. 120. VDLUFA-Kongress Jena, Kurzfassung der Referate, 54.

Steingaß, H., Seifried, N., Krieg J., Rodehutscord, M. (2015): Ruminale Umsetzung von Stärke und Rohprotein. Tagung: Neue Erkenntnisse zum Futterwert von Getreide, Internet-Veröffentlichung https://grain-up.uni-hohenheim.de/fileadmin/migrated/content_uploads/04 _Ruminale_Umsetzung_01.pdf (abgerufen am 20.2.2017).

Straiton, E. C. (1992): Schafkrankheiten erkennen, behandeln, vermeiden. BLV Verlagsgesellschaft mbH, München, 3.überarbeitete Auflage.

Süss, R., Altmann, M. (2003): Fleisch- und Fettqualität von Lämmern verschiedener Herkünfte. Internationale Fachtagung für Schafhaltung, Innsbruck, Tagungsband, Hrsg.: BAL Gumpenstein.

Ulbrich, M., Hoffmann, M., Drochner, W. (2004): Fütterung und Tiergesundheit. Verlag Eugen Ulmer, Stuttgart.

Urdl, M., Schauer, A., Huber, J., Gruber, L. (2008): Fütterung von getrockneter Getreideschlempe in der Milchproduktion, 35. Viehwirtschaftliche Fachtagung, Tagungsband, Hrsg.: LFZ Raumberg-Gumpenstein.

Voigtländer, G., Jacob, H. (1987): Grünlandwirtschaft und Futterbau, Verlag Eugen Ulmer, Stuttgart.

Zeimens, I. (2011): In situ und in vitro Proteinbewertung bei Luzerne- und Kleegrasprodukten. Bachelorarbeit, Universität Hohenheim.

Zirngibl, S. (2007): Eiweißfuttermittel aus ökologischer Erzeugung – Datensammlung. Studienarbeit, Fachhochschule Weihenstephan.

Zupp, W., Martin, J., Nürnberg, K., Hartung, M. (2004): Lammfleischerzeugung im ökologischen Landbau. Mitteilungen der Landesforschungsanstalt für Landwirtschaft und Fischerei Mecklenburg-Vorpommern, Versuchsbericht 33.

Register

T

U

V

W

Z

Abkürzungsverzeichnis

ADF	Säure-Detergenzien-Faser
ADFom	Säure-Detergenzien-Faser nach Veraschung
aMR	aufgewertete Mischration
aNDF	Neutral-Detergenzien-Faser nach Amylasebehandlung
aNDFom	Neutral-Detergenzien-Faser nach Amylasebehandlung und Veraschung
Ca	Kalzium
CL	Chlor
CLA	konjugierte Linolsäure
Co	Kobalt
Cr	Chrom
Cu	Kupfer
DE	Verdauliche Energie
DFD	dark – firm – dry (dunkel – fest – trocken)
DLG	Deutsche Landwirtschafts-Gesellschaft
dt	Dezitonne
ELISA	Enzyme-linked Immunosorbent Assay
ELOS	Enzymlösliche organische Substanz
F	Fluor
Fe	Eisen
FM	Frischmasse
Gb	Gasbildung
GE	Bruttoenergie
GfE	Gesellschaft für Ernährungsphysiologie
GVO	Gentechnisch veränderte Organismen
h	Stunde
HD	Hochdruck
HPLC	Hochleistungsflüssigkeitschromatografie
HS	Milchharnstoffgehalt
I.E.	internationale Einheiten
IMF	intramuskulärer Fettgehalt
J	Jod
K	Kalium
k. A.	keine Angabe
kJ	Kilojoule
LC-MS	Kopplung von Flüssigkeitschromatografie mit Massenspektrometrie
LF	landwirtschaftlich genutzte Fläche
LKV	Landeskontrollverband
LM	Lebendmasse
MAT	Milchaustauscher
ME	Umsetzbare Energie
Mg	Magnesium
MJ	Megajoule
Mn	Mangan
Mo	Molybdän
N	Stickstoff
Na	Natrium
NDF	Neutral-Detergenzien-Faser
NE	Nettoenergie
NEL	Nettoenergie-Laktation
NH3	Ammoniak
NIRS	Nahinfrarotspektroskopie
NPN	Nicht-Protein-Stickstoff
NRC	National Research Council
NSG	Naturschutzgebiet
nXP	nutzbares Rohprotein am Duodenum
OM	organische Masse
P	Phosphor
PEG	Polyethylenglykol
q	Umsetzbarkeit
QS	Qualitätsstufe
RES	Rapsextraktionsschrot
RFD	Rückenfettdicke
RNB	ruminale Stickstoffbilanz
S	Schwefel
Se	Selen
SES	Sojaextraktionsschrot
Si	Silizium
SKF	Schwarzköpfiges Fleischschaf
Sn	Zinn
TM	Trockenmasse
tMR	totale Mischration
TZ	Tageszunahmen
UDP	Unabgebautes Futterprotein
UV	Ultraviolettstrahlung
V	Vanadium
VDLUFA	Verband deutscher landwirtschaftlicher Untersuchungs- und Forschungsanstalten
VLOG	Verband Lebensmittel ohne Gentechnik e.V.
XA	Rohasche
XF	Rohfaser
XL	Rohfett
XP	Rohprotein
XS	Stärke
XX	stickstofffreie Extraktstoffe
XZ	Zucker
Zn	Zink

Die in diesem Buch enthaltenen Empfehlungen und Angaben sind von den Autoren mit größter Sorgfalt zusammengestellt und geprüft worden. Eine Garantie für die Richtigkeit der Angaben kann aber nicht gegeben werden. Autoren und Verlag übernehmen keine Haftung für Schäden und Unfälle. Bitte setzen Sie bei der Anwendung der in diesem Buch enthaltenen Empfehlungen Ihr persönliches Urteilsvermögen ein.
Der Verlag Eugen Ulmer ist nicht verantwortlich für die Inhalte der im Buch genannten Websites.

Bibliografische Information der Deutschen Nationalbibliothek
Die Deutsche Nationalbibliothek verzeichnet diese Publikation in der Deutschen Nationalbibliografie; detaillierte bibliografische Daten sind im Internet über http://dnb.d-nb.de abrufbar.

Wollgrasweg 41, 70599 Stuttgart (Hohenheim)
E-Mail: info@ulmer.de Internet: www.ulmer.de
Lektorat: Pia Fehrenbach; Verena Knigge; Ulrike Andres, Ginsheim
Herstellung: Birgit Heyny
Umschlag-Gestaltung: Bernd Burkart Form und Produktion, Weinstadt
Satz: Fotosatz Buck, Kumhausen
Druck und Bindung: Friedrich Pustet GmbH & Co. KG, Regensburg
Printed in Germany

ISBN 978-3-8001-0881-7